動物も扱える
液クロ実験

How to マニュアル

中村 洋 東京理科大学薬学部教授
[企画・監修]

(社)日本分析化学会 **液体クロマトグラフィー研究懇談会**
[編集]

みみずく舎

まえがき

　1967年の春，筆者は分析化学研究室の学部4年生となり，それ以来分析化学を専門としてきた．この40年余の間に科学技術の進展は目覚ましく，高速液体クロマトグラフィー（HPLC）の進歩にも隔世の感がある．実際，筆者自身の経験では初期のHPLC実験にはポンプ，ゲージの針が動くタイプの圧力計，検出器，ペンレコーダーなどのパーツを，それぞれ得意とする会社から購入し，自分でステンレス鋼管やテフロン管で配管しシステムを完成させたものである．従って，現在のHPLC装置と違って，むき出しの各パーツが全て一望できるため，ポンプや配管から液漏れがあってもすぐ分かり，自分でさっと直すのが当たり前であった．当時は，クロマトグラフィー管は透明な硬質ガラス製であり，試料を注入するたびにポンプを止めてセプタムにマイクロシリンジを突き刺す方式で注入した．ポストカラム誘導体化を行う場合には，ステンレス鋼管で作った反応コイルを水が入った洗面器に漬け，そこに投げ込みヒーターを入れて温度調節をするといった，プリミティブであるが誠に分かりやすい装置であった．その反面，システムが手作りであるため，あちこちで液漏れが起こることも珍しくはなく，調子が悪いと1日の3分の1から半分は液漏れ対策に追われ，指先の皮膚がぼろぼろになることもあった．

　こういった数十年前の状況に比べると，現在のHPLC装置はスマートに一体化され，かつインテリジェント化もされている．さらに，前処理用の便利な各種器材も手に入るから余り手を汚すこともない．近頃のHPLC実験は，差詰"お姫様実験"である．現在，現場で使用されているHPLC装置は，往時のものとは比較にならないほど高機能化されているのは事実である．しかし，故障が起こるとその部品に限らず基板ごとそっくり交換しなければならない不都合さに加え，何よりも装置を構成する要素が使用者の目に入る構造になっていない点が，装置に対する本質的な理解を妨げる原因となっている．従って，故障しても使用者が手を下す機会がどんどん減ってきており，ポンプの液漏れ修理をメーカーに依頼する事態まで起きている．ユーザーの機器修理能力の急激な低下は，機器の高度化が齎した必然的な弊害と言えよう．

　本書は，このような状況下に少しでも多くの読者がHPLC装置の機能と本質を理解した上で立派な報告書や論文が書けるよう，HPLC実験に役立つ準備，装置類の実務的なメンテナンス，基本的な化学操作・前処理，分離・検出の実例などを盛り込むことに努めた．特に，最近は薬物動態研究の高まりにより，動物実験とHPLC実験が不即不離であることから，HPLC関係の実務書としては初めて動物実験を行う際の要点に触れた．本書がこの分野の方々のお役に立つことを願っている．

　最後に，丁寧な編集を戴いたみみずく舎／医学評論社の編集部の方々に心より感謝します．

平成22年8月

企画・監修　中村　洋

監修者・執筆者一覧

監修者：
 中村 洋 東京理科大学薬学部

執筆者：
 石井 直恵 日本ミリポア株式会社
 市川 進矢 株式会社 フジクラ
 伊藤 誠治 東ソー株式会社
 稲葉 光昭 三菱化学メディエンス株式会社
 井上 剛志 東京化成工業株式会社
 海老原卓也 シグマアルドリッチジャパン株式会社
 大河原正光 日本ダイオネクス株式会社
 大竹 明 ジーエルサイエンス株式会社
 岡橋美貴子 病態解析研究所
 小沢 和久 ジーエルサイエンス株式会社
 片山 誠一 三菱化学メディエンス株式会社
 神田 武利 株式会社 資生堂
 北牧 祐子 独立行政法人 産業技術総合研究所
 工藤 忍 新日本科学バイオアナリシス・リサーチセンター
 熊谷 浩樹 アジレント・テクノロジー株式会社
 熊坂 謙一 神奈川県衛生研究所
 倉田 祥正 三菱化学メディエンス株式会社
 黒木 祥文 ヴェオリア・ウォーター・ソリューション＆テクノロジー株式会社
 黒田 育磨 ジーエルサイエンス株式会社
 小池 茂行 首都大学東京
 合田 竜弥 第一三共株式会社
 神山 和夫 ハウス食品株式会社
 後藤 武 株式会社 島津製作所
 小林 宏資 信和化工株式会社
 小山 隆 三菱化学メディエンス株式会社

坂　真智子	財団法人　残留農薬研究所
坂本　美穂	東京都健康安全研究センター
佐々木俊哉	日本ウォーターズ株式会社
城　宏樹	花王株式会社
鈴木　幸治	ジーエルサイエンス株式会社
清　晴世	メルク株式会社
高橋　豊	MSソリューションズ株式会社
高畑　善和	日本ダイオネクス株式会社
瀧内　邦雄	和光純薬工業株式会社
谷川　建一	元　株式会社　日立ハイテクノロジーズ
田村　隆夫	ジーエルサイエンス株式会社
中村　洋	東京理科大学薬学部
西岡　亮太	株式会社　住化分析センター
古野　正浩	ジーエルサイエンス株式会社
坊之下雅夫	日本分光株式会社
細野　寛子	東洋製罐グループ綜合研究所
松崎　幸範	JX日鉱日石エネルギー株式会社
三上　博久	株式会社　島津製作所
宮崎　泉	元　ジーエルサイエンス株式会社
宮澤　眞紀	神奈川県衛生研究所
宮野　博	味の素株式会社
望月　直樹	アサヒビール株式会社
安野　和義	株式会社　センシュー科学
矢野　剛	綜研化学株式会社
吉岡　浩実	株式会社　エービー・サイエックス
吉田　達成	株式会社　島津製作所

（所属は2010年8月現在，五十音順）

目　次

1章　実験準備　*1*

1. 情報・文献を検索する ─── *2*
2. 分析法を設計する─検出器の選択─ ─── *4*
3. HPLC 装置を選定する ─── *6*
4. HPLC 装置を設置する ─── *9*
5. HPLC 装置のバリデーションを行う ─── *11*
6. システム適合性試験を行う ─── *15*
7. 関連法令等に対応する ─── *17*

2章　装置・メンテナンス　*21*

8. 装置を移動し，設置する ─── *22*
9. 液クロ用の工具を使う ─── *24*
10. アースをとる ─── *26*
11. ユニオンで継ぐ ─── *29*
12. ねじを締める ─── *32*
13. 検出器の時定数を調節する ─── *35*
14. ラインの泡抜きをする ─── *37*
15. 流量をはかる ─── *38*
16. メンテナンスの戦略 ─── *40*
17. 超純水装置をメンテナンスする ─── *42*
18. 充てん剤型カラムをメンテナンスする ─── *45*
19. モノリス型カラムをメンテナンスする ─── *47*
20. 光学活性カラムをメンテナンスする ─── *48*
21. プランジャーシールを交換する ─── *50*
22. ポンプをメンテナンスする ─── *52*
23. オートサンプラーをメンテナンスする ─── *54*
24. 示差屈折率検出器をメンテナンスする ─── *56*
25. 紫外可視吸光検出器をメンテナンスする ─── *57*
26. 蛍光検出器をメンテナンスする ─── *59*

目　　次　v

27　電気化学検出器をメンテナンスする ——————— 61
28　円二色性検出器をメンテナンスする ——————— 63
29　旋光度検出器をメンテナンスする ———————— 65
30　蒸発光散乱検出器をメンテナンスする —————— 67
31　荷電化粒子検出器をメンテナンスする —————— 70
32　質量分析計をメンテナンスする —————————— 72

3章　基本操作・前処理　75

33　質量をはかる ————————————————— 76
34　体積をはかる ————————————————— 79
35　攪拌する ——————————————————— 83
36　加温・加熱する ———————————————— 85
37　ガラス器具を洗浄・乾燥・保管する ——————— 87
38　消火する ——————————————————— 90
39　脱水・乾燥する ———————————————— 92
40　溶媒を保管する ———————————————— 96
41　カラムを保管する ——————————————— 98
42　試薬を保管する ———————————————— 100
43　防腐剤を使う ————————————————— 102
44　溶媒を飛ばす ————————————————— 103
45　ホモジナイズする ——————————————— 106
46　試料を超音波処理する ————————————— 108
47　溶媒抽出を行う ———————————————— 110
48　加水分解する ————————————————— 113
49　アフィニティークロマトグラフィー用溶離液 ——— 117
50　溶離液を沪過する ——————————————— 119
51　固相抽出基材を廃棄する ———————————— 121
52　廃溶媒を廃棄する ——————————————— 123

4章　分　　　離　125

53　イオン交換樹脂をつくる ———————————— 126
54　イオン交換樹脂で分離する ——————————— 128
55　アフィニティー担体をつくる —————————— 131
56　アフィニティー担体で分離する ————————— 133
57　陰イオンを分ける ——————————————— 135
58　胆汁酸を分ける ———————————————— 138

59	プロスタグランジンを分ける	144
60	脂質を分ける	147
61	カテコールアミン類を分ける	150
62	ポリアミン類を分ける	154
63	水溶性ビタミンを分ける	156
64	脂溶性ビタミンを分ける	159
65	オリゴDNAを分ける	161
66	環境ホルモンを分ける	162
67	多環芳香族化合物を分ける	166

5章 検 出 169

68	塩基性物質をポストカラム蛍光検出する	170
69	ヒドロキシル基をプレカラム誘導体化する	172
70	ダイヤモンド電極で検出する	176

6章 動物実験 179

71	飼料を選ぶ	180
72	病態モデル動物を作製する	182
73	経口投与する	185
74	静脈内投与をする	189
75	腹腔内投与をする	193
76	採尿・採糞する	196
77	採血する	198
78	呼気を集める	201

7章 実験整理 203

79	絶対検量線法で定量する	204
80	内標準法で定量する	207
81	標準添加法で定量する	210
82	報告書を作成する	212
83	講演要旨を作成する	214
84	学会で発表する	216
85	専門誌に投稿する	218

索 引 ———— 220

1

実 験 準 備

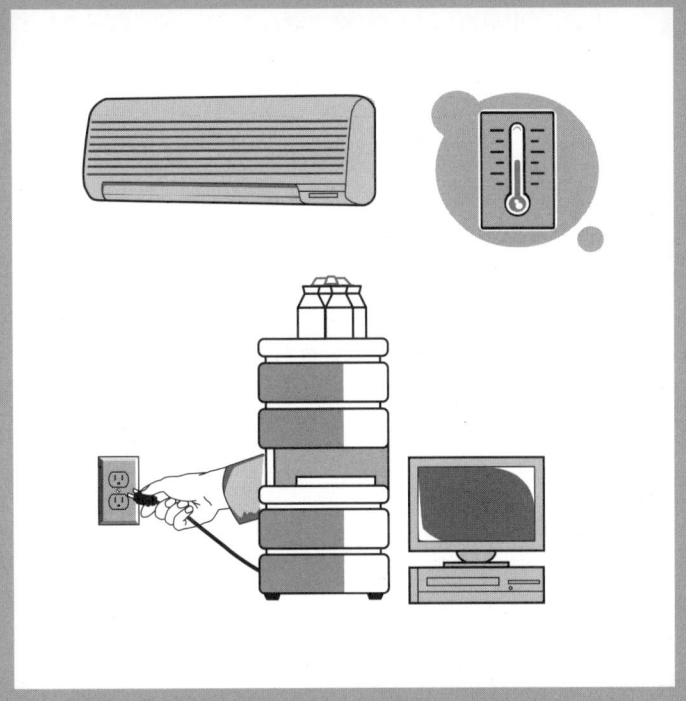

1 情報・文献を検索する

はじめに　HPLC で分析をする場合のポイントとして，過去に分析を行った例があるかどうかという点があげられる．分析例があれば，その条件を流用することが可能であるし，必要に応じて改良することが可能である．ただし，HPLC の分析条件だけでなく，分析種の濃度や夾雑成分の状態，また使用する検出器などにも注意する必要がある．逆に分析例がない場合には，類似の性質をもつ化合物，たとえば構造式が類似，疎水性が類似，官能基が類似などの分析例を調べることで，分析条件を予想することが可能である．

分析化学の分野でも他の科学分野と同様に，インターネットでの情報公開がすすめられており，情報量が年々増え続けている．

本項では，インターネットを利用した文献の探索法を話題の中心として，効率よい分析条件のアプローチを解説する．

一般の検索エンジンを利用

まずは，google や yahoo などの検索窓にキーワードを入力してみてはどうだろうか．

参考 URL：google

より専門性を高めた，学術論文検索可能な"google scholar"や書籍検索可能な"google book"などもある．

http://www.google.co.jp/

文献検索サイトを利用

幅広い雑誌を対象として，キーワード検索が可能な web サイトも数多く存在する．文献の全文をインデックス化し検索対象としたページと要旨のみをインデックス化した場合があるので，注意が必要である．

参考 URL

CiNii：国立情報学研究所により国内の学術論文が検索可能（全文検索）
　　http://ci.nii.ac.jp/
PubMed：米国立医学図書館により医学生物系の学術論文が検索可能（要旨検索）
　　http://www.ncbi.nlm.nih.gov/pubmed/
JDream II：JST により科学技術や医学・薬学系の学術論文が検索可能（要旨検索）（有料）
　　http://pr.jst.go.jp/jdream2/
Scirus：総合的な科学専用サーチエンジン
　　http://www.scirus.com/
特許電子図書館：特許庁が監修する WEB ページ
　　http://www.jpo.go.jp/indexj.htm
日本工業標準調査会（JISC）：JIS の検索が可能（閲覧のみ無料）
　　http://www.jisc.go.jp/

1 情報・文献を検索する

各 HPLC 関連メーカーのサイトを利用

アジレント・テクノロジー：http://www.chem-agilent.com/

化学物質評価研究機構（CERI）：http://www.cerij.or.jp/06_00_chromato/index.html

ケムコ：MN Application database（MACHEREY-NAGEL GmbH&Co.KG）
　http://www.mn-net.com/Default.aspx?alias=www.mn-net.com/apps

ジーエルサイエンス：検索システム「イナートサーチ」と詳細なアプリ「LC テクニカルノート」の配信．
　http://www.gls.co.jp/hplc.html

資生堂：http://www.shiseido.co.jp/hplc2003/html/

島津製作所：会員サイト「Solutions Navigator」によるアプリケーション配信
　http://www.an.shimadzu.co.jp/support/solunavi/solunavi.htm

日本ダイオネクス：http://www.dionex.co.jp/

日本電子：http://www.jeol.co.jp/technical/ai.htm

日立ハイテク：会員サイト「S. I. Navi」によるアプリケーション配信
　http://www.hitachi-hitec.com/science/member/sinavi_info.html

試薬，CAS の検索など

ヴェオリア・ウォーター・ソリューション＆テクノロジー株式会社

エルガ・ラボウォーター事業部：http://www.elgalabwater.com

関東化学：http://www.kanto.co.jp/

東京化成工業：http://www.tokyokasei.co.jp/

日本ミリポア：http://www.millipore.com/nihon

メルク：http://www.merck-chemicals.jp/

和光純薬工業：http://wako-chem.co.jp/siyaku/index_chr.htm

2 分析法を設計する―検出器の選択―

はじめに 「分析法を設計する」にあたり，ここでは質量分析計（MS）を含めた HPLC 検出器の使い分けについて述べる．一般に，示差屈折率検出器（RI 検出器），紫外・可視検出器（UV/VIS 検出器），フォトダイオードアレイ検出器（PAD），蛍光検出器などの HPLC 検出器が知られており，近年では MS が HPLC の検出器として多く用いられるようになってきている．

紫外・可視検出器，フォトダイオードアレイ検出器

最も一般的に用いられている HPLC 検出器が UV/VIS 検出器であり，最近では波長スキャンが可能な PAD の使用頻度が増えてきている．ともに，紫外線・可視光線を照射したときに特定波長が吸収されることを利用した検出器であることから，芳香族やエステル，アミドなどの共役系骨格を有する物質の検出に用いることができる．UV/VIS 検出器，PAD では，検出器を安定化させる時間が短く，UV/VIS 吸収を有する成分のみを選択検出するといった特徴を有し，安価で比較的感度よく検出できる．さらに，PAD の場合にはクロマトグラム上における各ピークの波長スペクトルを得ることができることから，夾雑成分が同時に溶出していないかどうかの確認や構造情報を得ることも可能である．

HPLC 検出器として MS を保有していない，あるいは，MS を用いるほどの高感度分析が必要でない場合には，UV/VIS 検出器，PAD を用いることが望ましいと考えられる．

示差屈折率検出器

RI 検出器は，カラムから溶出してきた分析種により移動相の屈折率が変化することをモニターしている．そのため UV/VIS 検出器，PAD や蛍光検出器などの他の検出器で検出不可能であっても，有機・無機物質を含めてあらゆる物質を検出することができる．そのため，RI 検出器は万能かつ汎用検出器として一般的に知られている．

しかしながら，RI 検出器では他の HPLC 検出器と比較して感度が劣るといった問題がある．また，屈折率変化をモニターしていることから，つねに同じ組成の溶離液を流しておく必要があり，グラジエント分析はできない．さらには，RI 検出器を安定化させるためには多くの時間を要し，場合によっては数時間かかることもある．

したがって，MS を含めた UV/VIS 検出器，PAD や蛍光検出器では検出できない場合に，RI 検出器を用いることになる．RI 検出器の感度や使い勝手が懸念されることから，可能であれば分析対象物質の誘導体化を行い，他の HPLC 検出器を用いて検出できるようにした方が望ましい．

蛍光検出器

蛍光検出器は UV/VIS 検出器，PAD ほど汎用性はないが，多環芳香族炭化水素などの自然発蛍光物質や蛍光誘導体の検出に用いることができる．物質固有の励起波長と蛍光波長を設定して蛍光検出することから，選択性が非常に高くなり，SN 比が向上して高感度検出可能な HPLC 検出器として知られている．

2 分析法を設計する―検出器の選択―　5

MSや特殊な用途で用いられる化学発光検出器を除くと，HPLC 検出器の中では最も高感度であり，蛍光を発する物質であれば微量分析可能であることから，UV/VIS 検出器，PAD に先んじて用いた方が前処理や分離条件の設計が容易になる場合もある．

質量分析計

HPLC 検出器に，MS を用いることで高感度分析できることが知られている．MS では，イオン源で試料をイオン化し，生成したイオンの質量によってふるい分けを行うことによって検出を行う．サンプリングに必要な量として有機合成中間体や天然物であれば数 μg～mg，生体から抽出した試料であれば数 ng～μg ほど有すれば分析可能である．さらには，m/z（統一原子量単位で表されたイオンの質量 m と電荷数 z の比）に基づいた分子量や構造情報を得ることができ，未知物質であれば保持時間に関する情報を含めて構造解析を行うための有用な情報を得ることができる．また，HPLC による分離が不十分であっても，m/z での抽出イオンクロマトグラムによる分離が可能であるために，HPLC 分離条件の検討に多くの時間を要しないといった利点もある．

しかしながら，MS ではイオン化することが必須であるために，中極性～高極性の分析対象物質であればエレクトロスプレーのようなイオン化法でイオン化が可能であるのに対し，低極性の分析対象物質の場合には大気圧化学イオン化（APCI 法）などを検討すべきケースもある．また，MS を用いた場合には，溶離液には揮発性の酸や塩の添加に限られ，揮発しにくい溶離液の溶媒組成を避ける必要があるなどの制限がある．また，m/z による分離は可能ではあるが，同時に溶出する他の夾雑成分が存在するとイオン化阻害などの影響を受けて感度変化を起こすことがあるので，特に定量分析のさいには注意が必要である．MS においてはカラムから溶出した分析種の全量が検出器に導入されるわけではない．イオン化され質量分析部に導入されるのは，分析種の一部である．さらに質量分析部の中でもロスが生じる．そのため，カラムから溶出した分析種の全量が検出器に導入される HPLC 検出器と比較した場合，若干再現性が劣るといった現象が見受けられることもあるので，意識しておくべきである．

いずれにしても MS は，検出可能な成分であれば，高感度分析が可能で HPLC 分離条件の検討に多くの時間を要しないことが考えられる．そのため，いくつかの制限を念頭におきながらも，微量分析や構造情報を得たい場合には MS を選択したい．

おわりに

「分析法を設計する」にあたり，HPLC 検出器の使い分けについて述べてきたが，当然のことながら前処理や分離法の設計も必要である．どのような前処理を，どのような分離法を設計するかで，最終的に用いる HPLC 検出器の種類が変わってくる．したがって，全体の分析法を意識しながら，HPLC 検出器を選択されたい．

3 HPLC装置を選定する

はじめに　高速液体クロマトグラフ（HPLC）を選定するためには，目的とするアプリケーションにあわせた HPLC の各構成機器と，さらにコントロールとデータ解析を行うためのクロマトグラフィーマネージメントシステムの仕様を決める．

HPLC の選定方法

最初に目的とするアプリケーションに必要な機能をもつ HPLC の構成機器の要求仕様を検討し，文書化する．一般的に送液システム（移動相を脱気するためのデガッサーやポンプ），注入システム（マニュアルインジェクターまたはオートサンプラー），カラムコンパートメント，検出器，クロマトグラフィーマネージメントシステムの各機器について機能と必要な性能を検討すればよい．

たとえば，オートサンプラーの冷却機能として 4℃ までの冷却が必要なのか，フォトダイオードアレイ検出器（PAD）による吸収波長のスペクトルが必要か，ポンプの流量精度を表す保持時間の再現性やオートサンプラーの注入量のばらつきを表すピーク面積再現性はどれほどかを考慮する．図 1 に，検討する仕様のイメージを示す．

送液システム

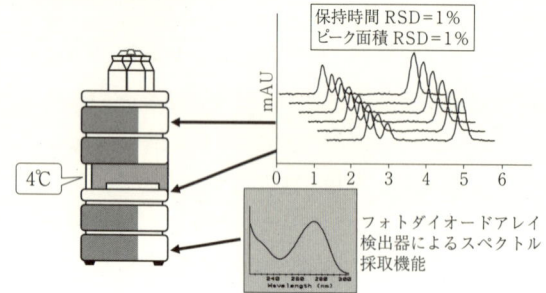

図 1　HPLC の機能と性能

送液システムについては，アプリケーションにあわせて溶出法（イソクラティックまたはグラジエント）の検討も必要である．一般的に品質管理部門などでは，溶媒組成比が一定な状態で移動相を流すイソクラティック溶出法が多用されるため，1 種類の移動相を 1 台のポンプで送る場合が多い．しかし，溶媒組成比や種類の異なるいくつかのイソクラティック分析法を 1 台の HPLC で行う場合や，移動相調製の手間を省くために，低圧混合グラジエント法が可能なポンプ（一般的に 4 液まで）を用いてイソクラティック分析を行うことも可能である．

グラジエント分析法は，徐々に移動相の組成を変化させ，溶離力を高めることによって必要な分離度の確保と分析時間の短縮を目指した手法である．グラジエント分析法には，上述した低圧グラジエント法の他に，複数のポンプを用いて吐出後に混合する高圧グラジエント法がある．高速分析を行いたいときは，グラジエント遅れの少ない高圧グラジエントタイプ（一般的に 2 液混合まで）が適しており，混合する溶媒の数が多い場合には，ポンプのコストを抑えるために低圧混合グラジエントタイプ（一般的に 4 液まで）を用いる．

分析精度を高めるためには，使用する分離カラムのカラムサイズや充てん剤の粒子径などアプリケーションに対応した流量範囲，流量精度，グラジエントにおける組成比の正確さと精度，使用圧力範囲などを検討する．

近年，60 MPa を超える超高圧タイプの HPLC が発売されてきているが，今後のア

プリケーションの拡張にも対応できるように，圧力範囲，流量範囲，カラム接続フィッティングなどを考慮しておくことが望ましい

注入システム

注入システムとしては，マニュアルインジェクターとオートサンプラーの2種類がある．マニュアルインジェクターを使用する場合には，注入範囲にあわせたサンプルループの選定とシリンジの選定，使用圧力範囲が必要である．オートサンプラーの場合には，注入量，試料数，熱に不安定な試料の冷却の必要性と温度範囲，注入精度，キャリーオーバー（連続して行う分析間での試料のクロスコンタミネーション），注入量の直線性について検討する．

カラムコンパートメント

カラムコンパートメントについては，使用するカラムや分析条件を満足できる温度範囲や恒温槽サイズ，保持時間の再現性に重要な温度正確さや精度などを検討する．カラムに取り付けられたICチップによりカラムの種類や長さ，粒子径，注入回数などの履歴を情報として記録できるものも近年販売されている．高速分析のための高流量化や高温での分析に伴いカラム温度の入り口側と出口側の温度偏差をなくすためのプレヒーターや，高温分析時におけるカラム出口側から検出器までの間に冷却を行うためのポストクーラーが必要な場合もある．

検出器

検出器については，紫外可視検出器（UV/VIS検出器），紫外から可視までの吸光度スペクトルとクロマトグラムを測定できるフォトダイオードアレイ検出器（PAD），屈折率の違いを検出する示差屈折率検出器（RI検出器），蛍光物質を検出する蛍光検出器，光散乱を利用した蒸発光散乱検出器（ELSD），質量分析計（MS）などの検出器の選定およびその検出器の直線性範囲，ノイズ，ドリフトなどの仕様をまとめる．

クロマトグラフィーマネージメントシステム

クロマトグラフィーマネージメントシステムのハードウェア（使用するパソコン）としては，プロセッサー，メモリー（RAM）容量，ハードディスク（容量），HPLCとのインターフェイス，ディスプレーの種類とサイズ，プリンターなどの仕様を検討する．オペレーティングシステム（OS）としては，製造者，型式，バージョンを確認する．アプリケーションソフトウェアの仕様としては，単独の機器のコントロールなのか，複数の機器のコントロールなのか，他の特定メーカーのHPLCやGCのコントロールも含めるのか，機器データ処理の各種の機能，データ保存の方法，セキュリティや，規制対応機能などを明確にする．

ユーザー要求仕様とメーカー仕様

各機器の要求仕様が決まったら，各メーカーの仕様との比較として表1のような仕様比較表を作成し，必要な機能や性能をもっているか確認し，購入仕様書を作成する．

おわりに

HPLC装置を選定する場合には，実際に使用するアプリケーションに適合するかどうかを依頼分析やデモによってチェックするのも一つの方法である．また，ハードウ

ェアの，経年変化による性能の劣化，その他機能や性能としてゆとりをもった仕様を設定する必要がある．

表 1 ユーザー要求仕様とメーカー仕様比較例

ユーザー要求仕様	メーカー仕様
ポンプ	HPG 3400RS 高圧混合型バイナリポンプ
流量範囲：0～5.0 mL/min	流量範囲：0～5 mL/min
流量精度：RSD 1.0% 以下	流量精度：RSD 0.1% 以下
耐圧：80 MPa（800 bar）0～5 mL の流量範囲において	耐圧：80 MPa（800 bar）0～5 mL の流量範囲において
デガッサー	SRD3400 デガッサー
内部容量 12 mL 以下	内部容量 7 mL 以下
オートサンプラー	WPS3000RS 冷却オートサンプラー
注入量：5～100 μL	注入量：0.1～100 μL
注入量精度：RSD 1.0% 以下	注入量精度：RSD 0.5% 以下
試料数：50 以上	試料数：max120
カラムコンパートメント	TCC3000RS カラムコンパートメント
温度範囲：40～60℃	温度範囲：5～110℃（設定温度範囲）
温度精度：±1℃	温度精度：±0.1℃
温度真度：±2℃	温度真度：±0.5℃
フォトダイオードアレイ検出器（PAD）	PAD3000RS ダイオードアレイ検出器
波長範囲：200～600 nm	波長範囲：190～800 nm
ノイズレベル：0.02 mAU 以下	ノイズレベル：0.02 mAU 以下
サンプリングレート：最大 100 Hz フルスペクトル採取時	サンプリングレート：最大 100 Hz フルスペクトル採取時

4 HPLC 装置を設置する

はじめに　HPLC や LC/MS を購入するときは，所属する会社や研究所の保安などの担当者に相談すべきであろう．たとえば，LC/MS 用の窒素の発生源として，コンプレッサーを設置するときは，騒音に関する条例なども確認しておく必要があるし，移動相や廃液の管理などでも，消防法などに定められたルールに従う必要がある．ここでは，実験室内の一般的な設置環境について説明する．注文時の仕様書通りに HPLC 装置が納品され，適切な環境に据え付けられたことを確認したら，記録を作成し保管する．

設置環境の確認

機器の設置に必要なスペース，電源の電圧・容量，電源コンセントの数，アースの有無，必要なガスや試薬や溶媒，設置場所の温度や湿度などが仕様にあうか設置環境をチェックする．

設置環境例としては，下記のようなものがある．

　　温度：10～35℃
　　相対湿度：20～80％，ただし，結露しないこと
　　腐食性雰囲気やほこりがないこと
　　日光やエアコンの風が直接装置に当たらないこと
　　振動がない場所であること

設置スペースとしては，機器の左右のスペースや背面のスペースを確保しておくことにより，修理のさいに作業がしやすいというメリットがある．また，地震のさいの安全対策や，廃液瓶から移動相が溢れたときのために，大きなステンレス容器の中に廃液瓶を入れるなど，日頃からの備えが万一のさいに役立つ．

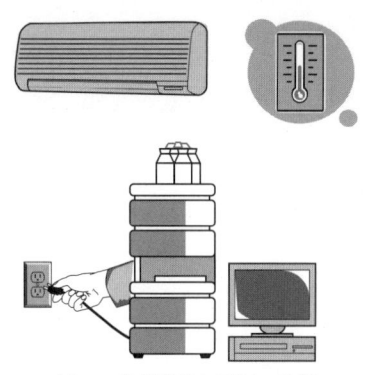

図1　設置環境と電源の確認

機器の開梱と設置

納入機器の開梱を行い，輸送中の破損・損傷の有無を外観上，目視によりチェックする．同時に付属品リストに基づき，員数チェック，設置を行う．なお，設置を自身で行うのでなく，メーカーに依頼した場合は，トラブルを避けるため，できればメーカーの要員がくる前に装置類をユーザーが勝手に開梱しない方がよい．

電源やガス等との接続

機器を室内の電源やガス配管接続口と機器を接続する．

各モジュール間の接続

各モジュール間の電源，通信用インターフェイス間の配線，流路配管類を接続する．

動作確認

電源を投入し，モジュールやシステムが正常に動作するか，データシステムがある

1 実験準備

場合には通信状況を確認する．一般的な動作確認の作業項目を表1に示した．

取扱説明

メーカーからの基本的な装置，およびワークステーションの操作について説明を受けるときは，一人だけで説明を聞くのでなく複数人が説明を受けることが望ましい．

PCのバックアップファイルの作成

バックアップ装置で検収作業終了時の状態のバックアップファイルを作成しておく．ハードディスクの異常で初期設定時のすべてのファイルが壊れた場合でもハードディスク交換後，初期状態への復帰がこれで可能となる．

おわりに

据付時にチェックした機器のパフォーマンスを把握していれば，トラブルが起こったときでも，据付時と同様のチェック方法により確認することにより，どこの部分のトラブルかがわかるメリットがある．また，納入時の仕様の記録によりアップグレードを行うさいの情報として役立つ．

表1 動作確認作業例

モジュール	標準サンプル	分析条件	検査する基本性能・期待される結果
ポンプ ISO-XXXX LPG-XXXX DPG-XXXX HPG-XXXX			・流速の設定が制御されること ・圧力限度の設定が制御されること ・組成比の設定が制御されること
オートサンプラー WPS-XXXX			・試料位置の選択が制御されること ・試料量設定が制御されること
UV検出器 VWD-XXXX DAD-XXXX	ウラシル（50 ppm） カフェイン（60 ppm） 3321.0010A	カラム：Acclaim 120 C18 5 μm 　　　4.6×100 mm（059147） 移動相：水/メタノール＝60/40 流量：0.6 mL/min 注入量 10 μL 検出：UV 272, 290 nm 信号ステップ：0.2 s 分析時間：8 min	・波長の設定が制御されること ・"オートゼロ"コマンドが制御されること ・システムとして2本のピーク（ウラシル，カフェイン）が検出されること
カラムコンパートメント TCC-XXXX		40℃と設定を行う	・温度の設定が制御されること
クロマトグラフィーマネージメントシステム CMS		コンピューター，プリンター，ケーブル類を据え付け，ソフトウェアをインストール	・インストールが正しく行われたことを確認，分析機器との通信，自己診断機能を確認

5 HPLC装置のバリデーションを行う

はじめに バリデーション（妥当性確認）とは，"データの品質と信頼性確保のため行われるプロセスで，期待される結果を与えることを検証し文書化すること"とされている．HPLCを用いて分析を行う場合には，機器，ソフトウェア，使用するメソッド（方法），そして分析時の検証が必要となる．

HPLC分析におけるバリデーション

USP（United States Pharmacopeia：米国薬局方）では，データ品質の構成要素としてバリデーションのそれぞれのステップを図1のように階層化してして解説している．その中で，HPLC装置のバリデーション，つまりAIQ（analytical instrument qualification：分析機器の適格性評価：USP＜1058＞）は，データ信頼性を確保するための大きな要素となる．

機器の納入，使用時には機器とコントロール，データ解析などを行うコンピューターの適格性評価を行い，その仕様を満足した機器を用いて分析法を開発する．分析法バリデーションでは，要求する分析能パラメーターを検証し，さらに最適化された機器やパラメーター，使用する試薬やカラムを使用して恒常的にルーチン分析時に利用できる分析法を開発する．ルーチン分析時には，測定を行うための十分なパフォーマンスをもっているかどうか検証するためのシステム適合性試験を測定前に行う．さらに，測定時には，QCチェックとしてコントロールサンプルの測定を実施する．図1の階層間では，トレーサビリティーが得られていることが大切である．

ここでは，HPLCのハードウェアおよびコンピューターシステムの適格性評価を中心として述べる．設計時適格性評価（DQ）については，"HPLC装置を選定する"でそのステップを述べており，同様に据付時適格性評価（IQ）については"HPLC装置を設置する"で同様に記述しているので参考にしていただきたい．

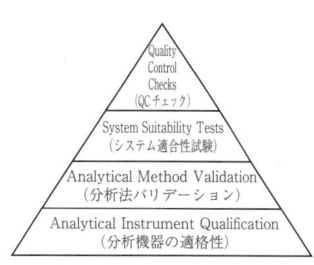

図1 データ品質の構成要素

適格性評価

バリデーションの具体的なステップとしては，適格性の評価が行われる．適格性評価（Qualification）とは，HPLCが適切に選定され，正しく据え付けられ，設定された仕様に適合して稼働することを，据付時，稼働

図2 適格性評価のステップ

時および保守点検時に確認することをいう．適格性評価のステップは，図2のように，下記の通りに進める．

① Step 1：設計時適格性評価（DQ）
ユーザー要求仕様を作成しメーカーからそれらの要求仕様の確認，文書化を行う．
② Step 2：据付時適格性評価（IQ）
装置が要求通りに据え付けられたことを確認し文書化する．
③ Step 3：運転時適格性評価（OQ）
装置が所期の性能を有していることを確認し文書化する．
④ Step 4：性能適格性評価（PQ）
使用時に必要な性能を有していることを確認し文書化する．

(1) 運転時適格性評価（OQ）

HPLCのOQでは，ポンプについては，流量再現性，グラジエント正確さ，グラジエント再現性など，保持時間再現性にかかわる項目をチェックする．オートサンプラーでは，注入量再現線，直線性のチェックを行い，サンプルの確実な定量が行えるようにする．キャリーオーバーの検証は，前に注入したサンプルが残留し，つぎに注入するサンプルの分析のさいにクロマトグラム上に現れて測定の障害にならないかをチェックする．たとえば，高濃度テストサンプルを注入後，ブランク溶液を注入して残留性や洗浄効率を確認する．保持時間の変動にかかわるカラムコンパートメントの温度正確さのテストでは，カラム温度が正確に設定温度になるかをチェックする．紫外可視吸光光度（UV/VIS）検出器では，検出感度にかかわるベースラインノイズ，ドリフト，ランプ強度の検証とサンプル濃度の正確さに係る波長正確さやリニアリティーをチェックする．分析上必要とするリミット値は，メーカーのカタログスペックをそのままリミット値としてはならない．メーカーの仕様は，その機器が最適に稼動す

表1 運転時適格性評価（OQ）レポート例

機器名	機種名	測定項目	測定条件	リミット値	測定値	結果
ポンプ	DGP-XXXX	流量再現性	10回サンプルを注入し，保持時間により再現性を測定する	RSD≤0.30%	RSD=0.10%	合格
		グラジエント正確さ	Bチャネルに水に0.1%アセトンを含んだ移動相，Aチャネルに水をセットし，3回グラジエント分析を行った時の正確さと再現性を測定	≤0.2%	0.10%	合格
		グラジエント再現性		SD≤0.5%	SD=0.2%	合格
		リップル	上記の条件下でのミキシングのリップルを測定	≤0.5	0.20%	合格
オートサンプラー	WPS-XXXX	注入量再現性	5μLのサンプルを10回注入したときの再現性を測定	RSD≤0.30%	RSD=0.1%	合格

(表1つづき)

機器名	機種名	測定項目	測定条件	リミット値	測定値	結果
オートサンプラー	WPS-XXXX	注入量直線性	5つの異なる注入量のカフェインを5回注入し、直線性の相関係数を求める	r≧99.99% RSD≦0.50%	r=99.99% RSD=0.20%	合格
		キャリーオーバー	高濃度のカフェインを注入後，ブランクを測定し，その差を求める	≦0.01%	0.05%	合格
カラムコンパートメント	TCC-XXXX	温度正確さ	10℃，30℃，60℃，80℃設定時の温度を校正された温度計により測定	±1℃	±0.2℃	合格
UV/VIS検出器	VWD-XXXX	ベースラインノイズ	純水を1 mL/minでフローセルに流し254 nmで測定	<0.025 mAU	0.010 mAU	合格
		ドリフト	純水を1 mL/minでフローセルに流し254 nmで測定	<0.3 mAU	0.1 mAU	合格
		ランプ強度	230 nmで測定	>50%	95%	合格
		波長正確さ	カフェインを1 mL/minで流し，272.5 nmで波長を確認	±2.0 nm	±1.0 nm	合格
		リニアリティー	5つの異なる濃度のカフェインを注入し，直線性の相関係数を求める	r≧99.97% RSD≦3%	r=99.99% RSD=1%	合格

る場合を想定したもので，ユーザーの設置条件や，経年変化により機器の劣化もあるので，その値はクリアできない場合がある．

　コンピューターシステムとしては，コンピューターの各種のデータ処理機能をあらかじめコンピューターに内蔵されたメソッドやデータに基づいて下記の機能を内部検証する．

　　　装置の制御
　　　データ採取（クロマトグラムを生成）
　　　ピークの認識
　　　面積計算
　　　検量線作成
　　　定量
　　　クロマトグラムパラメーターの計算（理論段数，テーリングファクター，分離度など）
　　　表示
　　　報告書印刷

　これらの項目の検証は，コンピューターに内蔵されたバリデーション対応ソフトに

より自動検証するケースが多い．

（2） 性能適格性評価（PQ）

HPLC の使用時に必要な性能を有していることを確認し文書化する必要がある．内容的には，運転時時適格性評価（OQ）と同様の項目を設定しておくとよい．実際の使用時の性能評価であることから一般的に OQ 時よりもリミット値は低く設定されることが多い．

コンピューターシステムの PQ の内容に関しては，OQ で行った検証と同様の場合が多い．

おわりに　バリデーションでは，SOP（standard operating procedure：標準作業手順書）に沿った方法で作業を行い，オペレーターが異なった場合においても同じ結果が得られるようにすることが重要である．したがって，オペレーターがその内容がよく理解できるレベルにトレーニングを行い，その履歴も残しておくことが望ましい．今後，分析機器のバリデーションについては，AIQ（analytical instrument qualification：分析機器の適格性評価：USP<1058>）が翻訳され，第十六改正日本薬局方の追補版に収載されるといわれている．

文　献

1) 厚生労働省；医薬発第 1200 号　平成 13 年 11 月 2 日，原薬 GMP のガイドラインについて，p. 32.
2) 平成 16 年度厚生労働科学研究「医薬品の最新の品質システムのあり方・手法に関する研究」研究報告書主任研究者　国立医薬品食品衛生研究所　薬品部　檜山行雄，医薬品製剤 GMP ガイドライン，p.32.
3) United States Pharmacopeia (USP) general chapter 1058, Analytical Instrument Qualification (AIQ).
4) 日本規格協会ホームページ，標準化教育プログラム，化学分野教材，分析バリデーション，http://www.jsa.or.jp/stdz/edu/pdf/b5/5_05.pdf

6 システム適合性試験を行う

はじめに　システム適合性試験（system suitability test：SST）とは，試験結果の信頼性を確保するために既存の試験法を実施するさいに，試験を行うシステムがその試験法が要求する性能を満足しているかを検証することである．

システム適合性試験

　分析機器の適格性評価や分析法バリデーションは，分析の質を事前に保証するためのプロセスであるのに対して，システム適合性試験は，分析の前に分析の質を保証していくためのプロセスである．分析中の変動に対して，QCサンプル（品質管理用試料）を分析の途中で分析し，分析中に必要な仕様の範囲内か範囲外になっているのかを確認することが望ましい．分析能パラメーターで，たとえば，分離度，SN比，シンメトリー係数（ピークの対称性），理論段数，保持時間再現性，面積再現性，検量線直線性が検討されているが，これらの中で必要な項目をSSTで検証する．HPLCの分析能パラメーターの例を図1に示した．

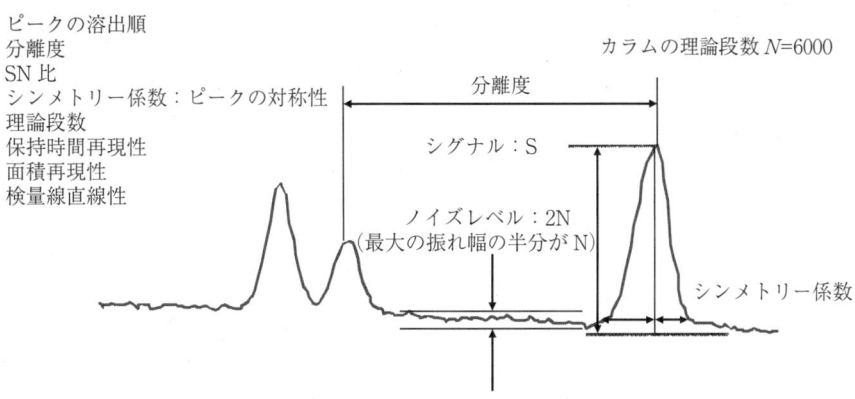

図1　HPLCの分析能パラメーター

　日本薬局方ではシステム適合性として，検出の確認，システムの性能，システムの再現性が求められている．検出の確認法としては，純度試験のうち定量的な試験で設定が求められる評価項目で，対象とする不純物などのピークがその規格限度値レベルの濃度でレスポンスが直線性をもつことを確認する．システムの性能としては，対象成分に対する特異性が確保できるかを検証するため，ピークの溶出順の確認，分離度や，カラムの理論段数に関しては，規定値以上の値であること，シンメトリー係数に関しては，規定値以下であることを検証する．ただし，シンメトリー係数に関しては，定量法では必須としていない．システム再現性では，標準溶液またはシステム適合性試験溶液を繰り返し注入したときの分析対象成分のレスポンス（ピーク高さまたはピーク面積）のばらつきの程度としての精度が求められている．

システム適合性試験の自動化

　システム適合性試験で求められる項目をクロマトグラム上から求めるのは，手間がかかる．近年，これらの計算を自動で行うソフトウェアがHPLCメーカー各社から

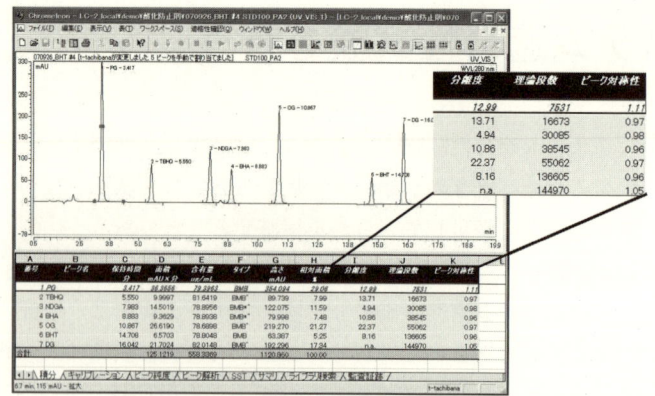

図 2　システム適合性の自動計算ソフトウェア

出されているので利用するとよい．

おわりに　システム適合性試験は，AIQ（analytical instrument qualification：分析機器の適格性評価：USP<1058>）に記載されているデータ品質の構成要素の図1（No.5）にあるように，データ品質を確保する中で大切な位置づけとなっている．日常的に分析時においてシステム適合性試験を行うことは，データ信頼性を確保するための大きな要素となる．

文　献
1) 厚生労働省：第15改正日本薬局方，p. 1647〜1650, じほう（2006）．
2) 厚生労働省：厚生省医薬安全局審査管理課長医薬審　第338号　平成9年10月28日，分析法バリデーションに関するテキスト（実施方法）について．
3) 鹿庭なほ子, 医薬品の分析法バリデーション，p. 2〜4, 林純薬工業, 2003.
4) United States Pharmacopeia（USP）general chapter 1058, Analytical Instrument Qualification（AIQ）．
5) 日本規格協会ホームページ，標準化教育プログラム，化学分野教材，分析バリデーション，http://www.jsa.or.jp/stdz/edu/pdf/b5/5_05.pdf

7　関連法令等に対応する

はじめに　分析を含む化学実験を行う場合，それぞれが所属する組織で決められた様々なルールを守っていく必要がある．これらのルールは必要に応じ独自に設定されたものもあるであろうが多くの場合は法律に基づくものである．たとえば，「有機溶媒を含んだ HPLC の移動相は下水に流さず，廃液として指定された容器に入れ処理業者に委託するため保管庫に集積する」というルールがある．これは「環境基本法」に基づく排水基準を定める省令で定められた水質基準を守るためにルール化されたものである．有機溶媒を含んだ排水は BOD（生物化学的酸素要求量）や COD（化学的酸素要求量）が水質基準を超える原因となり，排水処理施設がある場合でも活性汚泥の菌体の活性を低下させる．このために設けられたルールといえよう．これらの基準を超えて排水を行った事業所は「操業停止」を含む処分の対象となる．このように職場・実験室のルールは「法規」に基づくものが大半である．HPLC の使用者が直接罰せられるわけではないが，コンプライアンス（法令順守）に対する内外の目が厳しい昨今は企業のイメージダウンに繋がる．関連法規の遵守は，研究者，実験従事者にも厳しく求められている．

実験室に関係する代表的な諸法規

HPLC の設置，運用を直接規制する法律はない．例外的に超臨界ガスを移動相に用いる超臨界流体クロマトグラフを設置するとき高圧ガス取締法に基づく届出，大出力の超音波等のマイクロ波を発信する装置で「形式指定されている機種」以外は総務省への届出が必要な点があるのみである．しかし，実際に試料の前処理を行い HPLC で測定するにさいしては「化学実験」にかかわる「労働者と公共の安全」を目的とした多くの「法規」が存在する．様々な局面で関係する法規の数は多く，すべてを語ることはできない．このため実験室に直接関係する法規を大きく6つに分類した（表1）．

(1) 施設に関する法令

施設に関する法令については施設管理者の問題であり実験者はあまり関係しない．

(2) 実験室環境に関する法令

管理者は作業者の安全，健康管理面に留意した試験室の環境管理，実験作業者の健康管理を行うことが義務づけられている．照明の程度，排気装置の設置とメンテナンス，特定の有害物質の室内大気中濃度の測定等多くのことを実施する必要がある．さらには特定の溶媒を扱う場合その作業者の定期的健康管理（血中濃度測定）も行う．また，消防法による消火器，消化栓の設置および管理も必要となる．

(3) 試薬・器具等の扱いに関する法令

試料調製，移動相調製に用いる有機溶媒類は消防法で規定する第1～4類に属する危険物に該当し，総貯蔵量，貯蔵方法に対する規制がある．また，扱う試料，試薬の中には犯罪防止のために「劇毒物取締法」などで購入，保管，使用記録などの厳しい管理を求められるものがある．最近も水系 GPC カラムの保管剤に使用しているアジ

化ナトリウムが犯罪に用いられたことから「毒物」に指定された．その他にも「麻薬及び向精神薬取締法」「大麻取締法」「あへん法」「覚せい剤取締法」で指定された試料は許可を受けた特定の研究者しか扱うことが許されていないものもある．

さらに，ヒトの体液などを扱った試料，その容器など，感染性病原体が含まれもしくは付着しているおそれのあるもの，廃棄を含め厳重に管理する必要がある．

(4) 環境保全に関する法令

基本的に環境基本法のもとに設定された関連法規により廃棄物等が規制されている．まずは廃油，酸，アルカリ，PCB汚染物は「廃棄物処理法」で環境中への排出が禁じられている．実験中，実験後の有機溶媒の大気中への大量の揮散・排出も「大気汚染防止法」で，有機溶媒，酸・アルカリを含んだ排水は「水質汚濁防止法」で規制されている．実験墓での廃棄物は「自家処理」が原則とされ，必要に応じ処理業者に処理を委託する．

これとは別に「特定化学物質の環境への排出量の把捉等及び管理の改善の促進に関する法律」（いわゆるPRTR法）によりアセトニトリル等を含む354種類の化合物は事業所ごとに使用量を記録，公表することが義務づけられている．

(5) 装置に関する法令

これについては冒頭で述べた通りである．

(6) 業法に関係した法令およびガイドライン

業法とは特定の業種で製造・販売行為を規制した法律である．食品業会では「食品衛生法」，医薬品・化粧品では「薬事法」，衣料や洗剤などの家庭用品では「家庭用品品質表示法」などがある．他の商品の製造・販売業も商取引に伴う取引者相互の利益確保，安全の確保のための法令・ガイドラインがあり，この中で品質の確保のための試験とその操作についても法令に基づいて行う必要のあるものがある．

具体例として医薬品の例をあげる．医薬品の製造販売を規制した薬事法で医薬品は成分，品質を申請して許可を受けて製造・販売している．これらの医薬品は許可要件に即して製造し，その品質管哩も許可要件に沿って実施する．たとえば，申請した医薬品の中に局方 アスピリンを配合すると記載した場合，このアスピリンは入荷した原料を局方 アスピリンの規格・試験法に則り試験する必要がある．操作に関しては局方の通則をもとに一般試験法や各条の試験を行う．仮にもっと便利な方法があった場合は，その方法について分析目的に対し「同等またはそれ以上」の性能をもつことのバリデーションを行い結果を記録保管する必要がある．個別の有効成分の測定についても同様に申請書に沿って方法で操作する．別法を採用するに当たっては一部変更する旨を可及的速やかに申請し許可を得る必要がある．この手続きを故意に無視すると薬事法違反に問われ処分の対象となる．この点は医薬部外品についても同様の扱いを行う．

蛇足ながら，局方の試験に用いる「水」は局方・精製水とされている．すなわち「精製水」の規格項目に沿い試験を行い各規格値を満足していることを確認されたものである．蒸留水，超純水など十分にこの「精製水」規格を満足していると推定される水も，「精製水」の規格項目に適合していることを実際に随時確認しつつ使う必要

がある.

おわりに　とかく法律関係の文章は読みずらい.本文だけではなく関係する法律,その法律に従い規制されている関係省庁の省令,施行令,ガイドラインなども頭に入れて理解しなければならない.その上これらのものは随時改正・追加が行われる.このため大きな企業では専門のスタッフを置き,最新の情報を入手し,社内でのコンプライアンスに心がけている.本項ではこんな法律があるという「名称」の紹介にとどめた.実験者も指示された内容に沿って試験を行っているだけではなく,個別の法律の解説書等に目を通し指示内容の背景にある関連法規を理解することが本当の意味で「仕事を理解する」ことになるのではないかと考える.

表1　実験室に関係する代表的な諸法規

対象	代表的な法律名	具体例	備考
施設に関する法令	建築基準法	避難路,耐火構造	内装制限 消火器などの消防設備
実験室環境に関する法令	労働安全衛生法 (公務員の場合人事院規則)	クロロホルム,四塩化炭素,アセトン,イソブチルアルコール,イソプロピルアルコール,エチルエーテル,酢酸エチル,シクロヘキサノン,テトラヒドロフラン,石油エーテルなどを含む約50種	作業者の健康管理 別に照明の基準,排気装置の設定についても記載あり
試薬・器具等の扱いに関する法令	消防法	消火器等の設置	消火栓,消火器の設置
		エタノール,エーテル,その他	第1～第4類に属する危険物の総貯蔵量,貯蔵方法に対する規制
	劇毒物取締法	アジ化ナトリウム(毒物) メタノール,アセトニトリル(劇物)	保管管理　金属製鍵付薬品庫に「医薬用外毒劇物」と明示して収納
	麻薬及び向精神薬取締法	バルビツール酸系医薬品その他向精神薬として指定された物質.指定された麻薬・麻薬原料を含む動植物	学術研究又は試験検査のために使用する場合は,向精神薬試験研究施設設置者等の登録証が必要
	大麻取締法	大麻草(カンナビス・サティバ・エル)及びその製品	研究者は都道府県知事の免許必要
	あへん法	けしの栽培,あへん,けしがら	医療及び学術研究の用に供する,あへんのけしの栽培並びにあへん及びけしがらの譲渡,譲受,所持等についての取締
	覚せい剤取締法	エフェドリン,フェニルアミノプロパン,フェニルメチルアミノプロパン及び各その塩類	研究者は都道府県知事が認定
	廃棄物処理法	使い捨ての注射器,遠心分離管(血液試料採取等に用いたもの)	医療機関等から排出される一般廃棄物であって,感染性病原体が含まれ若しくは付着しているおそれのあるもの

(表1つづき)

対象	代表的な法律名	具体例	備考
施設に関する法令	建築基準法	避難路，耐火構造	内装制限 消火器などの消防設備
環境保全に関する法令	廃棄物処理法	廃油，酸，アルカリ	特定管理 産業廃棄物
		PCB汚染物	特定有毒 産業廃棄物
	環境基本法	大気汚染，水質汚濁，土壌汚染を対象に環境基準	公害防止基本法を包摂し，平成5年に施行．第16条に水質，大気その他の環境基準を設定．環境に関連した各法規の上位に属する
	水質汚濁防止法	実験室廃液	酸，アルカリ，有機溶媒等の下水道への排水規制
	大気汚染防止法	揮発性有機化合物	溶媒類を大量に揮散させることは禁じられている
	PRTR法	アセトニトリル等を含む354種類の化合物	正式名「特定化学物質の環境への排出量の把握等及び管理の改善の促進に関する法律」 事業所ごとに使用量を記録，公表する
装置に関する法令	電波法	マイクロ波反応装置 超音波洗浄器	形式指定されている機種以外は総務省への届出が必要
	高圧ガス取締法	超臨界クロマトグラフィー	設置の際の届出
業法に関係した法令およびガイドライン	薬事法	局方収載医薬品，医薬部外品原料規格収載原料．個別に承認を受けた医薬品，医薬部外品．	医薬品の試験に際しての局法の各条，一般試験法に準じた操作．医薬部外品については医薬部外品原料規格の各条，一般試験法に準じた操作
	厚生労働省令	タール色素を含む化粧品，医薬部外品，医薬品	厚生労働省令のタール色素で指定された試験操作

* 2009年8月作成．

装置・メンテナンス

8 装置を移動し，設置する

はじめに　最初にHPLC装置の設置法について，つぎに移動時の方法についての注意点について述べる．

装置の設置

HPLCを設置するのに適した場所は，HPLCシステムが長期間にわたって安定して稼働可能な環境である必要がある．加えて，設置場所の雰囲気から移動相やサンプルへの汚染がないことも必要である．

設置場所として好ましい条件

基本的には，メーカーから出されている設置条件に従って設置場所を用意する．設置場所として考慮しなければならないおもな項目は，

1) 実験台の耐荷重：装置の設置によりたわみなどが生じる実験台は不適切である．また，有機溶媒などがこぼれたときに，すぐに変性するような材質を使用しているものは好ましくない．

2) 温度：動作温度範囲であることは当然であるが，温度変化にも注意が必要である．

検出器の種類によっては，温度変化が大きなベースライン変動をもたらすことがある．空調からの風が直接あたるような場所は好ましくない．

3) 湿度：結露しないこと．結露が発生すると電気回路の損傷の原因となる．

4) 電源（特に電圧変動）：装置に必要な電圧，電流を満足していることはもちろんであるが，電圧変動により動作不良を起こす場合がある．できれば，大きな電流が流れる機器とは同じ系統の電源を使用しないことが望ましい．

5) ユーティリティ：ガス，冷却水などが必要な場合は，これらが使える環境を整える．

6) 実験室の排気状況：HPLCでは移動相として有機溶媒を使用することが非常に多いため，部屋の換気にも留意が必要である．また，検出器によっては排気設備を必要とするものもあるので，必要に応じて準備できる場所がよい．

7) 漏えい対策：万一，廃液などが漏えいした場合，他の部屋などに影響が及びにくい場所を選んでおく．

などである．上記に加えて，配線，配管などの作業をスムーズに行うことができるスペースを用意できれば，装置の使い勝手もよくなる．

装置の設置は，取扱説明書に従って行う．モジュール型のHPLCの場合は装置の積み上げ方，並べ方などメーカー推奨の設置法があるので，あらかじめ確認しておく．装置の設置が終了したら，必要に応じて耐震対策などを行う．

最後に，装置の性能確認としてIQ（installation qualification：据付時適格性評価）とOQ（operational qualification：運転時適格性評価）を実施して，正常に稼働することを確認する．

装置の移動

(1) 移動の準備と移動，設置

いったん設置した装置を移動して改めて設置する必要が発生した場合は，まず前項"装置の設置"に基づいて場所を選定する．つぎに，取扱説明書に従って移動の準備を行う．移動のさいのおもな手順を下記に示す．

1) 流路の洗浄：緩衝液を含む移動相を使用している場合，装置移動前後の準備中に塩の析出を防止するため，また，配管の取外しや装置の移動のさい，有害物質を含む移動相に触れる危険を回避するために，流路を純水で洗浄する．

2) 配管，ケーブル類の取扱い：取扱説明書に従って，装置の配管，ケーブル類を取り外す．配管は装置のどの部分と接続していたか分かるようにしておくと，移動後の設置を円滑に行うことができる．

3) 検出器のグレーティングの固定：移動のさいにグレーティングなどを固定しなければならない検出器の場合は，取扱説明書に従って固定する．固定せずに移動すると，高価な光学系を破損することがある．

4) オートサンプラーのアームの固定：移動のさいにアームを固定しなければならないオートサンプラーの場合は，取扱説明書に従って固定する．固定せずに移動するとアームを破損することがある．

5) 掃除：普段はアクセスすることが少ない装置背面のほこりなどを掃除しておく．

6) データバックアップ：PC を使ったワークステーションにデータを記録している場合は，データ，分析法などをバックアップしておく．

装置の重量や大きさを十分に考慮し，運搬する．LC は精密機器なので，安全面だけでなく移動中の振動などの面からも複数の人間で慎重に運搬し，新しい場所に設置する．

必要に応じて耐震対策を行う．

(2) 新しい設置場所での性能確認

設置場所を変更した場合は，新しい設置場所で装置の性能を確認することが必要である．一般には IQ (installation qualification) と OQ (operational qualification) を実施することが望ましい．IQ, OQ について No.5 の "HPLC 装置のバリデーションを行う" を参照のこと．

おわりに 装置の移動および設置は，自身で行う場合でも 2～3 人の複数の要員で注意深く，それらの機器の取扱説明書に従って行うことが望ましい．

9 液クロ用の工具を使う

はじめに　HPLCでは，スパナ，六角レンチ，ドライバー，チューブカッターなどが日常的に使われる工具である．使い方によっては部品の破損やケガの原因になるので，正しい使い方を知っておくべきである．

スパナ

スパナは継ぎ手の固定やチェックバルブの取付け，取外しなどに使用する．

スパナの呼びサイズは，口径の二面間の寸法で表される．HPLCでよく使われるサイズは，1/4インチ，5/15インチ，9/16インチなどである．

【使い方】

継ぎ手やチェックバルブの平行になっている二面を2カ所で銜えて回すので，スパナの口径と回したい継ぎ手などの平行になっている二面のサイズがあっているものを必ず使用する．サイズがあっていないものを使用すると，継ぎ手などの頭の部分をナメる（角が変形する）原因となり以後の作業に障害となるだけでなく，ケガの原因にもなる．

継ぎ手などを手で回してゆき，回らなくなってからスパナで締め付ける．
① スパナの奥まで回したい継ぎ手などをしっかり銜える．
② スパナは回したい継ぎ手などに対して平行に銜える．
③ スパナは基本的に引くようにして使用する．

インジェクターバルブの継ぎ手は狭い範囲に継ぎ手が密集しているため，スパナでは作業が難しいので，下図のような専用工具を使用するとよい．

六角レンチ

ポンプヘッド，インジェクターバルブなどによく使われる六角穴付ボルトの取付

け・取外しに使用する．

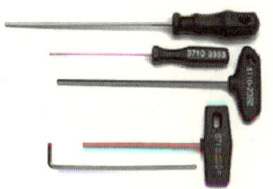

【使い方】

回したいボルトの六角穴にぴったり入るサイズの六角レンチを使用する．
① 六角レンチはボルトの穴の奥までしっかりと差し込む．
② 六角レンチを少し押し込むようにして回す．

チューブカッター

HPLCで使用されているほとんどの配管の外径は1/16インチで，材質はステンレスやPEEK（ポリエーテル・エーテル・ケトン）樹脂が多い．配管の切断面が軸方向に対して垂直になっていないと，デッドボリュームや液漏れの原因となるため，下に示すような工具を使用して切断することが望ましい．

1) ステンレス配管用のチューブカッター：切断するチューブをカッターに固定し，カッターを回してチューブを切断する．このとき，チューブの一端をバイスなどで固定するとカッターを操作しやすい．

2) ポリマーチューブ用のチューブカッター：切断するチューブの外径に適合する穴にチューブを差し込み，刃を下に下ろしてチューブを切断する．これらの工具は切断箇所近くの箇所でチューブが固定されるため，切断面が軸方向に対して垂直になる．

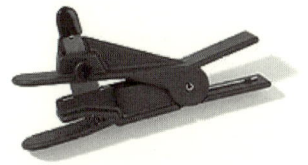 

おわりに　HPLCの装置によっては製品に付属している専用工具を使用しなければならないことがあるので，このような場合は取扱説明書に従って必ず専用工具を使用する．

10 アースをとる

はじめに　分析機器を設置するさい、電源のアースをとることは必須であるが、HPLC ではさらに静電気による可燃性有機溶媒の引火にも注意する必要がある．

アースのとり方

故障や漏電時の感電防止のため、アースは必ずとるようにする．また、装置動作の安定確保にも重要である．装置付属の電源コードは、一般に図1のような3Pタイプであり、対応する3Pコンセントを使用する．2Pコンセントを用いる場合、アダプターを使用することもできるが、アースのとり方については取扱説明書等の指示に従うこと．

図 1　3P プラグ

静電気と HPLC

HPLC では溶離液として可燃性有機溶剤を用いる場合も多く、特にヘキサンなどの可燃性有機溶媒を大量に使用する分取では、火災や爆発などについて細心の注意を払う必要がある．以下に、引火の原因となる静電気について、事故防止のための対策例を述べる．

静電気事故の発生メカニズム例

細いチューブに高速で溶液を送ると、図2のように流動帯電により静電気が発生する．帯電した液が電気的に絶縁された容器にたまると、帯電荷量が徐々に大きくなり、場合によっては数 kV の高電圧が発生する．

高電圧に他の導電体が近づくと、ある距離で放電が起こり、エネルギーが放出される．このとき、周りに適度な濃度の可燃性ガスがあると、これに着火する．図3に、こうした事故が発生しやすい状態をまとめて示す．

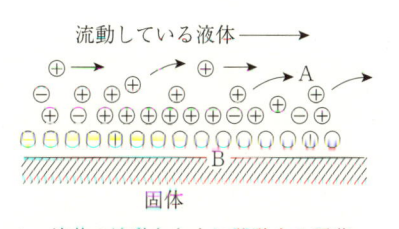

10 アースをとる　　27

図2　固体，液体類の流動による静電気の発生

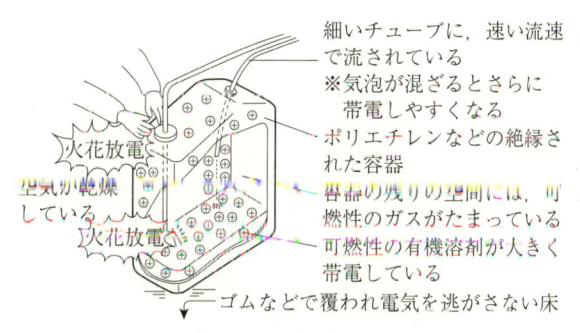

A：液体の流動とともに移動する電荷
B：固体表面に固定され移動できない電荷

図3　事故発生の危険性がある状態

静電気事故防止の対策例

　静電気事故を防止するには，「静電気の帯電および蓄積」を防ぐ必要がある．まずは，装置のアースをとることが第一であるが，日本国内では通常電源プラグが接地極付（いわゆる三つ又）となっている製品が多いので，対応する形状のコンセントに正しく接続する．
　次に注意すべきは廃液容器における帯電であり，可燃性有機溶媒が廃液となる場合，以下の帯電防止策を行う．

（1）廃液溶液の材質と接地
　廃液容器を金属製（表面に酸化被膜やラミネート処理がされていない導電性のあるもの）にしてアースをとる．金属容器を使用しているときでも，アース線が外れたりしていると静電気事故の防止対策にならない．テスターで廃液容器がアースされていることを必ず確認すべきである．

（2）廃液容器の隙間
　廃液容器の外で発生した火花が内部に入らないよう，廃液容器の出入口の隙間を小さくする．容器のキャップに廃液チューブが通る程度の穴を開けて使用するという方法もある．図4には，対策（1）と（2）を施した廃液溶液のようすを示す．

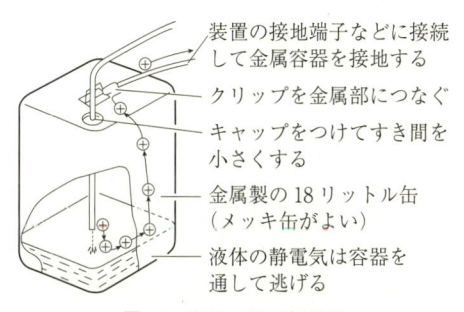

図4　容器の静電気対策

（3）人体の帯電防止
　廃液容器の近くに人体，および帯電している物体を近づけないようにする．人体への帯電防止対策は，次のように実施する．
　① 静電防止服や静電防止シューズを着用する．

② 静電気防止用リストストラップを使用して，人体を接地する．リストストラップは人体保護のため，1 MΩ 程度の抵抗を介してアースする．

③ 静電マットなどを床に敷いて，作業床の導電化をはかる．

また，帯電防止対策をしていない人は，廃液容器に近づく前に接地された金属に手を触れるなどして，人体にたまった静電気を放電する．

(4) 廃液チューブの配管

大量の液が流れる廃液チューブの配管は，内径 2 mm 以上にする．また，配管の接続部から空気の混入がないか確認する．配管の中に気泡が混入すると，帯電量が数十倍の大きさになることがある．

(5) 廃液容器を導電性にできないときの対策

廃液容器を導電性にできないときは，次の対策を施す．

① 廃液チューブ出口を，つねに廃液容器内の液面の下に浸ける．または，アースされた金属（装置本体につながるパイプなど）を液に浸ける．ただし，この方法は導電性の低い液体（10^{-10} S/m 以下）に対しては効果がない．

② 廃液容器をできるだけ容量の小さいものにする

③ 部屋を乾燥させないようにする．湿度が 65% 以上になると，帯電防止効果が得られる

おわりに　上に述べたように，静電気対策は装置のアースだけでなく，日常的に注意すべき点が多々ある．事故防止のため，これらの点にも十分な配慮が必要である．

11 ユニオンで継ぐ

はじめに　配管は継いで使用しない方がガスや液体の流れはスムーズである．しかし，用意したチューブ（パイプ）が短いときにはチューブを継ぐ必要がある．チューブを継ぐために使用する部品がユニオンである．ユニオンには，単に配管を継ぐだけのものだけでなく，2方向，3方向への分岐を行えるもの，直角に曲げるためのもの，また配管径を変更するユニオンもある．

　ユニオンは，接続のさいにチューブを回転させることなくナットを回転させるだけでチューブの接合または取り外しが可能な継手部品で，種類はくい込み（配管へフェラルとよばれる部品をくい込ませてシールする）タイプが主流である．くい込みタイプにも2個のフェラル（ferrule）を使用するタイプと1個のフェラルを使用するタイプがあり，使用する流体，圧力，温度により適切なものを選択する．また，ユニオン本体材質にはステンレス鋼，PEEK（polyetheretherketone），PTFE（polytetrafluoroethylene）などがあり，フェラルにはステンレス，ポリイミド/グラファイト（高温）PEEK，PTFEなどがある．

　本体構造は，内部でチューブが突きあわせになるもの，チューブ内径と本体内径が同じもの（デッドボリュームや乱流，滞留の発生がないシステム構造），本体が同径でフェラルを変えることにより細いチューブを接続する方法などいろいろな選択ができる．それぞれ長所，短所があり，目的にあった選択が必要である．

2個のフェラルを使用するタイプ

　ダブルリングフェラルとよばれることがある．

　通常は，袋ナット（external nut）またはオシネ，フロントフェラル，バックフェラル，本体の4点で構成され，本体，フェラル，チューブの硬度の差を利用してシールする．ナットを締め付けることにより，まずフロントフェラルが本体のテーパー面に沿って変形し，先端の硬化処理された部分がチューブの外径面にくい込み，本体の面接触にて管内流体のシール機構を完了し，バックフェラルがフロントフェラル後端のテーパに沿って変形し，先端の硬化処理された部分がチューブ外径面にくい込むことで管抜けを防止する．フロントフェラル，バックフェラルともに先端はチューブよりも硬く，締め付けた場合，強くチューブを圧着するので，チューブ内径が若干変形する（図1参照）．

　締め付け方法は，外形が4 mmまでのチューブでは，チューブをナットの中まで差し込み，ナットを手締めした後に，スパナで3/4回転させ終了．4 mm以上では同様に手締めした後に，スパナで1と1/4回転させる．

1個のフェラルを使用するタイプ

　チューブ外壁にシャープなフェラル先端がリング状にくい込みシールする方式．ワンリングフェラルとよばれることがある．

　2個のフェラルタイプではチューブ内径の変形がみられるが，ワンリングフェラルタイプでは適切な締め込みにより（90°程度の締め込み）フェラルのシャープな先端

のみがチューブ外壁にリング状にくい込む構造のため，内径の変形が起こらないのが特徴である（図2参照）．

HPLCでの使用は，ほとんどの場合にワンリングフェラルタイプとなる．これは，使用するチューブが細く，チューブ内径の変形が少ないことによる．ガス配管や分取LCのように太いチューブを使用するときにはバックフェラルによるチューブの固定が確実なダブルリングフェラルタイプが多く使用される．

チューブの切断面が整っていない場合や斜めに切断される場合がある．チューブを継ぐだけでは問題ないが，分析ではデッドボリュームの原因となる．また，最近使用されるHPLC用のねじサイズは，No.10-32UNF[*]が多く使用されているが，メーカーによりフェラル先端から先に出るチューブの長さが異なるケースがある．先に出ているチューブが長いとシールがされない．また，短い場合にはデッドボリュームの原因となり，よい分析結果が得られない．フラットな先端になるように切り口に注意し，他メーカーに使用した配管は流用しない方が賢明である．

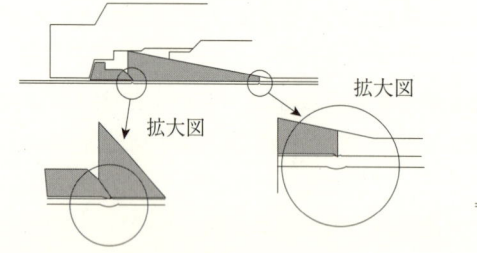

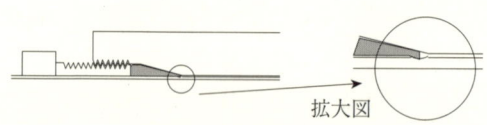

図1　ダブルリングフェラル：フェラルくい込み　　図2　ワンリングフェラル：フェラルくい込み

ユニオンの代表的種類

接続用としてオシネ方式と袋ナット方式があるが，代表例として袋ナット方式のものを説明する．

1)　ユニオン：同一外径のチューブ延長させるために接続する．

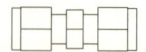

2)　レデューシングユニオン：外径の異なるチューブを接続する（別表記：異径ユニオン）．

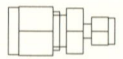

3)　ティーユニオン：3本のチューブを接続し，2方向への分岐，または2方向からの合流が可能となる（別表記：3方ジョイントなど）．

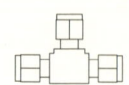

---

[*]　ANSI規格（AMERICAN NATIONAL STANDARD）表記．
外径4.82 mm ねじ山は1インチ（25.4ミリ）に32山（細目）ある．

4） クロスユニオン：4本のチューブを接続し，3方向への分岐，または3方向からの合流が可能となる（別表記：4方ジョイントなど）．

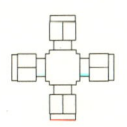

5） エルボユニオン：直角にチューブを接続する．90°以外の角度もある．
ダブルリング型

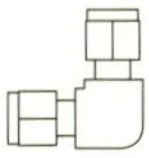

　ユニオンで継ぐとは若干違うが，チューブ同士の接続方法として，チューブを加工し，ジョイントとの組合せで，接続するタイプがありフレアー継手，フランジ継手がある．HPLCでは多く使われているので，簡単に説明する．

1） フレアー継手：チューブ先端を丸く広げ，専用の継手と組み合わせて接続する．加工には専用の成形工具が必要で，金属チューブでは成形が困難．

2） フランジ継手：チューブ先端をT字形に成形して，専用の継手と組み合わせて接続する．加工には専用の成形工具が必要で，金属チューブでは成形が困難．しかし，フランジ継手にはフランジフリーオシネとフランジフリーフェラルを使用することでチューブの加工を行わずに接続ができ，ステンレスチューブやピークチューブにも使用できるものも用意されている（配管径は限定される）．

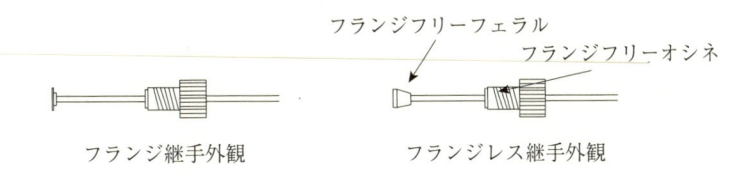

フランジフリーフェラル
フランジフリーオシネ

フランジ継手外観　　　　フランジレス継手外観

おわりに　ユニオンの袋ナットやオシネを締めすぎると，フェラルが変形して取外しのさいに配管が抜けなくなる場合があるので，適度な締付けを心がける必要がある．

12 ねじを締める

はじめに ねじとは,「ねじ山をもった円筒又は円すい全体をいう.」と規定されている(JIS B 0101 ねじ用語より). 一般的に「ねじ」とよんでいるものは機器のパネルなどを固定するために用いる, ドライバーによって締める頭付きの小さいねじのことをいう. 用語では「小ねじ」となる.

また, 配管で使用するねじに,「管用ねじ」がある. 2種類のねじについて説明する.

小ねじ

機器のパネル・コネクター固定用で使用されているねじで, ビスともいう(フランス語「ねじ」の意 vis より). 頭の形によっていろいろの種類があるが,「なべ」「丸」「皿」が多く使用されている頭の形状である.「なべ」「丸」は, パネル面より上部に頭が出ていて,「皿」は, パネル面から頭が出ていない.

頭には, ドライバーを差し込んで締めるための溝やくぼみが付いている. おもなものには「すりわり」「十字穴」「六角穴」がある. 最近の機器には六角星形の穴が付いている「トルクス」もある.

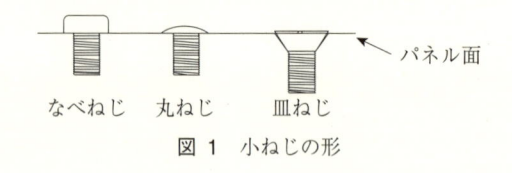

図 1 小ねじの形

1) すりわり:ねじ回しの先端を差し込んで回転するために設けた溝. 一般にマイナスと表現される.

2) 十字穴:ねじ回しの先端を差し込んで回転するために設けた十字型のくぼみ. 一般にプラスと表現される.

3) 六角穴:断面が六角形の棒スパナ(六角棒レンチともよばれる)を差し込んで回転するために設けた六角形型のくぼみ.

ねじの頭が六角星形となっているので, ねじとドライバーのかみ合いが良く精密機器やコンピューターに使用される.

小ねじを締めるには, 専用の工具が必要となる.「すりわり」はマイナスドライバーを使用し,「十字穴」はプラスドライバーを使用する.「六角穴」を締めるには六角棒スパナが必要である.

マイナスドライバーは先端部の刃幅と刃厚により種類があるので締める小ねじにあったドライバーを使用する. プラスドライバーも大きさに種類がある. プラスドライバーの大きさは番号でよばれる.

プラスドライバーの番号とねじ径を表1にまとめた.

すべての小ねじは一覧表通りではない. ドライバーが十字穴にあっていないときは別の番号のドライバーを使用する. HPLC などの装置で一番よく使用するプラスドラ

表 1　ドライバーとねじ径

番　号	ねじ径	備　考
No.0	2.0 mm 以下	写真機，メガネなどの小ねじ
No.1	2.0〜2.6 mm	コネクターの固定ねじ
No.2	3.0〜5.0 mm	通常のパネル固定ねじ
No.3	6.0 mm 以上	大型装置の固定ねじ

イバーは No.2 である．また，コネクター類の固定用では No.1 を使用するので，この 2 本は用意しておく方がよい．大きさがあわないドライバーを使用すると締め付けが十分に行われないだけでなく，小ねじの溝を壊してしまい締め付け・取り外しができなくなる．

ねじのよび方

　ねじ規格において，その規定にメートル単位系を用いたものをメートルねじ，インチ単位系を用いたものをインチねじという．日本国内で生産された機器はメートルねじを使用している．輸入した機器にインチねじが使用されている場合があるので注意しなければいけない．

　ねじ規格を表現するときに「M8×1」などと表現されるが，これはメートルねじのねじ部外径が 8 mm，ピッチが 1 mm のねじを表す．ピッチとは，ねじ山の頂点間の距離のことをいう．

　小ねじのよび方では，一般的にピッチを省略する（例：M3 ねじ）．これにねじの長さを加えてよぶ．表記する場合には，ねじ径のすぐ後に長さをおくが，前後の文章から明らかにねじの長さを表している場合には乗算記号×が用いられる（例：M3×8．この表記は規格上では外径 3 mm でピッチが 8 mm となるが，このようなねじは存在しないので，後ろの数字が長さを表していることは明らかである．）．このよび方の前に「頭」の形状をつけて小ねじを特定する（例：なべ M3×8）．

ねじの締付けと緩み

　ねじの締付けで大事なのは適正締付けを行うことである．

　ねじの適正締付け力については，規格などではっきりと定められたものもなく，カンや経験で締めていることが多い．そこで，よく使われるメートルねじの，基準となる参考数値を載せてみた．あくまでも参考数値である．使用するねじの材質や締め付ける本体の材質により異なるので，注意してほしい．

　　M3　58.9〜196　cN・m
　　M4　147〜461　cN・m
　　M5　294〜931　cN・m

配管ねじ

　管の気密を必要とするときに使われ，おもにガス，蒸気や水などの管などに使われ，よび方には，配管用鋼管の内径（インチ寸法）が使われる．

　種類も平行ねじと管用テーパねじ（ねじ全体がテーパになっている）の 2 種類があり，テーパねじには，テーパおねじ（R），テーパめねじ（Rc）管用平行めねじ

(Rp），ANSI 規格で米国標準管用テーパーねじ（NPT）がある．（配管平行めねじ（Rp）はテーパおねじ（R）との組合せで使用する.）

　管用テーパねじと米国標準管用テーパねじの違いは，ねじ山角度，ピッチのみ規格が違うだけでテーパは 1/16* と同じである．見た目ではわかりにくいので混ざらないよう注意が必要となる．

　テーパねじを使用しても，おねじ，めねじの組合せの接合部分が完璧にあわせることはむずかしく，シールテープを使用することでより密閉性が保たれる．くい込まないときや，漏れが止まらないといったことが起きた場合は，ねじの種類が違う可能性があるので再度確認が必要である．

＊　軸線の端における 2 本の稜線の距離/線の長さ，で表す．

13 検出器の時定数を調節する

はじめに　クロマトグラムは，検出器から出力される電気信号によりつくられる．この電気信号は，検出器の電気回路や機械的な部分も含めた HPLC システムの種々の要素をあわせた信号としてデータ処理装置に送られている．一般的には，検出器には，この電気信号のノイズ低減のための信号処理を行う機能が装備され，その信号処理には，いくつかの方法がある．その方法の一つが，時定数（time constant）の調節である．時定数とは，矩形波信号が入力されたときにその信号が，10 から 90% 変化する時間と ASTM（米国材料試験協会；American Society for Testing and Materials）に定義されている．時定数の調節以外に，移動平均法やデジタルノイズフィルターなどが装備されている検出器もある．ここでは，時定数を調節したときの効果や調節方法の留意点などについて記載する．

検出器の応答速度（レスポンス）

検出器の応答速度は，試料溶液成分が注入されてから検出器のセルに到達する間での拡がり，と検出器の信号処理を含めたピーク出力信号を総合したピーク形状に影響する重要なポイントとなる．

検出器は，時間に対する信号の変化を捉えて出力するため，速い応答速度であれば，シャープなピークを的確に検出できるが，ベースライン上の細かいノイズも拾ってしまうことになる．一方，遅い応答速度では，細かいノイズを拾いにくくなるため，ベースラインのノイズ幅は小さくなるが，シャープなピークは，ブロードになり，応答速度の違いによっては，ピーク高が小さな値となることがある．このような影響は，保持時間の短いシャープなピークほど受けやすく，保持時間が長く溶出が遅いブロードなピークほど受けにくくなる．

そのため，応答速度の設定は，クロマトグラムのノイズの大きさとピークの高さ（SN 比の値，検出感度の計算）と幅（ピークが近接している場合は分離に影響）などの状況を考慮した適切な値とすることがコツとなる．なお，検出器によっては，適切な応答速度の設定値例が取扱説明書などに記載されている場合もあるので，参考とすることができる．

時定数の設定例

時定数の値は，ms（ミリ秒）などの時間の値で表され，大きい値ほど効果は大きくなる．一般的には，検出器側では，FAST，STANDARD，SLOW などの用語（この表記は一例である．メーカー，検出器の種類などによっても異なる．）で表記され，何段階かの時定数を選択して設定していることが多い．

図 1 は，検出器の時定数を変化させたときのクロマトグラムの例である．ノイズの減少とピーク高さや分離の変化がわかる．ピーク高さの減少よりもノイズが小さくなる割合が大きい場合は，SN 比が改善していることになり，検出感度の向上が期待できる．この例では，3 本のピークともに時定数 1.0 s の設定時の SN 比の数値が良い結果となっている．

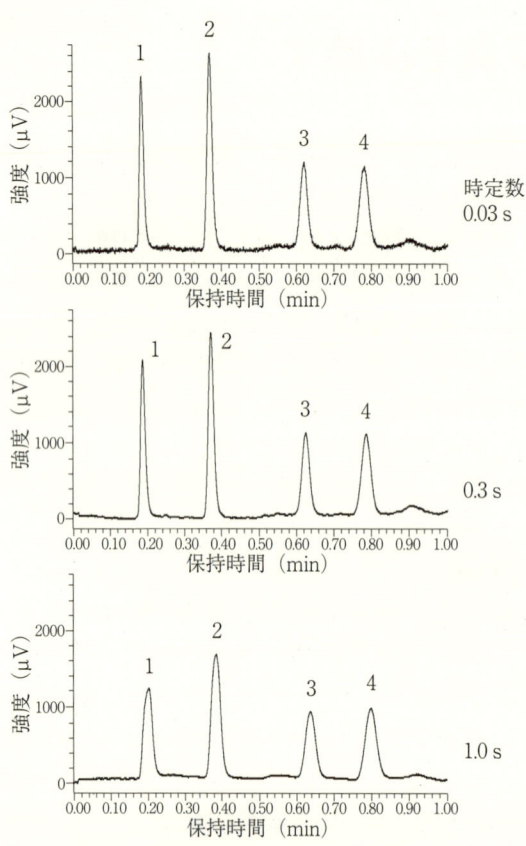

図 1 時定数の違いによるピーク形状とベースラインノイズの変化例

1. ウラシル
2. メチルベンゾエイト
3. ナフタレン
4. ブチルベンゾエイト

表 1 時定数の違いによるピークの SN 比の変化

成分名	時定数 0.03 s	時定数 0.3 s	時定数 1.0 s
1. ウラシル	30	79	115
2. メチルベンゾエイト	35	93	160
3. ナフタレン	15	41	86
4. ブチルベンゾエイト	15	40	92

（各ピークの SN 比）

14 ラインの泡抜きをする

(1) ラインの泡抜き

溶媒瓶からポンプまでのラインに気泡が認められた場合，溶媒置換のためにポンプに搭載されているパージ機能を用いることで泡抜きをすることができる．ただし，泡が比較的小さく，パージ機能を用いても泡抜きできない（移動相とともに泡が移動しない）場合，ライン先端から大きな泡を加えて小さな泡を吸収することで，完全に泡抜きをすることができる．一方で，このような小さな泡が万が一ラインを移動した場合でも，液体中の溶存気体を除去する脱気装置（デガッサー）によって取り除かれることも多いことから，脱気装置の設置が望ましい．ただし，LC メーカーとしては，デガッサーを装備した場合でも事前に溶媒の超音波および真空による脱気を推奨している．

(2) デガッサーおよびポンプヘッド内の泡抜き

デガッサーに気泡が混入している場合，デガッサーとポンプに圧力をかけてパージすることで泡抜きすることができる．一方，送液状態でカラム圧が安定しない場合，チェックバルブおよびポンプヘッドへの気泡の混入が原因であることが多い．この場合も，ポンプに圧力をかけてパージすることで泡抜きすることができる．ただし，ポンプヘッド内に大きい気泡が入っていると移動相を吸引できない．この場合，ドレインバルブを開け，ドレインチューブから注射器で強制的に移動相をポンプヘッド内へ吸引する「呼び水」を実施しながらパージすることで泡抜きすることができる．また，チェックバルブの動作不良を解消するために，ドレインバルブを開けた状態でチェックバルブ入口から溶媒を押し込む操作を実施することもある．

(3) シリンジ内の泡抜き

マニュアル注入時，試料を吸引したシリンジ内部に気泡が含まれる場合，シリンジ先端を上に向けてシリンジを軽くたたき気泡をシリンジ先端に集めた後，シリンジニードルを少し押して試料とともに気泡を出すことができる．試料吸引時にシリンジ内に気泡が入らないようにするためには，あらかじめ試料と同組成の溶液でシリンジ内部を濡らしておくと効果的である．

(4) その他の気泡発生への対策

配管接続部分の締付け不良によって気泡が発生する場合，まず不良部位を同定する必要がある．同定された部位の配管の切断面が垂直であること，配管接続タイプが正しいこと，および接続部品に問題がないことを確認して再度締め直すことで気泡発生を抑制することができる．一方，パージバルブの廃液チューブのヘッド差で，バルブのネジ部分からの空気が混ざって見える可能性もある．パージの廃液チューブの出口をパージバルブの高さまで持ち上げて気泡が出なくなればヘッド差による気泡である．

15 流量をはかる

はじめに　流量は，流体が単位時間に移動する量を表す物理量で，体積流量と質量流量に分けられる．体積流量は，国際単位系（SI）では立方メートル毎秒（m^3/s）を用い，質量流量ではキログラム毎秒（kg/s）とされている．

　HPLC分析での保持係数 k は，相比（固定相と移動相の体積比）と分配係数（移動相中と固定相中の分析種の濃度比）の積で示される．カラム中の固定相量（重さ）はつねに一定なので，移動相の扱いとしても温度や圧力で密度が変わる体積流量よりも，質量流量で表記した方が望ましい．また，移動相の調製時も天秤を用いて重さで混合した方がメスシリンダーを用いるよりも精度がでるとされているし，高圧グラジエントでは，混合後の実際の流量は2台のポンプの体積流量の総和にならない．

　質量流量を用いた方が，装置間や試験所間の再現精度が上がり何かと便利なのであるが，実際には流量というと体積流量が慣用されている．これは，ほとんどのHPLC用ポンプが，シリンダーのピストン運動により生じる一定の体積への吸引・吐出を利用した体積計量ポンプ（volumetric pump）であることに起因している．

　一般的なポンプは，圧力の上昇とともにモーターの回転速度を上げるプログラムが組み込まれている．これは，移動相の圧縮係数の補正，プランジャーシールの膨らみによる損失，逆止弁の動作時の逆流による損出を補償するためである．したがって，流量を測定するときは，カラムを取り付けるか，カラムと同等の圧力損出を示す抵抗管を用意する．

　ダブルプランジャーポンプでは，二つのポンプが交互に吐出を繰り返している．トラブルは，往々にして片側だけのシリンダーに発生するケースが多いので，流量を測定するときに同時に吐出しているプランジャーを認知していると，メンテナンスの対処が楽になる．以下に流量を測定する方法や装置（流量計）を紹介する．

メスシリンダー

　用意：20分程度の移動相をためられるメスシリンダー，ストップウォッチ，気散防止用シリコーンオイルなど．配管は，次ページの 精密電子天秤 に同じ．あらかじめメスシリンダーの容量の10～30%程度の純水または移動相を入れ，気散防止のオイルの油膜をつくっておく．ポンプを流し圧力が安定してから計測を始め，液面のメニスカスがメスシリンダーの目盛を通過していく時間を計測する．計測したメスシリンダーの目盛間の体積を，要した時間で除すると流量が求められる．数回測定して平均を求める．

市販の流量センサー

　計測方式，計測範囲は様々である．価格は十万円程度～数十万円と高価だが，どれもカラム出口に接続すれば簡単に計測できる．購入するときは，校正方法や費用を確認しておいた方がよい．いくつかを紹介する．

　1）サーマル式質量流量計：1 μL/min 以下のキャピラリーカラム流量から分取カラムの大流量まで，ラインナップは充実している．誤差はフルスケールに対して保証

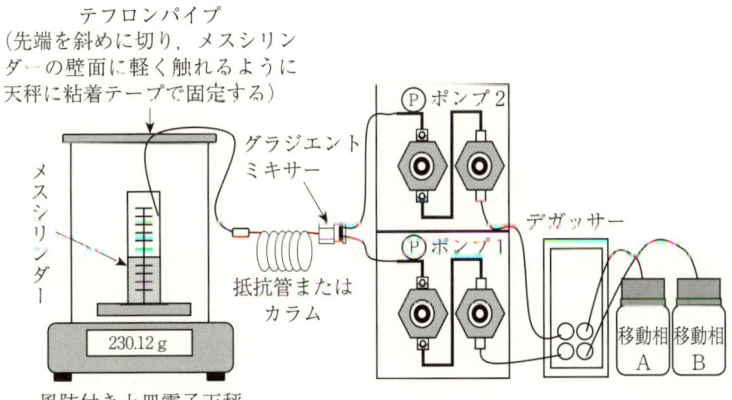

図 1 　精密電子天秤を利用した流量のはかり方

（図中のラベル）
テフロンパイプ（先端を斜めに切り，メスシリンダーの壁面に軽く触れるように天秤に粘着テープで固定する）
メスシリンダー
グラジエントミキサー
抵抗管またはカラム
ポンプ2
ポンプ1
デガッサー
移動相A　移動相B
230.12 g
風防付き上皿電子天秤

① 先に1台ごとの流量を測定する（移動相は水が好ましい）
② 移動相Bをメタノールに換え，グラジエントの流量をはかる．質量流量と体積流量の違いを測定することにより，混合のようすも把握できる．

されるので，測定したい流量がフルスケールの50%以上になるように選ぶことが望ましい．熱伝導率の変化（熱の奪われ方や熱の移動）を検出するので，移動相が変わるときは補正をしなければならない．高圧化で使用できるものも市販されている．

　2)　コリオリ式質量流量計：数mL/minから大流量の測定に適している．流体が流れているU字管（Uの底の部分）を流れと垂直方向に振動させると，流体から反力（コリオリの力）が生じU字管ねじれる．ねじれの度合いは流体の密度×速度に比例するので質量流量を知ることができる．http://www.oval.co.jp/products/1_m_coriolis.htmL

　3)　一定距離の移動時間を測定するもの：キャピラリーカラムに適した微小流量計が市販されている．パルスで与えた熱の変化が一定容量の細管の中を移動する時間を計測している．http://www.pico-device.co.jp/54/1080.htmL

精密電子天秤

準備：メスフラスコやメスシリンダー状の10～100 mL容器（ビーカーでもよい），移動相の気散防止用シリコーンオイル，ノートPCなど．数十μL/min～数mL/minのセミミクロから汎用LCの流量測定に適する．天秤の校正を行っておけば，最もトレーサビリティーが高い．質量流量なので，必要に応じて温度-密度の表より体積流量に換算する．最近の電子天秤は，USBやRS-232Cの通信ポートが付いているので，パソコンに取り込むことにより，簡単にエクセルで計算ができ，流量変動が把握しやすい．水系移動相にはよいが，ヘキサンなどの揮発性が高い移動相では危険なので使用できない．図に示すように，天秤に容器を静置する．あらかじめ純水などを少量入れておき，気散防止のオイルをたらして油膜をつくっておく．テフロンパイプ（外径1/16，内径は流量に応じて0.2～0.5 mm）の一方をカラム出口につなぎ，一方を斜めに切断しての移動相が液滴にならず容器の壁面を伝わるように設置する．テフロンパイプは，天秤の天井などにテープでとめる．ポンプを作動させ圧力が安定してから計測を始める．

16 メンテナンスの戦略

はじめに　日頃の分析をスムーズに行うには，カラムを含めたシステムの状況をつねに把握しておくことが重要である．そのためにはそのシステムの「正常な状態」を知っておくことが必要である．そうすることによって異常が発生した場合にすぐに気づいて適切な対応が取れるのである．そのためにはつね日頃からシステム全体の点検を定期的に行う必要がある．

本項では，日常点検，定期点検について解説する．

日常点検

毎日分析を行う前に以下のような点について確認を行う．

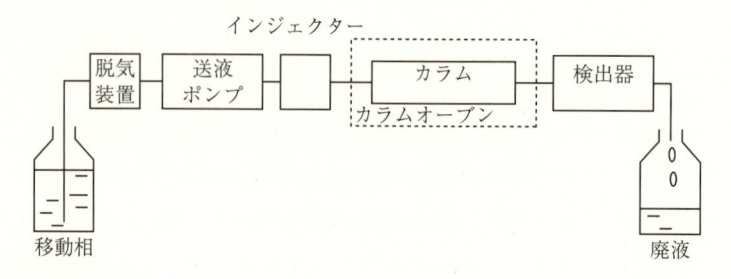

1) ポンプ：
① 液漏れ，プランジャー付近に塩の析出はないか．
② 圧力はいつもの値と同じか，フラツキはないか．
③ メンテナンス情報の確認（週に1回程度）；プランジャーシールの使用履歴（送液量）などを確認．

2) オートサンプラー（インジェクター）：
① 液漏れ，塩の析出はないか．
② 計量シリンジ内にエアの混入はないか．
③ 洗浄液の量は十分にあるか．
④ メンテナンス情報の確認（週に1回程度）；シリンジ，注入ポートシールやバルブシールなどの使用履歴の確認．

3) カラムオーブン：
① 液漏れはないか．
② 温度のフラツキはないか．

4) 検出器：
◎ UV/VIS 検出器および PAD
① 液漏れはないか．
② 波長のズレはないか（自動校正でエラーの発生はないか）．
③ 光量は十分な値か．
④ メンテナンス情報の確認（週に1回程度）：光源ランプ（重水素ランプ，タングステンランプ）の使用履歴の確認．

◎蛍光検出器
　① 液漏れはないか．
　② 波長のズレはないか（自動校正でエラーの発生はないか）．
　③ 測定条件での励起波長の光量は日頃の値と変わらないか．
　④ メンテナンス情報の確認（週に1回程度）：光源ランプ（Xe）の使用履歴の確認．
◎RI 検出器
　① 液漏れはないか．
　② パージ動作は正常に行えるか．
　③ セル温度のフラツキはないか．
　5）その他
　① 脱気装置の真空度は正常か．
　② 移動相の量は十分にあるか．
　③ 廃液瓶の容量に余裕はあるか．

定 期 点 検

　上記のような日常点検は装置表面の確認だけで装置内部での異常は確認できない．たとえば，ポンプヘッド内部に緩衝液などの汚れが徐々に蓄積し，ある日突然液漏れを起こすといったようなトラブルが発生した場合，修理が完了するまで分析ができず仕事に支障をきたしてしまう．

　このようなトラブルを未然に防ぐために，装置メーカーによる定期点検を少なくとも1年に1回行うことをおすすめする．この定期点検には簡易的なものからバリデーションに対応した詳細なものまであるが，一般的なものは以下のような手順で行われる．

　① 各装置の分解洗浄
　② 消耗品の交換
　③ 各部点検，調整
　④ 各装置の性能確認データ取り

おわりに　近年 GLP・GMP，およびそれに準拠した環境下での機器管理にはバリデーションが要求されるようになってきている．こうした社会的ニーズに対応するため FDA（米国食品医薬品局）などの行政機関は，装置の性能やそれを制御する PC，分析手法，分析結果などについてのバリデーションに関する様々な規定を設けており，より信頼性の高い品質保証システムを確立するよう求めている．したがって特に製薬・食品業界などの研究開発や品質管理部門では，これらの規定に準拠した点検を定期的に行うようになってきている．

17 超純水装置をメンテナンスする

はじめに HPLC分析において「水」は最もよく使われる試薬であり溶媒である．実際には研究室にある超純水システムから採水して用いることが多い．その水質はHPLC分析の精度にも影響するため，メンテナンスにも留意しなければならない．

超純水システムの構成要素

超純水の製造システムは一般的に3つの要素で構成されている（図1）．
① 純水装置：水道水などの原水から純水を製造する．
② 純水貯水タンク：純水を要求量に応じて超純水装置へ導入するために適当量の純水を貯蔵する．
③ 超純水装置：純水をさらに高純度処理して超純水を製造する．

この3つは別々の製品の場合もあるし，そうでない場合もある．

純水装置	純水貯水タンク	超純水装置
プレフィルター RO（逆浸透）膜 純水カートリッジ EDIユニット UVランプ	エアベントフィルター UVランプ	超純水カートリッジ UF（限外沪過）膜 UVランプ 最終フィルター

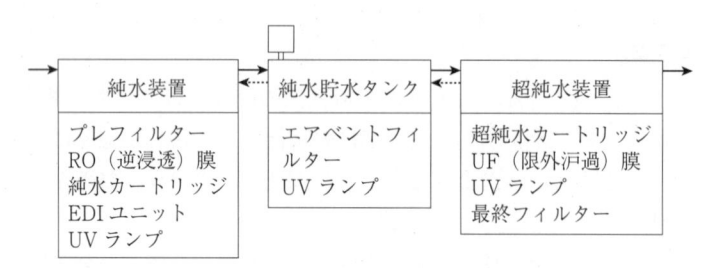

図1 超純水システムのフローと精製要素

頻度別のメンテナンス概要

実際の使用者の観点ではメンテナンス作業がその頻度により例示されるのが最も具体的にイメージしやすいであろう．最近の装置にはタイマーやセンサーによりアラーム表示され，その指示に従えばメンテナンスを問題なく行えるようになっているが，その背景を理解することで装置のトラブルあるいは水質劣化のトラブルを未然に防止することもできる．

毎日

通常使用時において特に実施すべきメンテナンスはないが，製造水質（比抵抗，TOC（全有機炭素）のほかユーザーが特に設定している指標など），製造量，水温の表示値と実測値の差異，異音，異臭，水漏れなどはチェックしておきたい．

メンテナンスの基本は日々の使用時の装置，水質の観察である．例えば，いつもより水質の立ち上がりが遅くなった．採水流量が低下したようだ．ポンプの音が大きくなったような気がする．など，何か少しでも普段の使用時との違和感があった場合は具体的な装置，水質チェックを行うべきである．

週単位

【純水装置プレフィルター交換】

週ごとに目詰まり状況（フィルター前後の水圧差により判断する）のチェックを実施する．その状況によってフィルター交換を実施する．

月単位
【純水装置 RO 膜洗浄】
【超純水装置 UF 膜洗浄】
　装置立ち上げ時の洗浄機能を用いて RO 膜の洗浄を行う．自動洗浄機能がある装置であれば特に作業は必要ないが，実際には洗浄剤の投入が必要．洗浄剤を使用した場合は洗浄後の純水洗浄に十分な時間をかける必要がある．

半年単位
　純水装置内純水カートリッジ，超純水装置内超純水カートリッジの交換．製造量による，また装置に交換推奨のアラームがある場合はそれに従う．

一年単位
　純水装置，タンクおよび超純水装置内 UV ランプの交換．装置に交換アラームがある場合はそれに従う．
【超純水装置最終フィルターの交換】
　製造量による，また装置に交換アラームがある場合はそれに従う．日々の製造量チェックで採水流量の低下が生じている場合も 1 年に 1 回を目安に交換を実施する．
【タンクのエアベントフィルターの交換】
【純水装置，タンク，超純水装置洗浄】
　バクテリア汚染は得られる超純水の水質を低下させるだけでなく，消耗品の寿命を極端に短くし，バイオフィルムとなって接液部品からの除去を非常に困難なものにし，問題解決に過大なコストと長時間を要することになる．バクテリア汚染の防止には特段の注意が求められる

　これらを踏まえて装置の具体的なメンテナンス内容を掲示する．

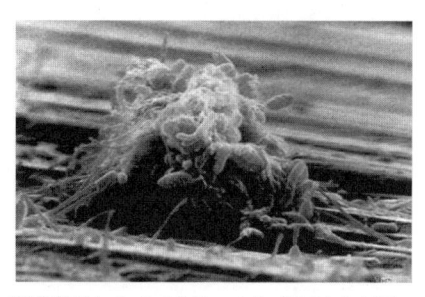

図 2　接液表面上のバイオフィルム（ELGA LabWater 提供）

　バクテリア汚染を一定レベル以下に抑えるために定期的に薬剤洗浄する．最近はUV ランプの活用により，必ずしも洗浄の必要性がなくなってきている機種もある．

二年以上単位
【純水装置 RO 膜交換】
【超純水装置 UF 膜交換】
【EDI ユニット】
　目詰まりなどが生じなかった場合も接液時間で劣化するため製造量の多少に関わらず約二年程度で交換が必要となる．

おわりに 超純水を高品位に安定して使用し続けるには超純水システムのメンテナンスが必要不可欠である．特にバクテリア汚染の防止は非常に重要である．また最近の傾向として，メンテナンスはランニングコストの低減や省エネルギーを実施するための作業のひとつとしても認知が進み，積極的に行なわれるようになってきたが，まだまだメンテナンスの重要性に関してユーザーごとの意識の差は非常に大きい．

18 充てん剤型カラムをメンテナンスする

はじめに 充てん剤型カラムのメンテナンスは，カラムを正常に使用し続けるために行われる，点検・保守作業である．カラム性能の評価や洗浄，不具合の修正などがおもな業務となる．

充てん剤型カラムの点検

充てん剤型カラムの点検は，おもにカラム性能を評価することで行われる．カラム性能の評価は，メーカーで行われる検査における分析条件で行う場合，特定の用途で使用されているカラムであればその分析条件で行う場合が多い．評価結果をカラム使用期限の目安とするために定期的に評価を行い，設定した基準に満たなくなったカラムを交換することにより，つねに安定したデータを得ることを目的とする．また通液時液漏れがないか外観をチェックする．

充てん剤型カラムの保守

充てん剤型カラムの保守は，おもにカラムの洗浄，不具合の修正によって行う．

(1) カラムの洗浄

おもに① カラム使用前，② カラム使用後，③ カラムが汚れた場合，④ カラムを長期保存する場合に行う．いずれの場合も，頻繁に組成を変更したり流量を増やしたりすることはカラムの劣化につながるため，実施方法をあらかじめ決めておく．

1) カラム使用前：カラムに残った汚れの除去，分析に使用する移動相への置換をおもな目的として行われる．LC装置にカラムを取り付け，カラムに移動相を通液する．ポンプやデガッサーなどにカラムに封入した溶液と混和しない液が残存しているとカラムを傷める原因となるので，あらかじめライン内を含め混和する液に置換してからカラムを接続する．通液は通常カラム内が平衡化するまで行う．平衡化に要する時間はカラム，移動相の種類によって異なる．平衡化は，ベースラインをモニターしてドリフトなどがなく安定していることや，システムの圧力が安定していることを目安とする．しかし，平衡化されているかどうかは実際に分析を実施し，測定化合物の保持時間が一定になっていることで最終的に判断する．

2) カラム使用後：特に生体試料など夾雑物の多いサンプルを分析した場合，サンプル成分がカラム内に蓄積し，測定対象物質とカラムの相互作用に影響を及ぼすなど，分析を行うさいにトラブルが発生することがある．そのためサンプル成分をよく溶出できカラムに影響のない溶媒で洗浄を行う．たとえば，ODSなど逆相分配系カラムを使用時，脂溶性の汚れを洗浄する場合，使用した移動相よりも溶出力の強い溶液が有効である．水とアセトニトリルなど有機溶媒の混合液なら，有機溶媒の比率の高い溶液を用いる．ただし移動相に塩を使用した場合は，塩が析出することがあるので，まず移動相から塩を除いた溶媒を通液後洗浄する．

3) カラムが汚れた場合：サンプル中の夾雑物がカラム内へ蓄積したり，塩を使用した移動相のままカラムを長時間放置すると塩が析出しカラムの汚染となる．この場合，汚れが検出器に付着するのを防ぐため検出器を配管から外し，カラムを通液方向

にポンプに接続し，汚染物質がよく溶ける溶液を通液し洗浄する．また特に汚れがひどいとき，カラムを通液方向と逆に取り付けて通液すると効果がある場合がある．これはカラムの汚れがカラム入り口側の先端部分に集中しているとき有効である．しかし充てん剤型カラムの場合，モノリスカラムと異なりカラム先端部に空隙が発生しカラム性能が低下する可能性もあるので，最後の手段と考えた方がよい．

　4) カラムを長期保存する場合：緩衝液やイオンペア試薬などを含む移動相を使用した場合は，塩を除いた溶液によって十分洗浄後，カラム購入時に封入されていた溶液で置換し保管する．充てん剤の基材によっては溶媒の影響を受けカラムが劣化する場合がある．たとえば，シリカゲルを基材とする担体を充てんしたカラムの場合，保存溶媒として塩素系の溶液は使用しないようにする．また保存溶媒に置換後はカラムの両端は付属のプラグで密栓する．カラムに封入した液が蒸発すると，カラムの充てん状態が変化しカラム性能に影響を及ぼす場合があるためである．

(2) 不具合の修正

前述のカラム入り口側の先端部分に汚れが集中している場合，先端部分の充てん剤を交換することで性能がある程度戻ることがある．ただし，充てん剤の交換はあくまで応急処置であり，スペアのカラムを用意しておくと安心である．

手順の概略は次の通りである[1]．

① カラムに充てん剤がなじむ溶媒を通液しコンディショニングする．
② カラム入り口側のエンドフィッティングを外す．フィルターは超音波洗浄するか新品と交換する．
③ カラム入り口側の充てん剤をスパーテルなどを用いて汚れているところだけかき出す．
④ カラムと同じ充てん剤を，なじむ溶媒に分散しスラリーをつくり，溶媒を沪過しておく．
⑤ ④で得た充てん剤を，③で使用したスパーテルを用いてカラム入り口側に充てんする．
⑥ ②で取り外したエンドフィッティングを装着する．
⑦ カラムの性能検査を行う．このとき，接続したエンドフィッティング部分から移動相の漏れがないか確認する．

おわりに　充てん剤型カラムを長期間良好な状態で使用するためには，カラムを購入したメーカーの使用説明書をよく読み，カラムに適した方法でメンテナンスを実施することが大切である．

文　献　1) 中村　洋　企画・監修，(社)日本分析化学会　液体クロマトグラフィー研究懇談会編集，「液クロ実験 *How to* マニュアル」，p.20, みみずく舎 (2007).

19 モノリス型カラムをメンテナンスする

はじめに　モノリス型シリカカラムの洗浄方法，使用上の注意点について紹介する．

洗浄方法

モノリス型シリカカラムの洗浄方法は基本的に粒子充てん型カラムの洗浄方法と同じである．ただし，下記相違点があげられる．

(1) 逆流しが可能

逆流しとは，カラムの出口側から移動相を流すことである[1]．カラムの充てん方法，充てん剤の種類によっては，「逆流し」によりカラム先端部に空隙が生じてしまうことがあるが，モノリス型カラムは担体が一体構造をとっているため，「逆流し」による洗浄が可能である．

(2) 使用溶媒の制限

現在一般に市販されているモノリス型シリカカラムは外装にピーク樹脂を使用している（図1）．そのため，テトラヒドロフラン，ジメチルスルホキシド，およびジクロロメタンの使用は制限されており，洗浄にも使用しない方が望ましい．

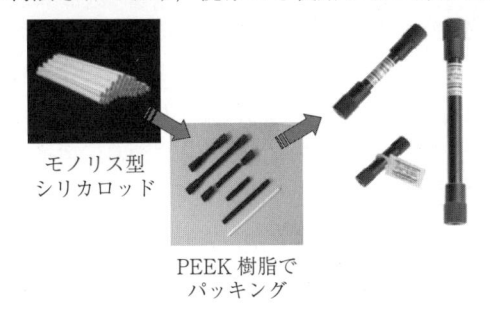

図1　モノリス型シリカカラム（ロッドタイプ）の製造プロセス

使用上の注意点

金属フィッティングを使用した場合，外装のPEEK（ポリエーテル・エーテル・ケトン）樹脂を傷つけ，そのかけらで目詰まりなどを起こすことがあるため，フィッティングは樹脂タイプを使用することが望ましい．また，耐熱温度も45℃となっているため，使用温度も注意が必要である．

おわりに　本項は現在市販されているモノリス型シリカカラムにおいての洗浄方法，注意点を記載した．今後，技術革新によりPEEK樹脂以外の外装を用いるモノリスカラムなどが市販されていくことで，使用温度や使用溶媒の制限が緩和されることを期待する．

---

1) 中村　洋　企画・監修，(社)日本分析化学会　液体クロマトグラフィー研究懇談会編集，「液クロ実験 How to マニュアル」，みみずく舎 (2007).

20 光学活性カラムをメンテナンスする

はじめに　光学活性カラムとは，キラル識別能を有する化合物（キラルセレクター）をシリカゲルなどの担体に化学結合または担持させたカラムで，光学異性体を誘導体化することなく直接分離することができる．キラルセレクターには高分子型，低分子型などの多くの種類があり，市販されているカラムだけでも数十種類以上あるが，光学活性カラムは非常に高価なので，誤操作で劣化させたりしないよう，その取扱いには細心の注意が必要である．基本的なメンテナンス方法は一般のODSカラムなどと同様であるが，その特性上，一般のカラムとは使用方法や保管方法が異なる場合がある．詳細は，それぞれのカラムの取扱説明書に記載されているので，それに従って操作することが大切だが，以下に，特に留意しておく必要がある点を述べる．

移動相の制約

　光学活性カラムは，使用できる移動相に制約がある場合がある．特に，タンパク質や糖類をキラルセレクターに使用した高分子型固定相や配位子交換型の光学活性カラムでは，使用できる溶媒の種類や濃度に制約があり，規定の条件外で使用すると，カラムが劣化してしまうことがある．そのため，各カラムの取扱説明書をよく参照して使用条件内で使用するように注意する．このようなカラムでは，HPLC装置内に残存していた有機溶媒がカラム内に流入し劣化することもあるので，カラム接続前には装置内の流路を使用可能な溶媒で十分に洗浄・置換することが望ましい．

　配位子交換型光学活性カラムは，アミノ酸やヒドロキシ酸の光学異性体を直接分離できる有用なカラムであるが，キラルリガンドがODSなどの固定相表面に疎水性相互作用を利用してコーティングされたタイプが多いので，移動相の有機溶媒濃度に上限値がある．規定外の濃度の有機溶媒を含む移動相を流すと，コーティングされていたキラルリガンドが溶出し，カラムが劣化してしまい回復が不可能となる．また，配位子交換型カラムの場合，リン酸塩緩衝液などの金属イオンを流したり，カラム内を水だけで置換したりすると，固定相表面でのキラル錯体形成能に変化が生じ，カラムが劣化する原因となることもある．

カラム圧の制約

　光学活性カラムは，通常，他の一般のカラムと同様の圧力で使用可能だが，タンパク質を固定化した光学活性カラムは，規定以上のカラム圧がかかったり，カラム圧が変動したりするとカラム内に空隙（ボイド）が発生し，分離能が低下することがある．そのため，あまり流速を早くすることは避け，内径4 mmのカラムでは，通常0.5〜0.9 mL/min程度で使用する．また，急激に流速を上げずに，徐々に流速を上げるのが望ましいといえる．

カラム温度

　カラム温度に関しても，光学活性カラムは通常，一般のカラムと同様の温度で使用できるが，カラムの種類によっては温度を上げると劣化が早くなる場合もある．一般に，温度が低い方がキラル識別能が向上するといわれているが，通常の測定では，カ

ラム温度を下げてもそれほど分離能に影響なく，逆にカラム圧が高くなったり，ピークが広がったりするので，カラム温度は室温付近で測定することが多い．しかし，カラム内で試料の異性化などが起こり異常ピークが出るような場合は，カラム温度を下げることが有効な場合がある．

カラムの保護・保存

　光学活性カラムでも，一般のカラムと同様，カラム先端部分への不純物の吸着がカラム劣化の原因となることが多い．光学活性カラムは，他の一般カラムと比べて高価なものが多いので，コストパフォーマンスの観点からも，ガードカラムやガードフィルターを付けて測定するのが望ましいといえる．その他，カラムの保存についても，各光学活性カラムで特有の条件がある場合があるので，取扱説明書などをよく参照し，規定の条件で保存するとよい．

21 プランジャーシールを交換する

はじめに　HPLC装置の日常メンテナンスにおいて，プランジャーシールの交換は最も知っておくべき項目の一つである．ポンプ形式により若干の違いはあるが，本項ではプランジャーシールの一般的な交換方法について述べる．

交換方法

以下の手順で交換を行う．ただし，機種によって細かい部分は異なるので，使用している装置の取扱説明書を確認する．

① プランジャーが奥に引っ込んだ状態にする．これは，ポンプヘッドを取り外すさい，プランジャーが折れるのを防ぐためで，多くの装置に対応する操作モードがある．

② ポンプヘッドに接続されている配管類を外す．

③ ポンプヘッドを取り外す（図2）．このとき，ポンプヘッドはプランジャーに沿って水平にゆっくり引き抜く．

図1　プランジャーシールの例 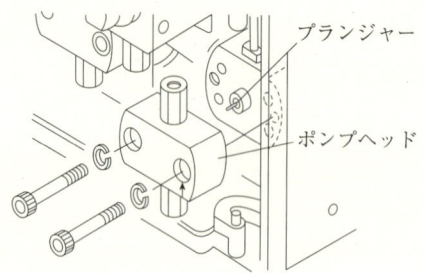　　図2　ポンプヘッドの取り外し

④ シール脱着用治具（機種によって形状など異なる）を用いて古いシールを取り出す（図3）．このとき，清潔なガーゼに2-プロパノールを浸して，ポンプヘッド内側とシール取付部に付着しているシールカスなどを拭き取る（緩衝液使用時には，まずは水で拭き取る．）．

⑤ 新しいシールをポンプヘッドに垂直に差し込み，シール脱着用治具をゆっくり引き抜く（図4）．

⑥ ポンプヘッドを取り付け，配管類を接続する．

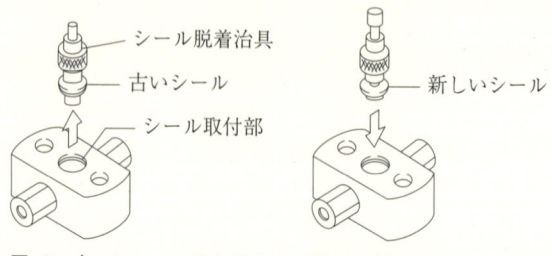

図3　古いシールの取り出し　　図4　新しいシールの装着

交換の時期・目安

　　脈流の発生，流量低下，明らかな液漏れが発生した場合，プランジャーシールを交換する必要がある．定期点検における交換周期については，使用している装置の取扱説明書を確認する．また，移動相のトータル送液量を記憶できる装置もあり，交換の目安にできる．ただし，緩衝液を多用する場合，一般にシールの痛みが早い．緩衝液を用いる場合には，プランジャー部の水洗浄（多くのポンプには専用洗浄ラインが付いている）を行うことをおすすめする．

おわりに　　プランジャーシール交換は慣れるとむずかしいことではないので，実際に経験してコツを覚えてもらいたい．

22 ポンプをメンテナンスする

はじめに　HPLC装置の中で，ポンプとオートサンプラーは日常メンテナンスの必要性が高いユニットである．本項ではポンプについて，一般的なメンテナンス方法について述べる．

メンテナンスを行う箇所

図1に，ポンプにおいて一般的にメンテナンスが必要なおもな箇所を示す．

これらのうち，プランジャーシールの交換は本書p.50に，またラインフィルターの交換は「液クロ実験 *How to* マニュアル」p.10に詳しく記載されている．

プランジャーの交換

プランジャーシールを交換しても液漏れがとまらない場合，プランジャーに傷がついている可能性があるので，以下の手順でプランジャーを交換する．なお，機種によって細部が異なる場合があるので，使用している装置の取扱説明書を確認する．

① ポンプヘッドを外す（本書p.50図2参照）．
② 図2のように，ポンプヘッドの後ろには多くの場合さらに固定部（図2ではヘッドホルダー）があるのでこれを外す．
③ 専用工具などを用いて，プランジャーホルダーをポンプ本体から外す（図3）．
④ プランジャーをプランジャーホルダーから外して，交換する．
⑤ ポンプヘッドなどを元の状態に組み立てる．

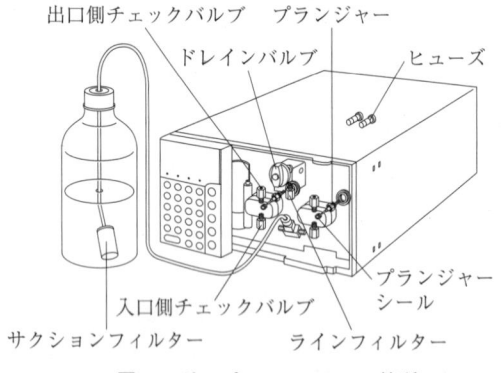

図1　ポンプのメンテナンス箇所

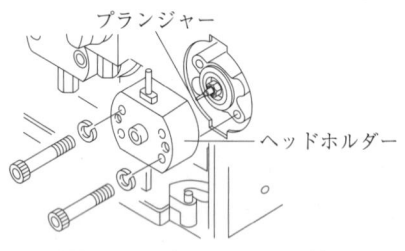

図2　ヘッドホルダーの取外し

チェックバルブの洗浄

チェックバルブはポンプの吸引・吐出時における移動相の逆流を防ぐためのもので，動作不良を起こすと流量が不安定になったり，ひどいときには送液ができなくなる．このようなときには，以下の手順でチェックバルブの洗浄を行う．

① チェックバルブに接続されている配管類を外す．
② 入口側チェックバルブと出口側チェックバルブを外す（図4）．チェックバルブは基本的に分解しない（使用している装置の取扱説明書を確認）．

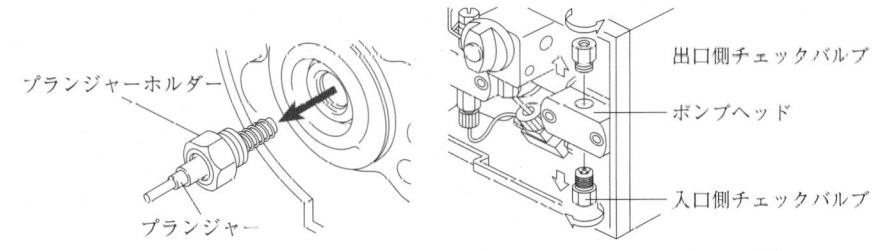

図 3 プランジャーホルダーの取外し　　図 4 チェックバルブの取外し

③　各チェックバルブを2-プロパノールに浸し，超音波洗浄器を用いて5分程度洗浄する．ただし，緩衝液を使用してした場合には，いったん水で洗浄する．

④　ポンプヘッドに取り付ける．このとき，入口側と出口側を間違えないように注意する．

⑤　装置組立後，適度な背圧（通常3～8 MPa）がかかるようにステンレスチューブを用いた抵抗管，または不要なカラムを取り付け，2-プロパノールを半日程度流して，プランジャーとプランジャーシールをなじませる．

⑥　シール交換後，1カ月程度したらポンプ出口側にあるラインフィルターをチェックし，プランジャーシールの削りカスなどで汚れていたら交換する．

サクションフィルターの洗浄

サクションチューブ内に気泡が発生する場合，サクションフィルターの目詰まりが原因であることが多い．このようなときには，サクションフィルターを外し，超音波洗浄器で洗浄する．洗浄効果がない場合は交換する必要がある．

おわりに　ポンプが正常に動作しないと分析ができなくなるので，まずは最低限のメンテナンスができるように経験を積んでもらいたい．

23 オートサンプラーをメンテナンスする

はじめに　最近のオートサンプラーは，より高速注入機能，高精度機能，高耐圧性能が求められている．

この多機能化したオートサンプラーは，HPLCのユニットの中では，一番複雑化した装置のため，なかなかメンテナンスを実施するということは，むずかしくなってきている．オートサンプラーでのトラブルで頻度が多いのは，

① サンプルが検出されない
② 再現性が悪い
③ キャリーオーバーが大きい
④ ピークが変形する
⑤ 保持時間が遅れる
⑥ 流路が詰まる

などが，あげられる．

上記のようなトラブルに対処するためには，装置の原理，方式，システムを理解しての対処法が求められる．

オートサンプラーをメンテナンスするということで，オートサンプラーの各構成部分からみたトラブル対処法を述べていくこととする．

構 成 部 分

1) ニードル：試料を吸引するニードルが，まず詰まっていないどうかを確認する．もし，詰まっていた場合，離脱可能で，さらに再装着が可能（位置調整も可能）ならば，交換あるいは，詰まりを除去して，再装着する．

2) 試料および容器：試料量が十分満たされているか，また，適切な容器が使用されているかどうか，また，容器に適合した吸引位置となっているかどうか，蓋がされているかどうか，適切なセプタムが使用されているか，冷却が必要な場合，冷却されているかどうかを確認する．割と多いのは，不適切なセプタム使用により，吸引が不十分であったり，詰まりを起こしたりする場合が多いので，注意を要する．また，容器やセプタムの素材が，試料との吸着などの相互作用に留意する必要がある．

3) シリンジ：試料を計量するシリンジであるが，一番多いエアの混入，あるいは洗浄液が満たされていないなどがある．エア抜きは，通常，容易に行える場合が多い．その他，洗浄液が満たされていない場合は，洗浄液ポンプの不具合も考えられる．洗浄後は，サンプルを十分に溶解するものを使用し，定期的に交換する．

4) 注入口：注入口では，ニードル注入部分のシール劣化が多い．また，試料由来やセプタムなどの容器に由来する詰りがないかも問題となる．そのため，正常時の圧力値を記録しておくと一つの判断基準となる．交換が容易な場合，交換し，シール性をきちんと確認する．

5) ローターシール：6方バルブでは，ローターシールの消耗や詰まりが問題になる場合が多い．分解して問題がない場合は，洗浄や交換を行う．そのさい，バルブへ

ッドやステーターの確認も併せて行う．ただし，最近，ハイスループットに対応した高耐圧性能の6方バルブの場合，分解により高耐圧性能の復帰が困難な場合もあるので，注意が必要である．

　6)　その他：その他の部分では，配管やサンプルループが適切に接続されているか，詰り，漏れあるいはデッドボリュームなどが問題になってくる．また，各ユニットや各配管の接続部分にも留意する必要がある．

　7)　キャリーオーバー：各構成部分から注意点をみてきたが，検出器の高感度化によりキャリーオーバーが問題になってくることが最近多い．キャリーオーバーは，試料そのものやその汚れが蓄積し，次の分析に影響を与えるため，上記に述べたニードル，注入口，ローターシール，配管接続部のデッドボリュームなどに留意する必要がある．また，試料注入前後の洗浄システムにも試料の特性を理解してチェックする必要がある．

おわりに　　以上，オートサンプラーをメンテナンスするということで，各構成部分から留意点をあげて述べてきた．オートサンプラーは，HPLCの構成ユニットの中では最も複雑で様々な構成部分を含んでいる．また，設計コンセプトや注入方式なども多種なため，メンテナンスを実施する前に，取扱説明書を熟読したり，各メーカーのサービス担当者とのアドバイスを受けて実施するのが望ましい．

24 示差屈折率検出器をメンテナンスする

はじめに 示差屈折率検出器（RI）のセルや配管が汚れるとベースラインノイズやドリフトが大きくなる場合がある．メンテナンスはセルのメンテナンスに関する部分がほとんどであるので，ここではセルの洗浄方法について解説する．

洗浄法

RIの流路としては，サンプルセルとリファレンスセルに同時に溶媒を流す方式（特に GPC，高温 GPC）と，パージボタンを ON するとサンプルセルとリファレンスセルが直列で流れ，OFF するとリファレンスセルが封入されサンプルセルにのみ流れる方式がある．したがって，パージ方式の RI はパージしながら洗浄する．

RI検出器の溶離液入り口側からシリンジを用い，アセトン→THF（テトラヒドロフラン）→クロロホルム→メタノール→アセトンの順番でそれぞれ 30～50 mL を流す．最後に使用する溶媒に置換する．また，タンパク，塩，糖などが吸着した場合には，純粋をポンプで 1 mL/min の液量で一昼夜以上流す．タンパクの場合には，事前に 0.1 mol/L の NaOH を用いて洗浄後純粋を流すとよい．このような操作で回復しない場合には，同様な操作をさらに 1～2 回繰り返して行う．これでも回復しない場合，流路を純粋に置換後，樹脂製シリンジで 15% 硝酸を 5 分以内の時間で流し，最後に純水で十分洗浄する．

おわりに セルの洗浄を行っても回復しない場合には，メーカーに点検修理の依頼を行う．

文献 1) Shodex RI-101 取扱説明書, 昭和電工, p.23

25 紫外可視吸光検出器をメンテナンスする

はじめに　紫外可視吸光検出器の光学系の一例を図1に示す.

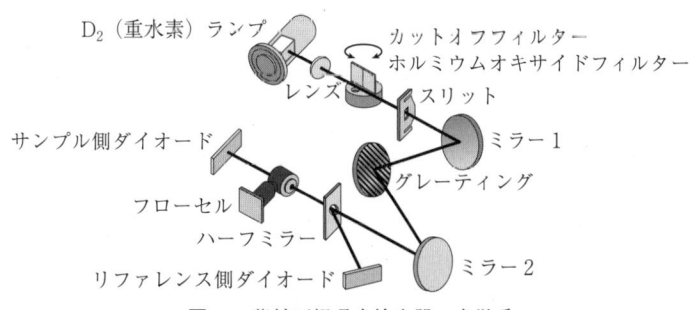

図 1　紫外可視吸光検出器の光学系

　光学系を構成している部品の中で，ユーザーでメンテナンスあるいは交換ができるものは，光源（D_2（重水素）ランプ，タングステンランプ）とフローセルである．レンズやミラー，グレーティングの交換はメーカーに依頼する．

ランプ交換

　ランプには寿命があり，光量が低下したランプではベースラインノイズが大きくなるなどの障害が出てくる．検出器の光源として安定して使用できる時間はおおむね1000～2000時間である（メーカーによる違いの他，ランプの使用条件，たとえば点灯回数などでも違いがある）．

一般的な交換手順
　① 紫外可視吸光検出器の電源を切り，ランプが冷却されていることを確認する．
　② 古いランプを取り外す．
　③ 新しいランプを取り付ける．このとき，手に付いたわずかな脂でも光量低下の原因となるので，ランプのガラス部分を素手で触らないように注意する．
　④ 紫外可視吸光検出器の電源をいれ，ランプを点灯させる．紫外線は眼に障害を与えるので保護メガネを装着し，ランプを直視しないようにすることが大事である．
　⑤ 一定時間安定させた後波長校正を行う．

フローセルの洗浄

　フローセルの汚れは，ベースラインのノイズやドリフトの原因となる．ランプ交換やポンプのメンテナンスを行っても，ベースラインのノイズ，ドリフトが改善されない場合は，フローセルが汚れている可能性が高い．

一般的な手順
　① 有機溶媒（2-プロパノールかエタノールがよい）をポンプで送液する．なお，緩衝液を移動相として使用している場合は，まず純水で置換した後有機溶媒を送液する．
　② 有機溶媒の送液によっても汚れが落ちていない場合は，フローセルのセル窓を交換する．

フローセルは図2に示すように多くの部品から構成されているので，セル窓の交換は装置の取扱説明書をよく読んで行う．

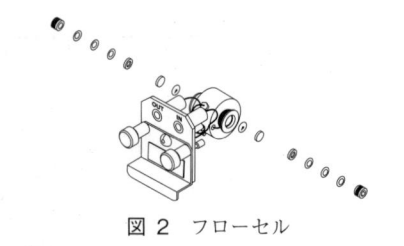

図 2　フローセル

新品のフローセルを使用するときに，純水を満たしてフローセルを透過した光量とリファレンスの光量を記録しておくか，フローセルの有無による光量の比率を記録しておくと，フローセルが汚れているかどうかの判断に役立つ．

波長校正

紫外可視吸光検出器の波長校正は定期的に行うべきであり，ランプを交換したときやフローセルをメンテナンスしたとき，装置を移動したときにも実施した方がよい．波長校正は，

　　水銀ランプの輝線
　　重水素ランプの輝線
　　波長校正用光学フィルター（ホルミウムオキサイドフィルターなど）の吸収

のいずれかを利用する．最近の紫外可視吸光検出器は，波長校正用の水銀ランプや光学フィルターを内蔵していることが多く，また波長校正を自動で行う機能を搭載していることも多いので，これを利用すると簡便かつ確実に波長校正が行える．

26 蛍光検出器をメンテナンスする

はじめに　蛍光検出器は，蛍光物質について，高感度かつ高い選択性を有する検出ができるため，複雑な成分構成の試料中の微量成分分析に用いられている．蛍光検出器は光源ランプの種類や光学系の形式よって，何種類かの機種が市販されている．

蛍光検出器のタイプ

現在，最も多く普及している蛍光検出器は，光源ランプにキセノン（Xe）ランプ，または，水銀キセノン（Hg-Xe）ランプを使用し，励起光側および蛍光側の光学系，そして，フローセル，検知器で構成されている．

このようなタイプ以外に，光源ランプにレーザー光源を用いるレーザー励起蛍光検出器，光学系に励起光側だけグレーティングを用いて，蛍光側は，光学フィルターを用いる光学フィルター型蛍光検出器などがある．

メンテナンス

蛍光検出器は，一般的には，次のような部分がメンテナンスの対象となる．① 光源ランプの交換，② ミラーなどの光学素子交換，③ フローセルの洗浄，④ エアフィルター類の交換，などがある．これらの項目中ユーザーが行えるメンテナンスは，光源ランプの交換，フローセルの洗浄，エアフィルター類の掃除・交換などである．しかし，機種によっては，これらの項目でもメンテナンスは，サービスや装置の引き取りで対応している機種もある．ユーザーができるメンテナンスの項目を明確にしておく必要がある．

（1）光源ランプの交換

光源ランプは，その種類やメーカーによって異なるが，いずれも寿命がある．ほとんどの検出器において，光源ランプの保証時間は，目安として表示されている．光源ランプは，一般的には，その保証時間以上使用できることもあるが，寿命となることにより，点灯しなくなるか，劣化しノイズが大きくなるなどの現象が発生する．このような状況になった場合に，交換することが必要となる．交換方法は，各装置の取扱説明書に記載されている内容を確認し，その手順に従って実施する．ランプ交換後に波長校正が必要な場合は，同様の方法を実施する．

（2）エアフィルターの交換

蛍光検出器の中には，何種類かのエアフィルターを使用しているものもある．エアフィルターが目詰まりするとランプの冷却効率が落ちて劣化を早めることとなる．使用環境にも異なるが1カ月に1回程度エアフィルターにホコリが付着していないかチェックをした方がよい．ホコリが付着している場合は，取扱説明書に記載されている方法で掃除をするか新しいエアフィルターに交換する．

（3）セルの洗浄と分解洗浄

フローセルのトラブルは，① 液漏れ，② 浮遊物，③ セル壁面の汚れ，などがある．これらのトラブルは，ノイズやドリフト，感度の低下などの現象となって現れる．

液漏れは，セルが割れている場合は，セル部の交換，継手などからの液漏れは，継手の増し締めなどを行って，漏れを止めるようなメンテナンスを行う．浮遊物については，フローセルを取り外して，シリンジを用いてメタノールなどを注入し，浮遊物を取り除くことを行う．この操作については，セルの耐圧や構造に注意しながら行う必要がある．図1にフローセルの分解図例を示す．

フローセルの洗浄は，セル内面に吸着している物質によって，洗浄方法を選択する必要がある．脂溶性の高い成分であれば，有機溶媒系の洗浄液（メタノール，2-プロパノール，アセトンなど），また，酸性下で溶解するような成分については，酸による洗浄（硝酸3～7N程度，流量1mL/min，20分程度）が有効な場合がある．このような洗浄操作を行う場合は，洗浄液送液ポンプとセルを直接接続し，低い流量で短時間に洗浄し，終了後は，水を用いて，送液ポンプ内とセル内を十分置換する必要がある．また，操作時には，配管の接続部などからの漏れなどがないように十分注意する．いずれにしても，取扱説明書に従った洗浄方法と洗浄液を使用して実施することが重要である．

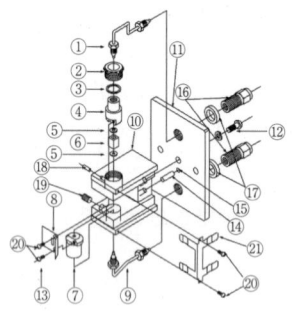

①配管（OUT）　⑫セルパネル固定ねじ
②セル押しねじ　⑬マスク固定ねじ
③シート　⑭ピン
④セル押え（OUT）　⑮穴
⑤ガスケット　⑯ユニオン
⑥セル　⑰カラー
⑦セル押え（IN）　⑱ピン
⑧セルマスク　⑲イモねじ
⑨配管（IN）　⑳ねじ
⑩セルボディ　㉑フィルター押え
⑪セルパネル

図1　蛍光検出器のフローセルの分解図例

27 電気化学検出器をメンテナンスする

はじめに　電気化学検出器は，電気化学的に活性な試料を電極表面で酸化，あるいは還元することにより生じる電極反応電流を測定する検出器であり，限られた分析種にのみ作用することから，高選択性が特徴の検出器である．しかし，分析回数を重ねていくと感度低下，バックグラウンド電流値の上昇，ノイズの増加などが起こることがある．

　これらの問題が生じた場合に原因箇所を突き止めるためにも，またトラブルを未然に防ぐためにも，日頃のメンテナンスが重要となる．

装置状態の把握と日常のメンテナンス

　電気化学検出器は酸化還元反応を利用した検出器であることから，他の検出器に比べ，安定したデータを取るまでに時間を要することがある．安定したデータを取るためには，日頃のバックグラウンド値やノイズの大きさなどを把握し，つねに検出器の状態を確認しておく必要がある．分析時にオートゼロ設定を入れている場合は，分析ごとに少しずつバックグラウンド値が上昇していっても取込開始時にベースラインがゼロ位置となるので，クロマトグラムに現れにくく障害を見つけづらいことがある．したがって，クロマトグラムのベースラインの値に頼るのではなく，装置に表示されているバックグラウンド値に注目しておくとよい．

　データが安定している状態であれば，メンテナンスは毎回必ずしも行わなくてもよいが，緩衝液など塩を多く使用する移動相を使用した場合は，セル内で析出が起こらないように精製水などで置換する．

異常時のメンテナンス

　ノイズやバックグラウンド値が突然上昇した場合などは，消耗品である参照電極や作用電極の劣化によることも考えられるが，移動相の調製や分析カラムなど検出器以外による影響も多い．新品の分析カラムを使用すると，微量の金属や夾雑成分などが溶出されることがあり，バックグラウンド値を変化させることがある．またHPLCシステムの変更も配管などから溶出する金属の影響を受けノイズを大きくすることがある．このような障害のときは，安定したデータが取れていた状態と現状の変更した点を確認し，一度元に戻して分析を行い，結果に応じて装置のメンテナンスを行う．

　変更点がない場合は検出器による影響と考えられるので，次のメンテナンスを行う．

参照電極のメンテナンス

　一般的な参照電極は銀-塩化銀電極に飽和塩化カリウム水溶液を浸した構造であるが，使用しているうちに飽和塩化カリウム水溶液が減ることがあるので必要に応じて液を追加する．日々分析を行う場合は，あえてセルから外し保管する必要はないが，枯らさないようにセルを溶液で満たしておく方がよい．また検出器を長期使用しないときは，各社装置についている取扱説明書などに保管方法が記載されているので参考にする．どちらにしても乾燥状態は避け，溶液で満たした状態で保管することを推奨する．

作用電極のメンテナンス

　　　　　作用電極の劣化は，電極そのものの活性の低下と汚れの付着が考えられる．汚れは移動相中の不純物や試料中のマトリックス，また分析種そのものが原因物質として考えられる．付着は，静電的な吸着の他に，反応生成物の疎水性の変化などによる．作用電極は様々な種類があり，処置法は電極の種類により異なるが，代表的なものを紹介する．

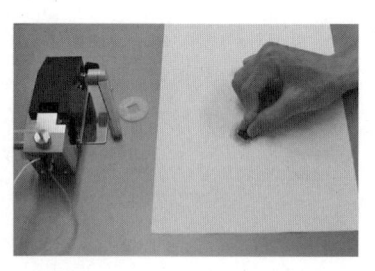

(1) グラシーカーボン電極

　グラシーカーボン電極は劣化すると徐々に感度が落ちていくのが特徴である．このようなときは，電極表面をダイヤモンドコンパウンドで磨くことで，電極表面を再生し感度が上昇する．ただし感度が大幅に変わることもあるので連続分析中は避け，分析種を変更する前の段階で行うことを推奨する．

① 白紙を用意し，その上にダイヤモンドコンパウンドを少量（米粒の半分程度）乗せる．

② 電極表面をダイヤモンドコンパウンドにあて，同心円状に作用電極をゆっくり5回程度回す（白紙に黒いカーボンの削れた後が残る）．

③ アセトンをしみこませたキムワイプで電極表面に残ったコンパウンドを拭き取る．強く拭くとキズができるので注意する．

図1　グラシーカーボン電極

(2) 金 電 極

　金電極はおもに糖分析に使用されるケースが多いことから，糖や生体試料による汚染で感度が低下する．電極表面を精製水や有機溶媒（使用できる溶媒は取扱説明書で確認する）で拭き取る．

(3) ダイヤモンド電極

　ダイヤモンド電極は試料により電極表面が汚染され感度が低下することが多い．この場合，アセトンをしみこませたキムワイプで電極表面を軽く拭くとよい．グラシーカーボン電極同様，強く拭くとキズができるので注意する．

おわりに

　きちんとメンテナンスをすれば，高感度で選択的な測定ができる優れた検出器である．

28 円二色性検出器をメンテナンスする

はじめに　円二色性検出器の構成部を簡単に記述すると光源ランプ，偏光子，グレーティング，光弾性素子（photo elastic module: PEM），フローセル，検知器などの素子や部品により構成されている（図1参照）．この検出器について，ユーザーが行うことができるメンテナンスとしては，一般的には，光源ランプの交換とフローセルの洗浄という2つの作業が主となる．これらのメンテナンスについていくつかのポイントを解説する．

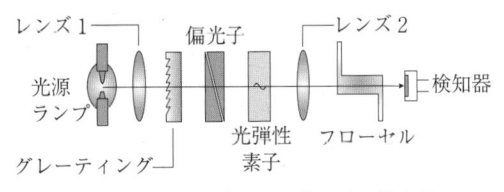

図1　円二色性検出器の光学系の構成例

メンテナンス

(1) 光源の交換

円二色性検出器の光源は，水銀-キセノンランプが使用されている．ランプが点灯しなくなったり，ランプの寿命とされている点灯時間を経過したとき，またランプが原因と思われるノイズの増大などの現象が生じた場合に，交換を行うこととなる．

ランプの交換は，安全メガネや手袋などの準備を整えた後，取扱説明書に掲載されている手順で十分注意しながら実施する．

(2) セルの洗浄と分解

偏光を取り扱う装置である円二色性検出器においては，円二色性の信号にアーティファクト（疑似円二色性信号）が現れる多くの原因がフローセル周辺のトラブルであり，フローセル周辺のメンテナンスは重要である．フローセルのトラブルには，① セル内の浮遊物などの発生，② セル窓板の汚れ，③ セルの出口側配管の閉塞や背圧などによる液漏れ，がある．このような状況は，ベースラインのノイズやピーク形状の乱れなどとなって現れ，フローセルを本体から取り外して，目視で確認することができる場合がある．以下のような3つの対処法によるメンテナンスを行う．

1) フローセル内の浮遊物の除去：

① セルの入口を配管を用いてポンプの出口とダイレクトに接続する．フローセルの出口側には，内径0.5 mm以上の背圧のかからない配管を接続し，廃液容器に入れておく．

② 移動相の流量を5 mL/min程度に設定し，5～10分間程度送液，浮遊物をセル外に流し出す．

本操作を行うときは，フローセルの耐圧に気をつけて行う必要がある．

2) フローセルを分解しないで洗浄する方法：セル壁面やセル窓板の汚れは，有機溶媒などの洗浄液を流して洗浄することにより取り除くことができる場合がある．以下にその手順を示す．この洗浄法で十分な効果が得られなかった場合はフローセルの分解洗浄を行うこととなる．

① 移動相中に塩や試薬を添加して使用している場合：移動相中の塩や試薬は，析

出させないような状況でセル内を洗浄する必要がある．セルは，1) と同様にポンプと直接接続し，初めに純水を送液し，塩の成分を十分洗い流す．その後，アセトンなどを用いて，セル内面に吸着している成分を洗浄する．洗浄溶媒の流量は，5 mL/min で，5〜10 分程度の洗浄を行う．洗浄後は，再び，水を用いて十分置換し，移動相溶媒へ溶媒を交換する．なお，酸による洗浄（硝酸 3〜7 N 程度，流量 1 mL/min，20 分程度）が有効な場合がある．このような洗浄操作を行う場合は，洗浄液送液ポンプとセルを直接接続し，低い流量で短時間に洗浄し，終了後は，水を用いて，送液ポンプ内とセル内を十分置換する必要がある．また，操作時には，配管の接続部などからの漏れなどがないように十分注意する．

② 移動相に有機溶媒を使用している場合：フローセルの洗浄には，有機溶媒との相溶性が高く，セル内に付着している汚れなどを洗浄できる溶媒を使用する．例としては，2-イソパノール，アセトン，THF（テトラヒドロフラン）などである．①と同様に洗浄溶媒に置換後，洗浄溶媒の流量は，5 mL/min で，5〜10 分程度の洗浄を行う．洗浄後は，再び，移動相溶媒へ溶媒を交換する．

3) フローセルの分解洗浄を行う方法：フローセルの分解は，取扱説明書に従って分解し，セルの窓板などを洗浄後，再び組み立てることとなる．その後，性能確認のためのチェックを行う．このチェックは重要なポイントとなるため必ず実施することが必要である．

おわりに メンテナンス方法は，測定条件や装置の使用頻度などによっても適切に実施する必要がある．取扱説明書などを熟読し，内容に則したメンテナンスを実施することが重要である．

29 旋光度検出器をメンテナンスする

はじめに 旋光度検出器は，光源，偏光子，ファラデーセル，フローセル，検光子，検知器などの素子や部品により構成されている．一例を図1に示す．この検出器について，ユーザーが実施できるメンテナンスとしては，一般的には，光源ランプの交換とフローセルの洗浄となる．これらのメンテナンスについていくつかのポイントを解説する．

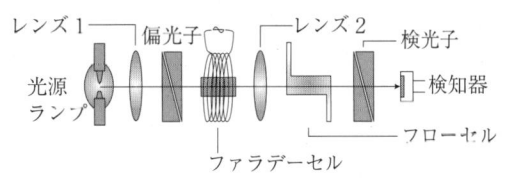

図1 旋光度検出器の光学系の構成例

また，旋光度検出器には，いくつかのタイプの装置が市販されている．光源に，レーザーダイオードを使用したタイプやファラデーセルを利用していないタイプの旋光度検出器もある．これらの光源ランプの交換，フローセルの分解などは，サービスまたは，引き取り修理としている企業もある．

メンテナンス

（1） 光源の交換

現在市販されている旋光度検出器の光源ランプは，水銀-キセノンランプやレーザーダイオードが使用されている．光源ランプが，点灯しない状態になったり，ランプ保証時間と表示されているランプ点灯積算時間を経過したとき，さらにランプが原因と思われるノイズの増大などの現象が生じた場合に，ランプの交換を行うこととなる．

ランプの交換は，安全メガネや手袋などの準備を整えた後，取扱説明書に掲載されている手順で十分注意しながら実施する．交換が難しいと感じた場合は，装置のサービスを行っているところへ連絡を入れて交換を依頼することを勧める．

（2） フローセルの洗浄と分解

長期間フローセルを使用すると，セルの内壁に不純物が付着して，ノイズが増大する原因となる．このようなときは，フローセルの洗浄を次の手順に従って行う．なお，フローセルのトラブルは，① セル内の浮遊物（溶離液の塩の析出）などの発生，② セル窓板の汚れなどによる感度の低下，③ セルの出口側配管の閉塞や背圧などによる液漏れ，がある．このような様々な状況は，フローセルを本体から取り外して，目視で確認することができる場合がある．以下のような3つの対処法によるメンテナンスを行う．

1） フローセル内の浮遊物の除去

① セルの入口を配管を用いてポンプの出口とダイレクトに接続する．

② 移動相の流量を5 mL/min 程度に設定し，5～10分間程度送液，浮遊物をセル外に流し出す．

本方法を行う場合は，各機種のフローセルの耐圧の確認，または，流量の制限が記載されていることがある．これらを確認し，それ以上の圧力や流量には，しないこと

が重要である．フローセルの出口側の配管などは，内径の少し太いものを接続して，本操作を行うことが必要である．

2) フローセルを分解しないで洗浄する方法：セル壁面やセル窓板の汚れは，有機溶媒などの洗浄液を流して洗浄することにより取り除くことができる場合がある．以下にその手順を示す．この洗浄法で十分な効果が得られなかった場合はフローセルの分解洗浄を行うこととなる．

移動相中の塩や試薬は，析出させないような状況でセル内を洗浄する必要がある．フローセルは，1) と同様にポンプと直接接続し，初めに水（超純水）を送液し，塩の成分を十分洗い流す．その後，洗浄溶媒として，取扱説明書に記載されている溶媒を使用して洗浄する．たとえば，洗浄液として，酸による洗浄（硝酸 3～7 N 程度，流量 1 mL/min，20 分程度）が有効な場合がある．メタノールやアセトンなどの有機溶媒を用いて，セル内面に吸着している成分を洗浄する．洗浄後は，再び，水を用いて置換し，移動相溶媒に置き換え，検出器の性能や洗浄の効果などを確認して使用する．

3) フローセルを分解洗浄する方法：フローセルの分解洗浄法が記載されている装置の場合は，その手順に従って，分解し，セルの窓板などを洗浄後，再び組立て，性能を確認して，使用する．

おわりに 詳細なメンテナンス方法については，装置の取扱説明書などを確認し，掲載されているメンテナンス方法の実施を勧める．

30 蒸発光散乱検出器をメンテナンスする

はじめに　蒸発光散乱検出器（evaporative light scattering detector: ELSD，図1）は移動相と比較して不揮発性である成分すべてを検出でき，グラジエントでも使用可能であることからHPLCにおける汎用検出器として使用される．図2に検出のしくみの例を示すが，カラムからの溶出液がネブライザーで液滴となりドリフトチューブで脱溶媒され分析種が微粒子化される．その微粒子に光をあて得られた散乱光を検出する．

そのため紫外可視吸光度検出器など一般的に使用される光学検出器のメンテナンスに加え，ELSDではネブライザー，およびドリフトチューブ内に蓄積した不揮発性成分の洗浄も必要である．本項ではネブライザーとドリフトチューブの洗浄に焦点をあてて解説するが，使用する機種により方法が異なる場合もある．実際のメンテナンスにおいては使用機種の取扱説明書に準じてほしい．

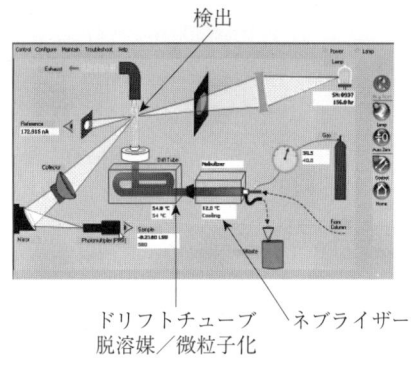

図1　蒸発光散乱検出器の例　　図2　蒸発光散乱検出器のしくみ

日常のメンテナンス

(1) 分析終了時

ELSDを毎日連続で使用する場合は移動相に緩衝液を使用していない場合はそのままの状態でポンプを停止し，電源をオンの状態で夜間待機しても問題ない．ランプの寿命を長もちさせるためにはランプをオフにする．移動相に緩衝液を使用している場合は，緩衝液を含まない移動相もしくはHPLC用水に置換し，ポンプを停止する．

(2) 電源シャットダウン時

緩衝液を含む移動相を使用している場合，ELSDの電源をオフにする前に下記要領で流路中の移動相を除去する．緩衝液を使用しない場合でも1週間に一度は流路から移動相を除去した方が望ましい．

① 緩衝液を含まない移動相もしくはHPLC用水を30 mL以上流し流路から塩を排除する．

② ポンプを止め送液を停止し，カラムを外す．

③ ネブライザーガスを数分間流しドリフトチューブ，および検出チャンバーの溶媒を除去する．

④ ガスのフローを停止する．
⑤ ELSD の電源をオフにする．

ネブライザーの洗浄

① 送液を停止し，移動相インレットチューブを外す．
② ELSD の電源を切り，電源ケーブルを外す*1．
③ ガスインレットチューブを外し装置からネブライザーを着脱する*2．
④ ネブライザーのパッキングリングを外す．
⑤ ネブライザーを立ててビーカーに入れる．
⑥ ビーカーに HPLC 用水を所定の高さまで入れる．
⑦ 超音波洗浄機で 10～15 分間洗浄する．
⑧ ネブライザーを元の位置に戻す．

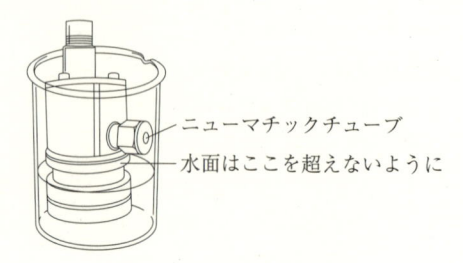

ニューマチックチューブ
水面はここを超えないように

図 3　ネブライザー洗浄例
Waters 社 2420 エバポレイト光散乱検出器の例．

ドリフトチューブの洗浄*3

① ネブライザーパワーを 75% まで上げる．
② ドリフトチューブ温度を 100℃ にする．
③ カラムを外す．
④ HPLC 用水で 60 分間，流速 1 mL/min で流路を洗浄する．
⑤ ネブライザーパワー，ドリフトチューブ温度を分析用設定に戻す．

ペーパートラップのメンテナンス*3

① ペーパートラップの蓋を外し，たまった溶媒を廃棄する．
② 蓋をもとに戻す．

おわりに　繰り返しになるが，使用機種によりメンテナンス方法が異なる．必ず使用機種の取扱説明書に準ずる．また，メンテナンス時期は使用条件（移動相組成，流速，温度設定など）や分析サンプルの種類と清浄度によって変わる．実験者自身にて装置性能の変化によりメンテナンスする．自動診断機能がある機種ではそれを利用する．

メンテナンスを行っても性能が回復しない場合は使用条件と症状をメーカーのサービス部門に伝え，修理を依頼する．

装置内部は高圧電流が流れていることもあるため，取扱説明書で許可されている部

---

*1　ネブライザーヒーターがオンになっていた場合，ネブライザーが熱くなっている可能性がある．その場合，電源を切ってから 30 分以上待ち，ネブライザーが冷えてから作業を行う．
*2　機種により着脱の仕方が異なる．使用機種の取扱説明書に準ずる．
*3　使用機種の取扱説明書に準ずる．ここでは Waters 社 2420 エバポレイト光散乱検出器の例．

　　　　分以外は絶対に分解しない．
　　　以上を順守してほしい．

文　献　1)　Waters 2420 エバポレイト光散乱検出器オペレーターズガイド，715022420KI Revision A

31 荷電化粒子検出器をメンテナンスする

はじめに　荷電化粒子検出器（charged aerosol detector：CAD）は，分析成分微粒子を荷電化し，電気的に測定する装置である．CAD の測定原理は以下の通りである．

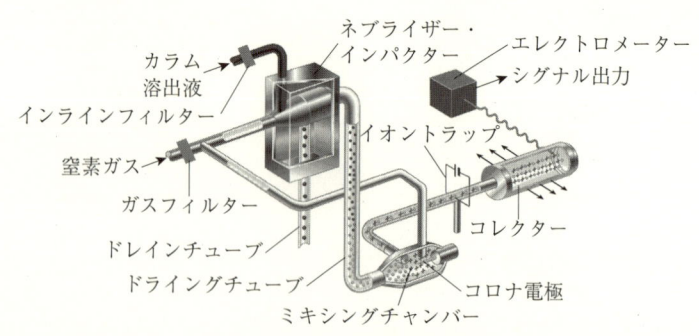

図 1　荷電化粒子検出器の構造

① カラム溶出液をネブライザーで噴霧し，微小液滴を形成する．
② 微小液滴をドライングチューブ内で乾燥し，溶媒を除去，中性固体粒子を形成する．
③ コロナ電極によりチャージした窒素プラスイオンと中性固体粒子をミキシングチャンバー内で衝突させ，微粒子表面に電荷を帯電させる．
④ 帯電した微粒子の電荷量を電流値としてエレクトロメーターにて計測する．

使用上の注意点

CAD はすべての不揮発性成分を高感度で検出するため，使用時には以下の点に注意する必要がある．

① 移動相には揮発性溶媒を使用する⇒不揮発性溶媒（例：リン酸塩緩衝液，他）を使用するとベースラインノイズの上昇やネブライザーの詰まりの原因となる．
② 移動相にジクロロ酢酸，アセトン，THF（テトラヒドロフラン），ジクロロメタン，クロロホルム，DMSO（ジメチルスルホキシド）を使用する場合は，PEEK 配管ではなく SUS 配管を用いる⇒これら溶媒は溶出力が高いため，PEEK 配管を用いると配管内壁の成分が溶出され，ベースラインノイズの上昇につながる（図 2）．
③ 新しいカラムを用いる場合は，使用前に十分な洗浄を行う⇒洗浄が不十分だとベースラインノイズの増加につながる．なお，洗浄を行ってもカラム充てん剤から成分が溶出し続けて，バックグラウンド電流値が下がらない場合もある（例：シリカ系アミノカラム）．このような場合はカラムの種類を変更する．
④ 廃液ボトルは検出器本体より下方に設置する．また，廃液ボトルに接続するドレインチューブは弛ませない⇒ドレインチューブに廃液が滞留すると，ノイズ発生の原因となる（図 3）．

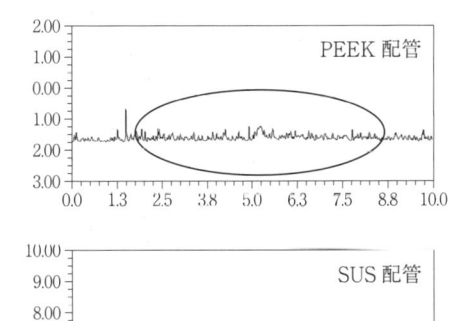

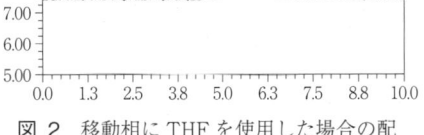

図2　移動相にTHFを使用した場合の配管関係ノイズの例

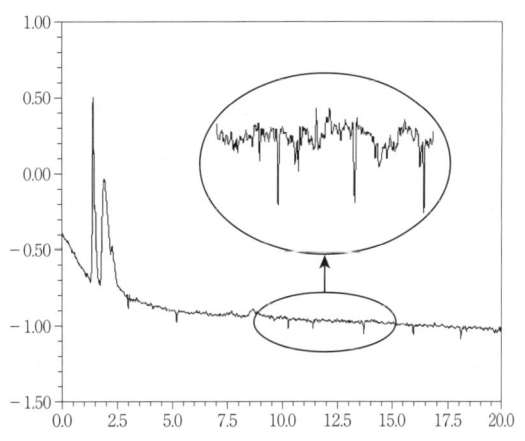

図3　ドレインチューブでの廃液滞留を原因とするノイズの例

メンテナンス

以下にCADの日常および定期のメンテナンス項目を示す．

(1) 日常メンテナンス

① 分析開始前，廃液ボトルを空にする．

② 分析終了後，窒素ガスを15〜20分供給し，装置内部を乾燥する．

③ 装置を長期間使用しない場合は，20%メタノール水溶液等でラインを置換した後，装置内部を乾燥する．

(2) 定期メンテナンス

図4　インラインフィルター（左）およびガスフィルターアッセンブリー（右）の外観

① インラインフィルター（図1, 4）のフリット交換（目安1カ月ごと）．

② ガスフィルター（図1, 4）の交換（目安3カ月ごと）．

③ 廃液ボトルのガスケット（蓋）の点検（目安3カ月ごと）．

④ ガスフィルターアッセンブリー（図4）の交換（目安1年ごと）．

おわりに　CADは比較的メンテナンス項目が少なく，扱いやすい検出器である．使用上の注意を守り，簡単なメンテナンスを行うことで，安定的に高感度分析を維持することができる（資料提供：株式会社エルエムエス）．

32 質量分析計をメンテナンスする

はじめに　質量分析計（mass spectrometer：MS）は，ガスクロマトグラフ（gas chromatograph：GC）や液体クロマトグラフ（liquid chromatograph：LC）などの分離装置をその前段に接続し，またMS本体の質量分離部も四重極型，飛行時間型など複数種類が市販されるなど，用途に応じて，多種多様な形（応用分野）でルーチン的に汎用されている．多種多様な使われ方をしているMSであるが，共通することは"MSは破壊分析の装置"ということである．破壊分析の装置は，核磁気共鳴（nuclear magnetic resonance：NMR）などの非破壊分析の装置と比べると，「装置内の試料に暴露される部分が汚染されやすい」という問題がある．

　試料分析による汚染の除去をはじめとし，MSを安定的に使うためにメンテナンスは欠かせない．本項では，現場分析者が自身でできるLC/MSのメンテナンスを中心に，その方法について記述する．なお，文中にMS装置の各部名称が出てくるが，メーカーや機種によって違いがあるので了承されたい．

イオン源のメンテナンス

　現在市販されているLC/MS装置で採用されているイオン化法は，エレクトロスプレーイオン化（electrospray ionization：ESI）や大気圧化学イオン化（atmospheric pressure chemical ionization：APCI）など，大気圧下でイオンを生成する方法が主である．大気圧光イオン化（atmospheric photo ionization：APPI）も知られており，これらを総称して大気圧イオン化（atmospheric pressure ionization：API）とよぶ．大気圧イオン源の概略を図1に示す．以下，最も汎用的に利用されているAPIであるESIとAPCIに共通で，大気圧下にある部品などのメンテナンスについて述べる．

　（1）スプレイヤー

　スプレイヤーはLCからの溶出液を高圧窒素ガスによって噴霧させる部分であり（図1①），溶出液が通るキャピラリーと高圧窒素ガスが通るネブライザー管からなる二層構造をもつ（図2(b)）．キャピラリーの内径は，デッドボリュームを防ぐために数十～100 μmと小さく，わずかなゴミなどがスプレイヤーに導入されると，キャピラリーが目詰まりする原因となる．キャピラリーが目詰まりを起こすと，LC装置の圧力モニターが変動するので，圧力をチェックする癖をつけておくと，キャピラリーの目詰まりを初期の段階で発見することができる．キャピラリーが目詰まりしたときの対処法として，軽度な場合は高圧ポンプによる逆洗（通常の送液方向と逆向きに溶媒などを流すこと）が有効である．逆洗で効果がない場合，キャピラリーを交換することになる．

　対処後は，LCから移動相を通液して液が流れていることを目視し，圧力モニターが正常かどうかを確認する．

　（2）オリフィス

　コーン，ヒーティッドキャピラリーなどともよばれる部分で，イオンが生成する大気圧部とインターフェイス部や質量分離部などが配置されている真空部を隔離するた

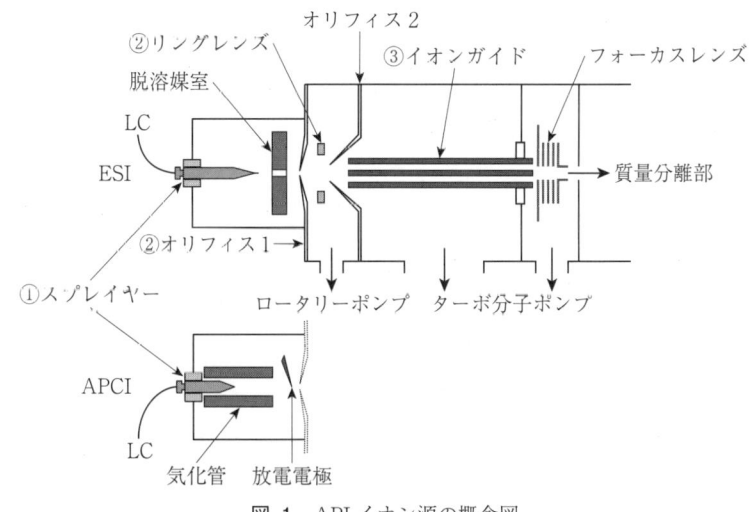

図1 APIイオン源の概念図

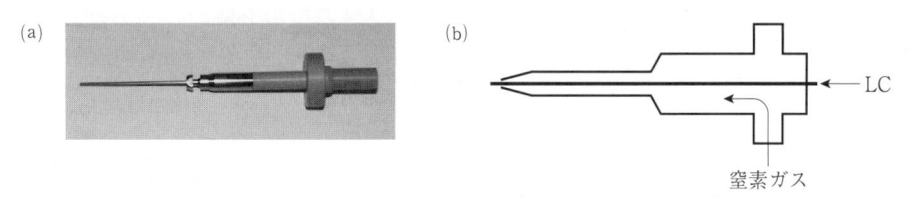

図2 スプレイヤーの (a) 写真と (b) 概念図

めのものである（図1②および図3）．オリフィスとスプレイヤー（ESIの場合）との間に電位差を設けることで，大気圧で生成したイオンが，オリフィスを通過して真空部に導入される．試料の分析によってオリフィスが汚染されると，スプレイヤーとオリフィスとの間の電位差が小さくなり，大気圧で生成したイオンがオリフィスを通過する効率が低下してしまう（結果として感度低下を招く）．オリフィスの定期的な洗浄は，LC/MSの感度を維持するうえできわめて重要である．また，ひどい場合にはオリフィスの細孔が閉塞してしまうこともあるが，その場合，細い針状のものでオリフィス細孔を突っつくとよい．

図3 オリフィスが汚染された写真    **図4** イオン源ハウジング内部の写真

(3) イオン源ハウジング

イオン化部のカバーに相当するもの（図4）で，スプレイヤーから噴霧された溶媒などを飛散させないために用いられる．APIにおいて，スプレイヤーから噴霧された溶媒や試料成分の一部のみがイオン化し，そのイオンのさらに一部のみが真空領域に導かれる．イオン化しない大量の溶媒や，そもそもイオン化されにくい試料成分などは，高圧窒素ガスによってイオン源ハウジング内に拡散し，ハウジング内壁に付着する．ハウジング内壁に付着した試料成分はコンタミとなり，後の分析に悪影響を与える可能性がある．イオン源ハウジング内部の定期的あるいは高濃度試料分析時の洗浄が，コンタミを防止する上で効果的である．

イオン源ハウジングの洗浄は，アセトンやメタノールを染み込ませたキムワイプで，ハウジング内側を拭き取る程度でよい．使用直後は，内部が高温になっていることがあるので，火傷に注意することが必要である．

(4) イオンガイド

通常4～8の偶数本の円筒状電極から構成されており（図1③），大気圧下で生成したイオンを効率よく質量分離部へ導入する役割を果たす．最近のLC/MSは，オリフィスの細孔からイオンガイドまでが同一軸上に配置されていないため，汚染物質がインターフェイス奥部まで進入する可能性は低く汚れにくい構造になっているが，高濃度の試料分析や長期間の使用によって徐々に汚染されることが考えられる．

イオンガイドのメンテナンスをするためには，装置の真空を解除する必要があるため，中級レベル以下の分析者は，メーカーのエンジニアにメンテナンスを依頼することを推奨する．

排気系のメンテナンス

(1) ロータリーポンプのオイル

APIでは，大気圧で生成したイオンを高真空に保たれた質量分離部へと効率よく導入するために，差動排気とよばれる排気系システムが用いられている（図1参照）．オリフィス1と2の間の領域は，通常ロータリーポンプで排気されるが，多量の移動相溶媒を一緒に排気するため，かなりの負荷が掛かることが考えられる．ロータリーポンプのオイル補充や交換の頻度は，GC/MSに比べると圧倒的に高くなる．オイルが極度に汚れたり，少なくなった状態で使用したりすると，装置本体への負担が大きくなるため，特にLC/MSインターフェイスの最も真空度が低い領域を排気しているポンプは，頻繁にオイル補充や交換などをする必要がある．頻度の目安については，装置の取扱説明書などを参照されたい．

(2) 真空ホース

真空ポンプと装置とを接続するホースで，天然ゴムやシリコーンゴム製が一般的である．装置内部で無理に曲げられていると，排気効率が悪くなるので，機会があれば一度確認した方がよい．また，長期間にわたる使用で劣化すると真空漏れを起こすことがあるので，2～3年使用した装置は，目視で確認することを推奨する．

基本操作・前処理

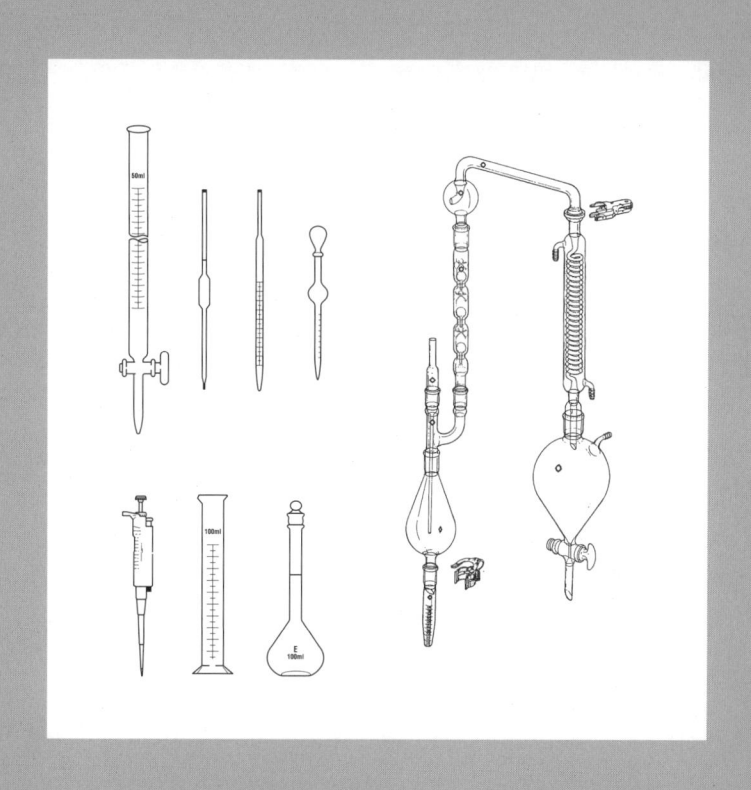

33 質量をはかる

はじめに 試料や標準物質の質量をはかるときには、通常電子天秤が用いられる．電子天秤は、試料を載せる皿に下向きにかかる「力」を測定し、それを電気信号に置き換えてデジタル表示する．その力がどれだけの質量に相当するのかがわかれば、天秤は質量を表示することができる．そこで質量の基準である「分銅」を測定して力から質量への換算係数を求め、天秤に記憶させておく（これを感度調整とよぶ）という方法をとる．このように、電子天秤は質量を直接測定するものではないため、正しく使用しないと誤った表示値を示す危険がある．ここでは、電子天秤による質量測定について、誤差の種類とそれを少なくする方法などについて述べる．

電子天秤における誤差

(1) 誤差の種類

電子天秤により質量をはかる場合に発生する誤差を分類すると、以下のようになる．

1) 感度の誤差：天秤の計測値が正しい値からずれている割合．上述の「力」から「質量」への換算、すなわち感度調整がいかに正確に行われたかに依存する．

2) 直線性の誤差：実際の質量と天秤の応答（測定値）との関係が、原点を通る直線から逸脱する程度．天秤自体の状態やもともとの性能により発生し、ユーザーがそれを小さくすることはできない．

3) 繰り返し性：同じものを連続して繰り返し計測したときにどれ位同じ値が計測されるかを表したもの．天秤自体の状態やもともとの性能の他、使い方や環境にも依存する

4) 偏置誤差：皿の上に載せる位置の違いによって現れる誤差．天秤自体の状態やもともとの性能により発生するが、皿の中央に荷重がかかるように注意すればかなり抑えられる．

(2) 誤差の要因と対策

誤差がどのようにして生まれるのか、発生要因を知ることで誤差を少なくする手法がみえてくる．誤差要因のおもなものを、対策も交えて説明する．

1) 重力加速度：設置場所の緯度や高度によって重力加速度が異なるために、天秤を長距離移動させると「感度の誤差」が発生する．表1に、東京で感度調整を行った電子天秤を他の地域に移動させ、同じ質量の分銅を測定したときの表示値を示す．電

表1 重力加速度と電子天秤の測定値

使用地	重力加速度 (cm/s^2)	東京で感度校正した1kg分銅の測定値 (g)
稚内	980.62273	1000.88
東京	979.76319	1000.00
京都	979.70775	999.94
鹿児島	979.47215	999.70

子天秤を移動させたときは，必ず感度調整をやり直すべきである．

2) 温　度：天秤自体の温度が変化することにより，「感度の誤差」が生じる．電子天秤の仕様には，必ず感度の温度係数という数値がある．これは，温度が1℃変わると天秤の感度がどれ位の割合で変化するかを表した数値である．たとえば，この数値が「2 ppm/℃」だとすれば，100 gの測定物を秤量した場合，1℃の温度変化で0.2 mgほど測定値の変化を生じさせることになる．天秤の温度は室温に左右されるが，室温が一定になったからといってすぐに天秤自体の温度も一定になるわけではない．機体の温度が室温になじむまでまち，測定の直前に感度調整をやり直してから実測定に取りかかるべきである．また，天秤の温度を変化させる要因には，室温以外，直射日光や天秤内部の電子部品による自己発熱などもある．直射日光をあてない，できれば24時間通電しておくなどの方策が有効である．

3) 容　器：試料をフラスコなどの容器に入れて電子天秤に載せた場合，指示値がじわじわと一定方向に変動（ドリフト）することがある．これは，容器内の空気の密度が温度に応じて変化したためと考えられる．たとえば，秤量室内で容器が暖められると，膨張した空気が容器の外へあふれ出し，天秤の指示値が徐々に小さくなっていく．このような状態では，測定値の「繰り返し性」が悪くなってしまう．空気密度変化の影響は，たとえば，容積100 cm^{3}の容器で2℃変化した場合，0.82 mgにも相当する．数十mgといった微量の試料を測定するさいには，無視できない大きさである．これを防ぐには，できるだけ天秤の温度になじませるため測定前の容器を天秤の側に置く，素手で触らないなどの方策が有効である．

4) 風：電子天秤に風をあてると，指示値が不安定になり，「繰り返し性」が悪化する．まず，天秤の外からあたる風を防ぐ．空調の風をさえぎる，人の行き来が少ない場所に設置する，部屋の扉の開閉をできるだけしないなどの配慮が必要である．また，天秤の秤量室内で生まれる風（対流）も測定値に影響を与える．対流の発生要因には，測定物と秤量室内の温度差による上昇／下降気流や，測定物を秤量室内に出し入れするさいの空気の乱れなどがある．測定物を天秤の温度に十分なじませる，手を秤量室内に入れない，測定物の出し入れを短時間に行う，秤量室の扉は必要以上開けないなどといった配慮が必要である．

5) 静電気：空気が乾燥すると静電気が発生し，粉や樹脂・ガラス容器などが帯電して，天秤の表示が不安定になることがある．分銅だと異常は出ないのに実試料のときだけ異常が出る場合は，静電気の影響が疑われる．対策としては，部屋を加湿するのが有効である．また，天秤測定用の除電器も市販されている．図1に，除電器の例を示す．

(3) 誤差を少なくするための設置・使用環境

ここまで述べてきた天秤の誤差要因を低減するため，適切な設置・使用環境を以下に示す．

① 直射日光があたらない．
② 部屋の温度変化が小さい．
③ 空調の風が天秤にあたらない．

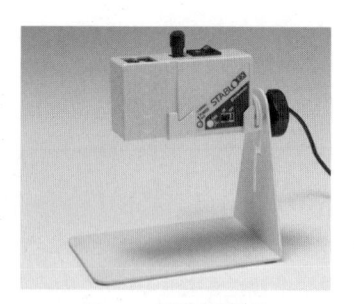

図 1　天秤用除電器
島津製作所 "STABLO-EX"

　④ ドアの開閉で部屋の空気が大きく動かない．
　⑤ 天秤の水平が正しくとれている．
　⑥ 頑丈な机（できれば除振台）を使用する．
　⑦ 振動の少ない場所である．
　⑧ 電源を入れて（コンセントに差し込む）から十分時間をおく．

ミクロ天秤とセミミクロ天秤

　　ミクロ天秤・セミミクロ天秤は，ミリグラムオーダーといった微小量を精度よくはかりとることをおもな目的として使用される天秤である．両者の違いは，以下の通り最小表示にある．
　　・ミクロ：0.000001 g（0.001 mg）
　　・セミミクロ：0.00001 g（0.01 mg）
よって，大雑把にいうなら，
　　・測定値に対し，0.01 mg の桁に精度を求めるならミクロ
　　・測定値に対し，0.1 mg の桁に精度を求めるならセミミクロ
を使うのが適切である．ただし，これらはあくまで目安であり，測定対象物や目的などに応じて使い分けが必要となる．

おわりに　電子天秤も測定機器なので，性能を維持するには日常点検・定期点検も重要である．日常点検としては，目視での汚れ確認，スイッチや扉開閉などの動作確認，荷重なしでの表示値の安定の確認，さらには必要に応じて感度調整の実施などの項目があげられる．また，数カ月〜年に一度はメーカーに定期点検を依頼した方がよい．

34 体積をはかる

はじめに　「体積をはかる」といっても，定性試験で試料溶液をざっと希釈する，定量試験での試料溶液の調製など，その操作目的，必要とする精度も様々である．では，どのような点に注意すべきか．本項では，HPLC での分析を念頭に，液体の「体積をはかる」ことに焦点をあてて解説する．

器具の種類

　一概に液体の体積をはかるといっても様々な器具がある．図1に汎用的な体積計を示した．たとえば，ガラス製の体積計では，一定容量をはかる全量フラスコ（メスフラスコ），全量ピペット（ホールピペット），また目盛りが付いているメスシリンダー，メスピペット，ビュレットなどがある．それ以外にも，一般的にピペッター，あるいはマイクロピペット，オートピペットなどとよばれているプッシュボタン式液体用微量体積計，ステッパー型，あるいはボトルトップ型の連続分注器，目盛り付の駒込ピペット，試験管，また材質の面でもガラスの他に耐溶媒・薬品性のプラスチック器具などもある．

　ここで重要なことは，分析目的に応じてこれらの器具を使い分けることである．たとえば，ピーク保持時間の確認のみを目的に 0.1 mg/mL 程度の溶液を調製したいという場合には，試験管，メスピペットの目盛りを信じて溶解・希釈しても適切な結果が得られるが，定量分析など，正確さが要求される場合には不十分と考えられる．他の例として，第十五改正日本薬局方原案作成要領の「2.10　容量」には，次のような記載がある．「たとえば，「本品 5 mL を<u>正確に量り</u>，……」とは，通例，5 mL の<u>全量ピペット</u>を用いることを意味し，「○○ mL を正確に量り，水を加えて<u>正確に 100 mL とする．</u>」とは，○○ mL を正確に 100 mL の<u>メスフラスコ</u>にとり，水を標線まで加えることを意味する．なお，ただ単に，「水を加えて 50 mL とする．」と表した場合は，通例，<u>メスシリンダー</u>を用いる．」すなわち，溶液の体積を正確にはかる場合には，一般的に，受容体積では全量フラスコを使用し，排出体積では全量ピペットを使用することになり，メスシリンダー，メスピペットは使用しないことになる．この理由の一つとして，後述の JIS R 3505 に定められている通り，各器具の公差（不確かさ）がそれぞれ異なることが考えられる．この規格に定められている通り，同じ受容体積をはかる器具でも，全量フラスコとメスシリンダー，また全量ピペットとメスピペットではその許容誤差に大きな違いがある．たとえば，50 mL の A グレードで比較すると，メスフラスコでは ±0.06 mL，メスシリンダーでは ±0.5 mL と大きな違いがある．また，その形状から，メスシリンダーでは目盛りからのわずかなずれによって，メスフラスコよりも大きな誤差が生じてしまう．このような理由からも，"正確にはかる" 場合には，全量フラスコ，全量ピペットを使用することになる．

　また，分析対象によってはガラス製の器具よりもプラスチック製の器具が好まれる場合があるが，使用する前に，耐溶媒性・耐薬品性を確認するとともに，その精度，洗浄における注意点なども確認するとよい．

ガラス製体積計

　　JIS R 3505では，液体の体積を測定する器具のうち，全量フラスコ，全量ピペット，メスシリンダー，メスピペット，ビュレットなどについて規定している．その規定内容として，許容誤差，呼び容量，構造および機能，形状および寸法，材料，誤差の試験方法などが規定されている．なお，目盛りは20℃の水を測定したときの体積を表しており，また，器具の許容誤差によって，クラスA，およびクラスBの2等級があるが，市販品にはAグレードよりもさらに高精度の製品もある．分析に必要な精度，また，分析目的に応じて選択する．

メニスカスのあわせ方

　　図2にメニスカスをあわせるさいのイメージを示した．液体は，表面張力のために，液面の縁が若干盛り上がっている．この場合，液面の底部を用いて目盛りにあわせればよい．また，目盛り線にも若干の幅があり，その上縁，中間点，下縁であわせるのでは，若干の誤差が生じてしまう．JIS R 3505に記載がある通り，JIS規格を満たすガラス製体積計では，液面の最深部（底部）と目盛り線の上縁を水平に視定するように目盛り線が付されているので，注意が必要である．

図 1　汎用的なガラス体積計　　　　図 2　メニスカスのあわせ方

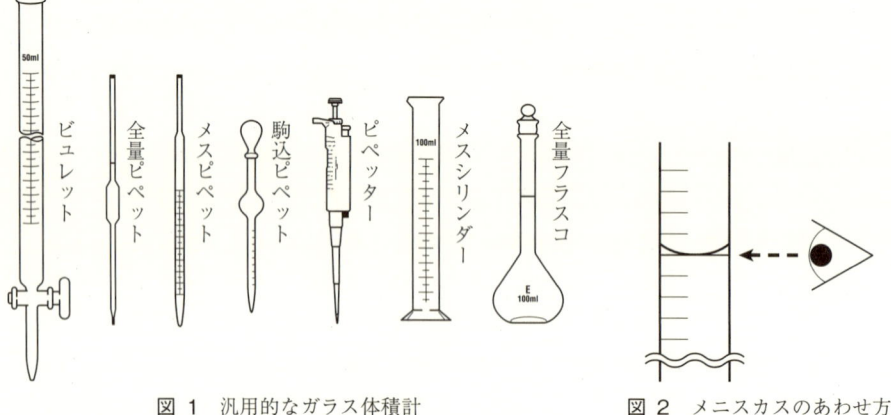

ぶんせき　2008年1月号入門講座「質量，容量の正確な計量」
p.6（図5），日本分析化学会

使用時の注意点

　　ガラス器具全般にいえることであるが，洗浄しても汚れが残っている場合などでは，ガラス表面が水をはじいてしまうため，水溶液などでは正確にメニスカスをあわせることができない．また，ピペットでは，正確に液体を排出できないなどの問題が発生する．洗浄時に十分注意するほか，ピペットでは，吸い上げた後に，いったん排出して確認するとよい．

　　全量ピペット，メスピペットでは，溶液を吸い上げたさいにその溶液がピペット外面に付着しているため，そのまま排出すると外面に付着した溶液も混入し，はかり取った体積が不正確になってしまう．そのため，これらのピペットでは，溶液を吸い上げた後，外側に付着した溶液をキムワイプなどで拭き取り，その後，メニスカスをあわせることが肝心である．また，先端をよくみると，ガラスがわずかにかけている場

合がある．この場合も排出体積に影響するので，特に全量ピペット，噴出しのメスピペットでは注意が必要である．さらに，液体を吸引する方法は様々あるが，口で吸引することは安全上避けるべきであり，安全ピペッターなどとよばれる吸引器具を使用する．しかし，勢いに任せて吸引したり，ピペット先端を吸引する溶液に十分浸漬せずに吸引することは，吸引途中に液体やしぶきをピペッター内部まで吸引してしまうので，注意が必要である．

プッシュボタン式液体用微量体積計

　一般的にマイクロピペット，オートピペットなどとよばれているが，内部のシリンダーとピストンにより目的体積の液体を吸引排出する機構をもつ体積計で，JIS K 0970 では「プッシュボタン式液体用微量体積計」として規定されている．市販品として数 μL から数 mL までの容量の製品，また，手動式，電動式の製品が販売されているが，JIS の規格では 5 μL 以上 1000 μL 以下の手動式のものが規定されている．種類として，容量固定式のものと可変式の製品がある．しかし，可変式でも 5～1000 μL をカバーするものはなく，容量に応じて数種類の範囲に分かれている．JIS では，製品が適応する容量に応じて，水を用いた繰り返し精度と正確さが決められている．製品の規定容量範囲外での使用は避ける．また，チップについても容量に応じて様々な製品が市販されているが，メーカーが提示する性能は，推奨するチップによるものであり，また，同じピペットでも，チップのメーカー・製品が異なると，繰り返し精度と正確さが異なる場合もあるので注意が必要である．

連続分注器

　同一体積の液体を連続して分注する機器として，連続分注器がある．連続分注器の種類として，シリンジを使用したステッパー型，また，試薬瓶などに直接接続するボトルトップ型がある．その他，マイクロピペットタイプの製品もある．容量可変式のステッパー型では，本体に接続したシリンジに溶液を満たし，プランジャーを一定間隔で押し出すことによって，一定量の液体を分注する機構をもつ．各種容積のシリンジを接続することができ，プランジャーの押し出し間隔を設定する本体のダイヤルナンバーとの組合せにより，様々な体積の液体を分注することができる．一般的には数 μL～mL の分注に対応している．ボトルトップ型では，シリンジのプランジャー稼動距離を一定にすることにより，接続した試薬瓶より溶液を一定量ずつ吸引・排出する機構をもつ．機器により様々な容量範囲があるが，一般的にステッパー型の連続分注器よりも，大容量の分注にも対応する．

テクニックを確認する

　全量フラスコでのメニスカスのあわせ方，全量ピペットでの計量を繰り返したさいに生じるばらつきなどは，その分析の精度自体を左右することになる．そのため，これらの操作について，自らのテクニックを確認しておくとよい．たとえば，あらかじめ脱気し，天秤と同一の環境にて放置した純水を用いて，全量ピペット，全量フラスコによる操作を 10 回繰り返し，計量した水の質量を天秤で測定する．その真度と精度を確認し，必要に応じて練習により改善をはかるとともに，系統的な誤差にもつながる実験者自身の癖を把握することが可能となる．

おわりに　体積をはかる場合，まずその目的を明確にして必要となる精度を考え，使用する器具を適切に選択することが重要である．

35 攪 拌 す る

はじめに 「攪拌」とは,簡単にいえば「モノを混ぜる」操作であり,「分離」を目的とする液クロとは相性が悪そうであるが,実際には,液クロ実験を円滑に進めるには欠かせない操作である.なぜなら,液クロ実験において,ミックスされた分析サンプルの微小な特性差(疎水性,親水性,イオン性など)を見出し,分離・分析するには,分析サンプルならびに分離の行われる環境(展開溶媒,移動相,温度など)が「攪拌・均一化」されていることが必要だからである.そして,「攪拌・均一化」されたサンプルならびに環境を準備することが液クロ実験の再現性・信頼性を向上させることにつながる.本項では,液クロ実験で行われる攪拌操作の種類や特徴,留意点について述べる.

攪拌操作の呼称と特徴

攪拌操作は,攪拌手法あるいは攪拌対象の性状・形態によって,その呼称を使い分ける[1,2].たとえば,粉体を混ぜあわせる場合は単に混合あるいは混ぜあわせであり,高度に粘稠な液体や固体では捏和(ねつか)または混練(こんれん)という.また,攪拌対象が低粘度の液体である場合は単に攪拌という(表1).

表 1 攪拌操作の呼称と特徴

呼称	対象物	装置など
混合・混ぜあわせ	粉体・固体	振動攪拌機,シェーカー,V型混合機など
捏和・混練	高度な粘稠体	ニーダー,ペーストミキサー,ディゾルバなど
攪拌	低粘度液体	機械式: 　攪拌機,マグネチックスターラー,超音波攪拌機,ボルテックスミキサーなど 非機械式: 　ピペッティング,転倒混和,振り混ぜなど

液クロ実験においては,① 移動相の調製,② 分析サンプルの調製,を目的として攪拌操作を行う.① 移動相の調製では,緩衝液や水と有機溶媒など,比較的ボリュームの大きく扱いやすい固体-液体や液体-液体の攪拌・混合が多く,マグネチックスターラーなどの攪拌機による攪拌・均一化を行う.しかしながら,② 分析サンプルの調製では,分析サンプルのボリュームやその性状は多様であり,サンプルの攪拌・均一化には目的に合う攪拌操作が求められる.また,バイオ・食品関連の分析では,高分子DNAやタンパク質など,機械式攪拌のせん断力や超音波により破壊されやすい成分も多く,攪拌手法の選択に注意が必要である.以下に高分子DNAやタンパク質など,壊れやすいサンプルを攪拌・調製するための操作例をあげる(表2).

84   3 基本操作・前処理

表 2 壊れやすい高分子試料の撹拌操作例

撹拌手法	実際の操作例
ピペッティング	サンプルチューブ内でマイクロピペットによるピペッティング操作を行い撹拌する．
機器によるミキシング	サンプルチューブへサンプル・溶媒を加えた後，ボルテックスミキサーを用いて撹拌する．
転倒混和	サンプルチューブの上下をゆっくり反転させ，撹拌する． （特に壊れやすいサンプル）
その他	① サンプルチューブを激しく振り混ぜ，撹拌する． ② サンプルチューブを指で軽く弾き，撹拌する． （微量サンプルなど）

留意点

(1) 移動相について

　グラジエント分析では，あらかじめマグネチックスターラーなどで調製した緩衝液と有機溶媒を，さらに「インライン」で撹拌・混合する．このさい，緩衝液濃度や有機溶媒との組成比によっては塩が析出し，カラムやラインの目詰まりなど，トラブルの元になることがある．グラジエント分析を想定した液クロ実験では，移動相が最終組成比で均一に撹拌されるか，塩の析出などが起きないか，を試験管スケールで確認することが望ましい[3]．

(2) 生体由来サンプルについて

　DNA，タンパク質など，生体由来成分には粘性のある溶液になるものがある．サンプルチューブなどで生体試料を調製・撹拌する場合は，チューブ壁に飛沫や泡立ちが発生しないよう注意する．飛沫や泡立ちが発生すると，溶液が均一に撹拌されない，生体成分が破壊されるなど，分析の再現性・正確性に悪影響を及ぼすことがある．これらが見られた場合は小型の遠心機などで処理を施す．

おわりに　液クロ実験においては，原料の粉砕・抽出から最終的なサンプル調製まで，多くの撹拌操作を行うことになる[4]．また，分析対象は，金属イオンからDNA・タンパク質などの生体高分子まで幅広く，それら成分ごとに適する撹拌・混合手法が異なる．特に分解しやすい成分を扱う場合は，データの再現性・信頼性を高めるために，分析対象に見合う撹拌手法を確立することが重要である．

文　献
1) 化学工学協会 編，「化学工学便覧」，p.887～919，丸善 (1988).
2) 粉体工学会 編，「粉体工学便覧」，p.382～398，日刊工業新聞 (1998).
3) 中村 洋 企画・監修，(社) 日本分析化学会　液体クロマトグラフィー研究懇談会編集，「液クロ実験 How to マニュアル」，p.60～94，みみずく舎 (2007).
4) 中村 洋 監修，「分析試料前処理ハンドブック」，p.88～94，丸善 (2003).

36 加温・加熱する

はじめに　分析操作において試料などに熱を加える操作はよく行われている．たとえば，試料の溶解，誘導体化，灰化など様々である．そのさいの温度と方法は試験結果を左右するばかりでなく，安全管理上重要となる場合がある．しかし，試験方法に具体的な温度・方法が指定されていればよいが，ただ単に「加熱する」とあった場合，これらの操作方法に悩むことになる．本項では，その考え方と実際の操作方法について解説する．

用　語　熱を加える操作にも様々な用語と方法がある．用語に関しては，具体的に温度を指定して熱する場合もあるが，その他に「加温する」「加熱する」「強熱する」などがある．一見すればこれらの用語は同じく「熱を加える操作」には変わりないが，たとえばJIS K 8001（試薬試験方法通則）では「加温する」とは「室温から60℃以下で熱する操作」，「強熱する」とは「650±50℃」で加熱する操作，「加熱する」についてはいくつかの方法が示されている．また，日本薬局方の原案作成要領では，「加温する」とは60～70℃に熱することとされているが，「加熱する」「強熱する」ではできるかぎり具体的な温度を記載することとされており，各試験法に記載された条件に従って加熱することになる．そのため，同一の用語であっても各試験法の拠所となる規格書などを参照して試験を実施することが大切である．

なお，加温・加熱とは多少異なるが，参考として，第十五改正日本薬局方通則などに記載されている温度表記の用語について，いくつかの事例を示す．その雰囲気の温度として「標準温度」：20℃，「常温」：15～25℃，「室温」：1～30℃，「微温」：30～40℃，「冷所」：1～15℃の場所，水の温度として，「冷水」：10℃以下，「微温湯」：30～40℃，「温湯」：60～70℃，「熱湯」：約100℃が示されている．なお，公定書などにより若干の定義が異なる場合があるので，試験操作のさいには，規範となる公定書またはJISなどを確認する．また，試験法において温度が一点指定で表記されている場合，その温度の許容範囲についても事前に確認した方がよい．

具体的な加熱方法　たとえばJIS K 8001では，水浴上で加熱，水浴中で加熱，加熱板上で加熱するなどが紹介されており，加熱する方法には種々ある．ここでは，様々な加熱方法について紹介する．

　（1）電気ホットプレート

　　理化学実験用の電気ホットプレートは一般的に500℃程度まで使用できるとされており，温度調節が可能である．ただし，ホットプレートが高温であっても，外観では温度がわかりづらいため，火傷，周囲の可燃物などに十分に配慮する．

　（2）水浴，油浴，砂浴

　　「水浴上，水浴中で加熱する」の場合，一般的には温度調節が可能な恒温水槽などの容器に水を満たして沸騰させ，その蒸気または直接試料を入れて加熱する操作であ

る．また，水浴上で加熱する場合，約100℃の蒸気浴を用いてもよい．

　油浴による加熱では，シリコーンオイルなどを伝熱媒体に用いて加熱する操作である．

　砂浴による加熱では，ケイ砂などを容器（金属製）に入れて加熱し，その上にるつぼなどの被加熱対象をおいて熱する．たとえば，重金属，ヒ素などの試験において，試料の灰化操作過程で使用することがある．この場合，水浴，油浴に比して伝熱効率が悪く，実際の試料の加熱温度がケイ砂入り容器の加熱温度より低くなっているので，指定温度がある場合には注意する必要がある．また，上記の3つの加熱方法では，水，オイル，砂などの伝熱媒体が試料に汚染しないように注意する．

(3) マイクロ波誘導による加熱

　試料を硝酸などとともにフッ素樹脂容器に入れ，マイクロ波誘導により内部を加熱・加圧する方法である．分解が困難な試料において，効率よく短時間で分解が可能となる．容器内の液温は装置マニュアルを参照し，適切な温度にて制御する．

(4) ガスバーナーなどの燃焼による加熱

　ガスバーナーによる加熱は，燃焼熱を用いた直接的な加熱方法である．ガラス製ビーカーなどを加熱する場合は，三脚とセラミックス付きの金網を用いて，その上で加熱する．直火での加熱は容器の破損につながることがあるので十分に注意する．また，温度調節がむずかしく，可燃物への引火（特に有機溶媒）への注意は，内容物だけでなく，周囲の実験環境にも配慮する必要がある．周囲でエーテルなどの有機溶媒を使用している環境での使用は避ける必要がある．

おわりに　試験操作上，温度の設定は試験結果を左右する重要な要因となりうる．特に具体的な温度が明らかでない場合には，その試験法の基本となる公定書等を参照して，正しく熱することが必要である．

37 ガラス器具を洗浄・乾燥・保管する

はじめに　正確な実験・検査結果を出すためには，分析法の検討から始まり，手順の文書化，試薬・試液の管理，天秤，pH メーター，HPLC などの機器の性能維持・管理など，様々な要因について十分な注意を払う必要がある．また，分析に使用するガラス器具の清浄度合いについても必須の要因であるが，洗浄作業は当然のこととして，また，面倒な作業として，無意識に取り扱われている場合も多いと思われる．しかし，使用するガラス器具が汚れていては，正しい分析結果が得られないばかりか，分析結果に生じる誤差の要因を見抜くことができないかもしれない．そのため，ガラス器具の「洗浄」「乾燥」「保管」について十分な注意を払うことが，正確な分析結果を出す上での第一歩となる．

洗浄・乾燥・保管の手順

分析の信頼性を確保するという観点で器具洗浄を考えると，分析担当者の誰もがつねに同じように洗浄ができる，ということが重要である．すなわち，洗浄・保管方法について適切な手順を決めることが必要となる．図1にその手順の概略を示した．特別な洗浄が必要になる器具もあるかもしれないが，基本的な流れは，予備洗浄，本洗浄，イオン交換水などによるすすぎ，乾燥，保管という手順である．その中で，たとえば本洗浄した後でも，ガラス表面の水をはじいてしまう場合など汚れがひどい場合には，別の特殊な洗浄方法に頼る必要がでてくる．また，使用する洗剤の種類，使用濃度，器具の浸漬時間，洗浄液の調製手順，交換記録なども明確にすることが重要である．このような内容を文書にまとめ，担当者の教育訓練を行い，また作業の手順をフローチャートにして器具の洗浄場所に掲示しておくとよい．

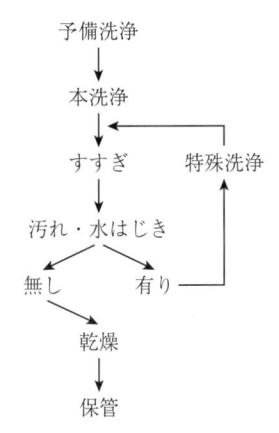

図 1　洗浄手順のフローチャート

洗剤の種類

実験器具の汚れに対応した，ラボ用の洗剤が各種販売されている．一般的には，中性洗剤，アルカリ性洗剤があり，浸漬用の洗剤として使用されている．その他に，発泡を抑えた超音波洗浄機用のアルカリ性洗剤，漂白・除菌用に次亜塩素酸ナトリウム

を含む洗剤などがある．注意事項として，使用濃度は個々の製品に記された濃度・浸漬時間を守ること，手袋の使用など防護対策を講じることなどがある．

予備洗浄での注意点

器具の汚れは，乾いてしまうと洗浄しても落ちにくい場合がある．また，高濃度の汚れは洗浄液自体を汚してしまうおそれがある．そのため，予備洗浄として，本洗浄までの間に水道水などでざっとすすいで，水に浸漬しておくとよい．しかし，有害試薬，特に重金属試薬を使用した器具では，その洗液自体にも有害試薬が残留しており，廃液処理が必要になるので注意が必要である．

洗浄・乾燥方法—器具の種類に応じた取扱い—

一般的な洗浄方法として，洗剤での浸漬洗浄，ガラス器具洗浄用のブラシなどの使用，あるいは超音波洗浄機による洗浄などがあげられる．ここで最も重要なことは，器具の種類に応じた取扱いを心がけることである．ガラス器具は体積を正確にはかる用途のものと，それ以外のものに大別できる．たとえば，三角フラスコ，ビーカーは，試薬溶解，試液調製に使用するが，体積を正確にはかる器具ではなく，ブラシ，スポンジで内面を擦って洗浄して多少の傷がついたとしてもその後の使用に大きな影響はない．しかし，たとえばJIS R 3505「ガラス製体積計」に規定されているような器具では，この洗浄方法は好ましいとはいえず，また全量フラスコでは，その形状から十分に洗浄することは困難である．そのため，洗剤への浸漬洗浄，超音波洗浄機による洗浄が効果的である．ただし，浸漬洗浄の場合，共栓など液面に浮いてしまう器具では，洗剤中に確実に沈めること，アルカリ性洗剤への長時間の浸漬洗浄はガラス器具の劣化につながること，また，LC/MSにてアルカリ金属イオンアダクトが検出される場合があるので注意する必要がある．超音波洗浄では，すすぎ用の水をはった洗浄槽に洗剤入りの用器を入れ，2槽式にして用いるとよい．しかし，大きな傷，ひび割れがある器具の場合は洗浄中に割れてしまうおそれがある．

また，洗剤後は器具を水道水などで十分にすすぎ，最後は純水ですすいで，その後，乾燥させる．乾燥方法も器具の用途によって選択する必要がある．体積計の器具を高温の器具乾燥機で乾燥させることは好ましいことではない．また，乾燥も，埃などが少ない清浄な環境で行う必要がある．

汚れの種類に応じた洗浄

上記の洗浄・乾燥方法では，器具の種類に応じた方法を紹介したが，的確な洗浄を行うためにも，汚れの種類に応じた洗浄も重要である．実験器具を汚染する種類として，有機物の汚れと無機物の汚れがある．どのような汚れであっても基本的には，実験器具の洗浄を目的としたアルカリ性洗剤または中性洗剤を使用して浸漬することには変わりはないが，有機物の汚れのうち，タンパク質・脂質はアルカリ性洗剤を用いるとよいとされる．また，タンパク質汚れでは，界面活性剤にプロテアーゼを添加した洗浄剤もあり，ブラシが届かない細かな器具を洗浄する場合に有効である．脂質汚れでは，有機溶媒で除去後洗浄することも可能であるが，リパーゼを応用した洗剤も有効である．なお，たとえば血液サンプルの場合，場合によっては洗浄前に滅菌処理が必要となるが，タンパク質や血液は乾燥・加熱により凝固して除去しにくくなるの

で，注意が必要となる．シャーレに入った寒天培地では，洗浄前にオートクレーブなどによる滅菌後，寒天が再び凝固する前に除去する必要がある．

一方，無機物の汚れ，たとえばアルカリ金属，重金属を測定するガラス器具の汚れを除去する場合には，薄めた塩酸，硝酸などの酸で浸漬洗浄した後，純水で十分にすすぐ手順となる．また，器具のラベルなどに使用したマジックインクの汚れは，洗剤の浸漬洗浄では落ちにくい場合がある．有機溶媒でのふき取りもよいが，インク汚れを広げてしまう可能性もあるので，メラミンスポンジで擦り取るのもよい．

汚れがひどいときの対処

上記の洗浄でも汚れが落ちない場合，また，ガラス器具表面が水で一様に濡れることなく，水をはじく場合には，洗浄が不十分と考えられる．再度，浸漬洗剤することで改善することもあるが，他の洗浄方法を試すことも有効である．このような場合，特に有機物の汚れに対して過去にはクロム混酸が洗浄剤として汎用されていたが，その廃液・洗液に6価クロムが含まれるため，公害問題，環境への配慮から推奨できず，最近ではほとんど使用されていない．その代替方法の一つとして，酸洗浄がある．一般的には，塩酸，硝酸，または硝酸と過酸化水素水の混合液を使用し，一定時間浸漬して洗浄する．この方法でも廃液・洗液の処理への注意が必要となり，また，その酸の雰囲気によって洗浄槽付近の機械器具の劣化を引き起こすことがあるが，水をはじくガラス器具の洗浄では効果的な方法の一つである．

清浄な場所での保管，滅菌した器具の保管

洗浄した器具は，器具戸棚など清浄な環境で保管する必要がある．埃をかぶるような環境で保管しては，せっかくの洗浄が台無しになる．また，洗浄したガラス器具を積み重ねすぎると，下部の器具が破損するおそれがあり，器具の取り出しも不便である．そのため，清浄な器具戸棚の中に，器具の種類，容積ごとに整然と保管することが重要である．そのさい，たとえばJISガラス製体積計のクラスA，Bなどの器具の等級が混在しないように分類した方がよい．また，器具戸棚の設置について，耐震対策などの注意が必要である．震災時に器具戸棚が転倒してしまうと，試験室内からの避難に支障をきたすおそれがある．

また，洗浄後に滅菌した器具については，その保管環境の清浄度について特に注意を払う必要があるほか，滅菌日の記録・表示が必須となる．すなわち，滅菌した器具は時間の経過とともに汚染されるため，滅菌後の時間経過に注意する必要がある．対策として，器具の使用と洗浄・滅菌のスケジュールを確認して必要量ずつ滅菌すること，また，滅菌順に器具の保管場所を規定するなど，いつまでも古い器具を残さないように注意することが必要である．

おわりに　器具の洗浄・保管は，分析操作の中でも注意が届きにくく，また，面倒な作業の一つといえる．分析担当者の一人ひとりが，器具洗浄は正確な分析結果を得る第一歩であると認識することが必要である．

文　献
1) 奥山晴彦，皆川　基 編，「洗剤・洗浄の事典」，朝倉書店 (1990).
2) 田中龍彦 編，「JIS使い方シリーズ　化学分析の基礎と実際」，日本規格協会 (2008).

38 消 火 す る

はじめに　実験室内には有機溶媒をはじめ，火災を引き起こす可能性のある危険物を使用，保管している．出火しないように心がけることが一番であるが，万が一，出火したときのために，最低限の消火の知識を身につけておくことが大切である．本項では，燃焼と消火の原理，初期消火で使用する消火器具や各火災への適応について紹介する．

燃焼と消火の原理

燃焼は一般に発熱と光の発生を伴う酸化反応である．燃焼には，① 可燃性物質，② 酸素供給源，③ 熱，④ ①～③の連鎖反応が必要である．消火は，これらの要素を一つ以上取り除くことで可能になる．消火には，可燃性物質を取り除く除去消火，可燃性物質や酸素濃度を希釈する希釈消火，酸素供給源を断つ窒息消火，熱エネルギーを除く冷却消火，酸化反応を抑えるための負触媒を使用する抑制消火などがある（表1）．

表 1　消火作用

消火作用	取り除く燃焼要素	例
除去消火	可燃性物質の除去	ガスの元栓を締める
希釈消火	可燃性物質・酸素濃度の希釈	水や二酸化炭素による希釈
窒息消火	酸素供給源の遮断	建物などを閉め切る
冷却消火	熱エネルギーの除去	水による冷却
抑制消火	負触媒による酸化反応の抑制	ハロゲン化物による燃焼抑制

消火器具

初期消火に使用する消火器具としては，水バケツや乾燥砂などの消火用具と種々の消火剤が充てんされた消火器とがある．表2にこれらの使用方法についてまとめた．

消火器にはリン酸塩などの消火剤が入った泡・粉末消火器，水が入った水・泡系消火器，ハロゲン化物などが封入されたガス系消火器などがあり（表3），普通火災（A火災），油火災（B火災），電気火災（C火災）については適応可能な火災が本体

表 2　消火器具

	消火器具	使用方法
消火用具	水バケツ・三角消火バケツ	火元にめがけて水をかける．三角消火バケツは，内部が仕切られているため，5～6回に分けて注水できる．
	乾燥砂	スコップなどを使用して乾燥砂で火元の表面を覆う．
	膨張ひる石・真珠岩	スコップなどを使用して膨張ひる石・真珠岩で火元の表面を覆う．
	消火器	火元から3～5m離れたところまで近づき，①安全ピンを抜く，②ホースの先を火元に向ける，③レバーを握る炎の先端ではなく，火の根元をねらって，手前から箒で掃くように消火するのがポイント．

表 3 消火器具の適応

消火器具			普通火災（A火災）	油火災（B火災）	電気火災（C火災）	危険物 第一類（酸化性固体）アルカリ金属の過酸化物又はこれを含有するもの	危険物 第一類（酸化性固体）その他の第一類の危険物	危険物 第二類（可燃性固体）鉄粉・金属粉もしくはマグネシウム又はこれらのいずれかを含有するもの	危険物 第二類（可燃性固体）引火性固体	危険物 第二類（可燃性固体）その他の第二類の危険物	危険物 第三類（自然発火性物質及び禁水性物質）	危険物 第四類（引火性液体）	危険物 第五類（自己反応性物質）	危険物 第六類（酸化性液体）
消火用具	水バケツ・三角消火バケツ		●				●			●			●	●
	乾燥砂			●		●	●	●	●	●	●	●	●	●
	膨張ひる石・真珠岩			●		●	●	●	●	●	●	●	●	●
消火器	粉末系消火器	りん酸塩類を使用するもの	●	●	●		●		●	●		●		●
		炭酸水素塩類を使用するもの		●	●			●	●	●	●	●		
	水・泡系消火器	水を放射するもの	●		▲		●			●			●	●
		強化液を放射するもの	●	▲	▲		●			●		▲	●	●
		泡を放射するもの	●	●			●			●		●	●	●
	ガス系消火器	二酸化炭素を放射するもの		●	●				●			●		
		ハロゲン化物を放射するもの		●	●				●			●		

●印は消火器具が適応可能であることを示す．
▲印は消火器が消火剤などを霧状に放射するときのみ適応可能であることを示す．

に表示されている（図1）．表3に消防法で定められている危険物を含めて，消火器具の各火災への適応についてまとめた．液体クロマトグラフィーの移動相として使用されるアセトニトリルやメタノールなどは，危険物の第四類（引火性液体）に分類される．第四類の危険物は比重が小さいものが多いので，水による消火は水に浮いて火面を広げるため，適していない．表3の危険物についての適応は一般的なものであるので，個々の危険物の消火方法は MSDS（material safety data sheet）などで確認すべきである．

普通 火災用 白
油 火災用 黄
電気 火災用 青

図 1 消火器の各火災の適応マーク例

おわりに　日頃から消火器具の位置を確認しておくことや定期的に点検をすることが大切である．また，消火訓練などで実際に消火器具を使用してみることも重要である．

39 脱水・乾燥する

はじめに　機器分析試料の調製用有機溶媒の水分や，反応抽出物溶液中の水分が，試料の状態に大きな影響を与えることは多い．また，HPLCにおいて，移動相中の水分が，分析対象物の保持や保持時間の再現性を悪化させることも少なくない．

有機溶媒の脱水には，乾燥剤を用いる方法，脱水膜を用いる方法などがある．後者は，主として工業的に溶剤から水を除去するのに使用されるため，本項では割愛する．

乾燥剤の種類と脱水のメカニズム[1]

乾燥剤はそのメカニズムから3種類に大別される．種類と用途，特徴を表1～3にまとめた．

(1) 不可逆的に水と反応して脱水する（表1）

五酸化リン，金属ナトリウム，水酸化カルシウム，水酸化リチウムアルミニウムなどがある．いずれも水との反応性がきわめて高く，危険が伴う．使用にあたっては，熟練者の指導が必須である．

デシケーター内での乾燥，吸湿を抑えるために用いられたり，有機溶剤の蒸留精製後に吸湿を抑える目的で使用されたりする場合が多い．

表1　不可逆的に水と反応して脱水する方法

	用途	特記事項
五酸化リン	デシケーター	
金属ナトリウム	エーテル，ベンゼン	ハロゲン化物，ケトン，アルコールには不適．発火，爆発注意．
水素化カルシウム	還流後の放置．ピリジン，DMSO，エーテル，エステル，t-ブタノール	
水酸化リチウムアルミニウム	徹底脱水．エーテル，THFに可	取扱いに十分注意が必要

文献1), p.105, 表3, 4を改変．

(2) 水和物生成により脱水する（表2）

塩化カルシウム，硫酸ナトリウム，硫酸マグネシウム，硫酸カルシウムなどがある．

表2　水和物生成により脱水する方法

	用途	特記事項
塩化カルシウム	一般的な有機溶媒の脱水	アルコール，ケトン，アミンは分子化合物を形成し不可．酸性フェノールにも不可
硫酸ナトリウム（ボウ硝）	一般的な有機溶媒の脱水	吸湿力は弱いが，ほとんどの溶媒に使用可
硫酸マグネシウム	一般的な有機溶媒の脱水	吸湿力は弱いが，ほとんどの溶媒に使用可
硫酸カルシウム	一般的な有機溶媒の脱水	硫酸ナトリウムの後に用いる

文献1), p.105, 表3, 4を改変．

水を吸着し水和物を形成することにより，結果として有機溶媒から水を除く．化合物の水和の程度が大きいほど，高い温度ほど吸着能は増大する．

(3) 分子ふるい作用により脱水する（表3）

モレキュラーシーブはアルミニウムとケイ素が主体の合成ゼオライトであり，細孔内に分子を吸着させる．細孔直径により，吸着される分子が異なる．たとえば3Aタイプでは，分子の有効直径が3Å（オングストローム）より小さい分子は吸着され，それよりも大きい分子は吸着されない．つまり，モレキュラーシーブは脱水専用というわけではない．

水はどのタイプでも吸着されるので，脱水したい溶剤の種類によってモレキュラーシーブを使い分ける必要がある．

例：モレキュラーシーブによる乾燥[2]

モレキュラーシーブの乾燥能力は最大20%なので，水分含量0.5%の有機溶媒1Lの場合，適切な細孔のモレキュラーシーブ50gが必要である．乾燥は，有機溶媒にモレキュラーシーブを加え，ときどき攪拌しながら，24時間放置する．カラムに充てんして，乾燥したい溶剤を通液することもできる．

モレキュラーシーブは再生することが可能である．使用したモレキュラーシーブを多量の水で洗浄するか，あるいはエタノールで一度洗浄後，水で数回洗浄して付着した溶媒を除去後，200～250℃で乾燥する．この場合，3～5%の水が残るが，通常の使用では問題ない．

表3 モレキュラーシーブで脱水する方法

種類	吸着される分子	代表的な用途
3A	水 アンモニア，ヘリウム	小さな分子の極性溶媒の乾燥 アセトン，アセトニトリル，メタノール，エタノール，プロパノール
4A	上記以外に，メタノール，エタノールなど	一般の有機溶媒の乾燥 ベンゼン，クロロホルム，シクロヘキサン，ジクロロメタン，ジエチルエーテル，ジメチルホルムアミド，ピリジン，トルエン，キシレンなど
5A	上記以外に，n-パラフィン，n-オレフィン，n-ブタノールなど	大きな分子の極性溶媒の乾燥 テトラヒドロフラン，ジオキサンなど

文献2)の表を一部改変．

脱水が必要な事例

(1) 有機溶媒抽出物を濃縮する場合

対象物を有機溶剤で抽出後に濃縮する場合，事前に乾燥剤を適量添加，沪過後，濃縮する．特に，環境調査物質や農薬類は，求められる測定レベルが低いため，抽出後の濃縮工程をへる場合が多い．

例：水質中のジエチレントリアミンとトリエチルテトラミンの分析[3]

試料20 mLをとりダンシルクロリドで誘導体化する．反応溶媒として用いたアセトンを留去後，ジクロロメタンで誘導体を抽出する．無水硫酸ナトリウムで脱水後，濃縮し，最終的には窒素気流下で乾固する．試料をアセトニトリルに溶解後，HPLC蛍光検出で測定する．

(2) 水分に不安定なものの前処理

エステルなど，加水分解しやすいものを操作する場合，用いる有機溶剤の水分量には十分注意を払う必要がある．

(3) 移動相に水が入っていると保持時間が安定しない，保持力が低下する順相系HPLC

シリカゲルカラムを用いる吸着モードのクロマトグラフィーにおいて，移動相にヘキサンなど極性の低い有機溶媒を用いた場合，それらの含水量により，シラノール基に活性がかわり保持時間が安定しないことがある．そのような場合，モレキュラーシーブで脱水する．

脱水を完全に行いかつ維持するのはむずかしいので，水による劣化がないカラムであれば，水で飽和させた移動相と，水を除いた移動相を半々で混ぜた，半飽和移動相を使うと再現性がよくなることもある．

例：石油製品－炭化水素タイプ試験方法－高速液体クロマトグラフ法[4]

初留点150℃以上，終点が400℃以下の石油製品の炭化水素成分を飽和炭化水素，オレフィン炭化水素，一環芳香族炭化水素，二環芳香族炭化水素および三環以上芳香族炭化水素の5種類の炭化水素タイプに類別して定量する方法．

カラムは硝酸銀含有シリカカラムを用いるが，このカラムは極性溶媒（アルコール，水系溶媒など）との接触はさけなければならない．オレフィン分の分離については，硝酸銀含有シリカカラムは水分などの影響で劣化しやすく，飽和分との分離が悪くなるので特に重要である．

溶離液と試料の希釈溶媒として用いる n-ヘキサンは市販の高速液体クロマトグラフィー用でよいが，硫酸ナトリウムで脱水してから用いることが明記されている．

具体的には，試料が水分で白濁している場合は，あらかじめ試料を共栓付三角フラスコに採り，硫酸ナトリウムを加え，振とう後，沪紙で沪過し，脱水剤と試料を分離する．

(4) 示差屈折率検出器におけるベースラインへの影響[5]

RI検出器では，ベースラインドリフトをしばしば経験する．これは，サンプル側とリファレンス側のセル中に存在する溶液の微小な屈折率差が，連続的に少しずつ変化していることに起因する．変化する原因はいくつかあるが，溶存水分量の変化も要因の一つである．特に，THF（テトラヒドロフラン）やDMF（ジメチルホルムアミド），DMSO（ジメチルスルホキシド）などを移動相とした場合，大気中の水分をかなり吸収しうる．溶離液瓶にシリカゲルの除湿管を接続すると効果があるといわれている．

(5) 水があると反応しにくい誘導体化

HPLCのプレカラム誘導体化反応が縮合反応などの場合，水の存在で反応が進みにくい場合もある．しかし，生体試料などでは，完全に脱水することはむずかしく，溶解性の問題もある．水は少ない方がいいが，特に溶剤まで脱水する必要はない．つねに水の比率を一定とし，予備検討で反応終点を確認し，内部標準物質などで回収率を評価する作業が必要である．

例：DBD-PZ（4-*N*, *N*-ジメチルアミノスルホニル-7-ピペラジノ-2, 1, 3-ベンゾキサジアゾール）によるTCAサイクル化合物の誘導体化[6]

内部標準物質（メチルコハク酸）をあらかじめ加えた試料（含水で可）10 μLを反応バイアルにとる．遮光下，50 μLの0.1 Mの1-エチル-3-（3-ジメチルアミノプロピル）カルボジイミド，50 μLの0.1 Mの4-*N*, *N*-ジメチルアミノピリジンと40 μLのアセトニトリル，50 μLの40 mM DBD-PZアセトニトリル溶液を加える．

密封して暗所で60℃，120分間加熱後，200 μLの0.1%トリフルオロ酢酸を含む30％アセトニトリル溶液で反応を止める．HPLC分析に供する．

文献

1) 中村 洋 監修,「分析試料前処理ハンドブック」, p.103, 丸善 (2003).
2) http://www.nacalai.co.jp/yakudati/1.html ナカライテスク．
3) 昭和59年度化学物質分析法開発調査報告書 環境庁．
4) 石油学会規格（JPI-5S-49-97）
5) http://www.shodex.com/japanese/dso003.html Shodex：ベースラインのドリフト（1: GPC編）ニュースレター No.9.
6) K. Kubota, T. Fukushima, R. Yuji, H. Miyano, K. Hirayama, T. Santa, K. Imai, *Biomed. Chromatogr.*, **19**, 788〜95 (2005).

40 溶媒を保管する

はじめに　本項では，液クロでよく使用される溶媒の保管方法について述べる．

保管の留意点

HPLCでよく使用される有機溶媒は有害性や引火性などの危険性をもつものがほとんどである．そのため，保管のさいには密栓して蒸気が漏れないようにする，火気から離して保管することが必要である．

また，有機化合物は一般的に化学的安定性に乏しく長期安定性に欠けるものが少なくない．そのため保管する上においては，分析に影響を及ぼす観点から以下のような注意点がある．

有機化合物は一般的に空気中の酸素や熱，光などに影響を受けやすいものが多いため[1]，一般試薬には長期間保存できるように安定剤が添加されていることがある．たとえば，逆相クロマトグラフィーやサイズ排除クロマトグラフィー（SEC）で使用されるTHF（テトラヒドロフラン）は溶存酸素や空気中の酸素により酸化されやすいため，酸化防止剤としてBHT（2,6-ジ-*tert*-ブチル-ブチルヒドロキシトルエン）が添加されている[2,3]．しかし，THFに添加されている酸化防止剤は紫外部に吸収をもっているため，HPLCにおけるUV検出に支障が出ることがある．そこでHPLC用試薬には酸化防止剤が添加されておらず，この場合は酸化防止剤を添加するかわりに不活性ガスとともに封入して供給されている．そのため，開封および保管のさいには窒素などの不活性ガス雰囲気下で行い，さらにすみやかに使い切ることが必要である[4]．そうしないと酸化が進み，バックグラウンドが安定せず，分析に悪影響を及ぼす要因になる[4,5]．また，安定剤が添加されているとはいえ永久に安定に保存できるわけではないため，試薬は必要量を購入し，開封後はすみやかに使い切ることが望ましい．

さらに，冷暗所保存などの表記がラベルに付されていない場合においても冷暗所で保存した方がよい．遮光容器であっても紫外光は透過してしまうため，強い光の下に放置しないようにしなければならない[1]．

また，HPLCで使用される有機溶媒のほとんどは，消防法などの法律により，その取扱いが規制されている．有機溶媒を使用するさいには該当する法規制を守ること．

危険物・毒劇物の保管の留意点

HPLCで使用される有機溶媒のほとんどは，消防法や毒物及び劇物取締法（毒劇法）などの法律により，その取扱いが規制されている．消防法により取扱いの規制がなされているおもな有機溶媒を表1に示す．消防法では，品名ごとに指定数量が規定されている．指定数量以上の危険物を貯蔵または取扱う場合は，消防法による規制があり，指定数量未満の場合は，各市町村条例において貯蔵および取扱いの技術基準が定められている．また，アセトニトリルやメタノールなどは，毒劇法における劇物に指定されている．毒物劇物は，盗難・紛失することを防ぐために必要な処置を講じる必要がある．そのために，毒物又は劇物指定の有機溶媒を保管するさいには，毒物ま

たは劇物専用の頑丈な保管庫に施錠する，管理簿をつけ使用量や残量を管理するなど適切に保管する．以上のように，有機溶媒を使用する際には該当する法規制を守ることが必要である．

表1 消防法危険物および指定数量

類別（性質）	品 名		指定数量	種 類
第4類（引火性液体）	特殊引火物		50 L	
	第1石油類	非水溶性液体	200 L	n-ヘキサン
		水溶性液体	400 L	アセトン アセトニトリル テトラヒドロフラン
	アルコール類		400 L	メチルアルコール エチルアルコール イソプロピルアルコール

おわりに　HPLC で使用される有機溶媒は一般的に化学的安定性に乏しく，また有害性，引火性などの危険性を伴っている．そのため基本的には必要量を購入し，開封後はすみやかに使い切ることが望ましい．保管をするさいには，容器をしっかり密栓して蒸気が漏れないようにし，火気から離れた冷暗所に置き，できる限り早く使い切ることが重要である．

文　献
1) 井原俊英, ぶんせき, **1999**, 4号, 51〜52.
2) 中村　洋 監修, （社）日本分析化学会 液体クロマトグラフィー研究懇談会編集,「液クロ 犬の巻」, p.146, 筑波出版会（2004）.
3) 中村　洋 監修, （社）日本分析化学会 液体クロマトグラフィー研究懇談会編集,「液クロ 犬の巻」, p.138〜139, 筑波出版会（2004）.
4) 中村　洋 監修, （社）日本分析化学会 液体クロマトグラフィー研究懇談会編集,「液クロ 虎の巻」, p.68〜69, 筑波出版会（2001）.
5) 中村　洋 監修, （社）日本分析化学会 液体クロマトグラフィー研究懇談会編集,「液クロ 武の巻」, p.108〜109, 筑波出版会（2005）.

41 カラムを保管する

はじめに　本項では，カラムの保管方法について述べる．

保管するときのカラムの洗浄方法

使用したカラムを取り外して保管するときには，まず，保管している間に移動相に使用した塩が析出したり，カビなどが生えることを避けるために，必要に応じてカラム内を洗浄することが必要である．洗浄方法に関しては，カラムメーカーが推奨する洗浄方法に従う，または「液クロ実験 *How to* マニュアル」p.18〜19 を参考にしていただきたい[1]．

カラムの保管方法

洗浄したカラムを保管するさいには，以下の注意点がある[2,3]．

① 封入溶媒が揮発しないようにしっかり密封し，乾燥させないようにする．カラムを長期保管するのに適切な封入溶媒は，カラム充てん剤の基材や修飾基によってそれぞれ異なる．そのため，カラムを保管するさいには，使用したカラムの取扱いメーカーが推奨する方法に従うのがよい．一般的にはカラム購入時に封入されている溶媒か，または，カラム購入時に同封されているカラム取扱説明書に記載の封入存溶媒を使用する．表1にカラムの保管方法についての例をあげる[4]．

表1　カラム保管方法の例[4]

分離モード	基材	保管条件
サイズ排除クロマトグラフィー	スチレン系	THF（テトラヒドロフラン）など（出荷溶媒）
	シリカ系	中性緩衝液（出荷溶媒）
逆相・順相クロマトグラフィー	シリカ系	逆相系はメタノールやアセトニトリルなど，順相系はヘキサンやヘプタンなどの有機溶媒（出荷溶媒）
イオン交換クロマトグラフィー	シリカ系／ポリマー系	緩衝液など（出荷溶媒）
アフィニティークロマトグラフィー	ポリマー系	緩衝液（出荷溶媒）

文献4）　p.230，表9.2 を参考に作成．

② ハロゲンを含む溶媒は，充てん剤やステンレス管を侵すため使用しない．

③ カラムメーカーが推奨する保管温度で保管する．保管温度が高いとカラム内圧力が上昇したり，充てん剤の物性が変化することがある．

なお，カラムを保管するさいにカラムの使用履歴を残しておくと，次に使用するさいの参考になる[3]．

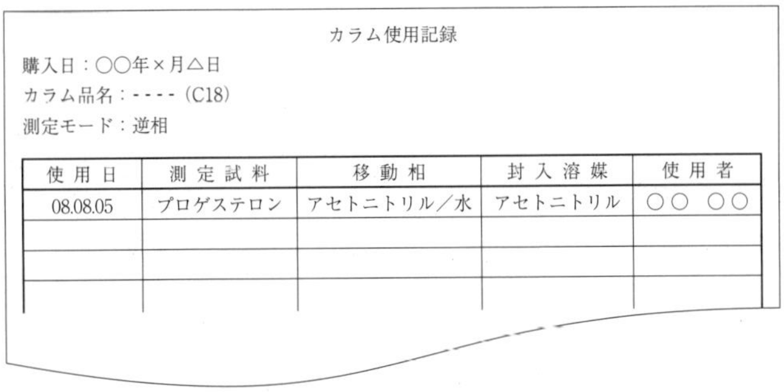

カラム使用記録				

購入日：○○年×月△日
カラム品名：- - - - (C18)
測定モード：逆相

使用日	測定試料	移動相	封入溶媒	使用者
08.08.05	プロゲステロン	アセトニトリル／水	アセトニトリル	○○　○○

図 1　カラム使用記録の一例

おわりに　使用したカラムの保管を正しく行うことで，カラムを長もちさせることができる．

文　献
1) 中村　洋 企画・監修，(社) 日本分析化学会 液体クロマトグラフィー研究懇談会編集，「液クロ実験 *How to* マニュアル」, p.18~19, みみずく舎（2007）.
2) 中村　洋 監修，(社) 日本分析化学会 液体クロマトグラフィー研究懇談会編集，「液クロ 虎の巻」, p.44~45, 筑波出版会（2001）.
3) 日本分析化学会関東支部 編，「改訂 2 版 高速液体クロマトグラフィーハンドブック」, p.176, 丸善（2000）.
4) 日本分析化学会関東支部 編，「改訂 2 版 高速液体クロマトグラフィーハンドブック」, p.230, 丸善（2000）.

42 試薬を保管する

はじめに 本項では液クロに使用する試薬類の保管方法について記述する.

液クロに使用する試薬

液クロに使用する試薬としては，① 緩衝液用の塩類，酸および塩基類，② イオン対試薬，③ 誘導体化試薬，などがある．試薬の保管方法は，一般的に冷暗所保管とされているが，具体的な注意点や保管方法について述べる．なお，有機溶媒の保管については，"No.40 溶媒を保管する"を参照．

試薬保管場所と注意点

① 直射日光のあたるところは避ける：試薬によっては，温度の上昇により，融解や蒸発を生じる．また，紫外線の影響により変質など状態が変わるものもあり，これらは，瓶内での圧力上昇による試薬の漏れや瓶の破損などの危険に繋がる．そのため，保管場所として，直射日光のあたる窓の近くは避けなければならない．

② 暖房器具の近くや温風が直接あたる場所は避ける：直火の近くが危険であるのはいうまでもないが，空調の温風が直接あたるような場所も温度の上昇により危険である．

③ 性質の異なる試薬は近づけない：液クロではイオン対試薬や緩衝液用に酸や塩基を使用する場合が多い．酸性化合物と塩基性化合物を近づけて保管すると，試薬瓶の転倒や漏れがあった場合に，反応や分解を生じ危険である．

④ 安定した場所：出し入れのさい，試薬瓶が倒れることのないように保管する．また，地震による保管庫（棚など）の転倒が防げるような工夫も必要である．

生化学関連試薬の保管

生化学関連試薬の保管は，冷蔵や冷凍が必要なものがある．これらは，試薬ごとに指示されている保管方法（冷蔵，冷凍，保管温度）に従う．

毒劇物の保管

毒劇物の保管は，盗難，紛失などの防止策が必要となる．
① 毒劇物専用の保管庫を用意する．
② 保管庫には施錠し，管理者を設け管理を徹底する．
③ 保管庫には，「医薬用外毒物」「医薬用外劇物」の文字を表示する．

試薬の安全性

試薬にはその物性がわからないものが数多くあるので，試薬の取扱いはつねに注意する必要がある．

試薬ラベルには，様々な情報が記載されている．また，化学物質安全性データシート（MSDS）は試薬メーカーが提供しているので，それらを参考に，試薬の性質を理解することが，取扱いだけでなく，試薬を保管する上で重要な情報となる．

42 試薬を保管する

試薬台帳

　　　　試薬の台帳管理（在庫品目，在庫量，保管場所の管理）は，試薬を効率よく無駄なく使用するために必要であり，重複購入を避けることもできる．ただし，全員が使用のたびに登録情報の更新を行わなければならない．

　　　　最近では様々な試薬管理ソフトが市販されているので，それらを活用するとよい．

おわりに

　　　　薬品類は，液クロで使用する試薬に限らず，きちんと保管しないと危険な場合がある．使用後は蓋をきちんと閉め，所定の場所に戻すなど，全員が安全な保管を意識し，共有できる環境が望ましい．

43 防腐剤を使う

はじめに　防腐剤は，タンパク質調製品や溶離液，カラム材料などに対し，カビやバクテリアの繁殖を抑制する目的で使用される．本項では，防腐剤の選択と特性について説明する．

防腐剤の添加

(1) タンパク質調製品への添加

タンパク質調製品に添加する防腐剤を選択する基準は，① タンパク質などの目的成分の活性や結合に影響を与えないこと，② 微生物に対する殺菌スペクトルが広いこと，③ 安定性に優れており分解物を生成しないこと，④ 取扱いが容易であり毒性が低いこと，などである．

防腐剤として代表的なものは，アジ化ナトリウムである．0.02～0.1% の最終濃度で用いられることが多い．防腐剤として優れた特性をもっているため，最も汎用的に使用されている．ただし，ペルオキシダーゼやアルカリホスファターゼ活性を阻害することが知られており，それらを含む試料には使用することができない．また，金属アザイドは，酸性条件下において分解され，アジ化水素を発生し，爆発する可能性があり，また毒性もあることから注意が必要である．他の防腐剤としては，チメロサールやアミノグリコシド系抗生物質であるゲンタマイシンなどがあげられ，いずれも最終濃度 0.01% 程度で市販の抗体試料などに添加されている場合がある．チメロサールは，防腐剤としての特性は優れているが，有機水銀化合物であるため毒性が高く，取扱い上，注意が必要である．

(2) 溶離液への添加

溶離液に添加する防腐剤を選択する基準としては，上記の選択基準4点の他に，⑤ HPLC で検出するさいに妨害成分とならないこと，に注意する必要がある．アジ化物イオンは，280 nm 以下の紫外部に強い吸収をもつため，短波長の紫外部で検出を行うさいには，バックグラウンド値が上昇し，ベースラインノイズの増大などの影響を及ぼすので注意が必要である．また，タンパク質分離用の HPLC カラムの保存溶媒として，リン酸塩緩衝液に対して 0.05% 程度のアジ化ナトリウムを添加した溶媒を使用する場合がある．ただし，最近では，アジ化物の使用が制限されることも多く，その代替法として，20% 程度のエタノールを添加する方法も用いられている．

おわりに　上述した防腐剤の他に，イソチアゾリン誘導体を主成分とした，より目的成分の活性への影響が少なく，毒性も低い防腐剤も開発，商品化されている．防腐剤の使用においては，その特性を十分に理解した上で使用していただきたい．

44 溶媒を飛ばす

はじめに　分析操作の中で，溶液中の分析対象化学物質の濃度を高めるために，または溶媒を置換するために，いずれかの段階で溶媒を濃縮もしくは留去する操作が必要である．多種類の方法があるが，それぞれに長所と短所が存在する．
　分析対象化学物質の物理的化学的性質や溶液の種類により，適切な方法を採用する必要がある．

減圧ロータリーエバポレーター

　減圧ロータリーエバポレーターでは，減圧と加温を組み合わせて溶媒の量を減らすことができる．ナス型フラスコ内の溶液は回転すると同時に水浴で加温され，濃縮器の他端から減圧されて揮発速度が高まる．溶液から揮発した溶媒は，濃縮器に取り付けられた別の容器に回収される．
　適用範囲としては，水浴の温度が蒸気浴の温度よりかなり低いため，熱に不安定な化学物質に適している．約 30℃ という水浴の温度と組み合わせて減圧で揮発成分を除去すれば，ジクロロメタン（沸点 40.5℃）のような溶媒も，分析対象物質を損うことなく十分に留去できる．さらに，ポンプと冷却装置を組み合わせて，濃縮器と溶媒受器を循環冷却させることにより，さらに沸点の高い溶媒にも適用できる．メタノール（沸点 64.7℃），アセトニトリル（沸点 81.6℃），トルエン（沸点 110.6℃）のような溶媒を，熱に不安定な分析化学物質から分離するときに使われる．溶媒は温水浴による加温，減圧，吸引，および冷却剤の循環による低温下における気化された溶媒の冷却と回収が同時に行われるために能率よく留去される．また，循環冷却装置付き減圧ロータリーエバポレーターで圧力センサー付きのタイプも市販されており，圧力制御をすることで幅広い性質（沸点の低いものから高いものまで）の溶媒に適用できる．過剰な減圧を避けることで，溶媒の回収も 100% 近く，これを用いることで排水規制のあるジクロロメタンの流出を抑えることができる．
　装置の構成部分を下記に示す．
　① 適当な容量のナス型フラスコ：濃縮する溶液を入れるフラスコの接合部は摺りあわせとなっており，留去した溶媒を集めるフラスコの接合部は球面摺りあわせ式になっている．接合部はクリップなどで固定する．
　② 減圧ロータリーエバポレーター：濃縮器と，ナス型フラスコを取り付けて，回転軸を動かすための変速可能なモーターがついている．モーターとナス型フラスコの間の回転軸にはガラス製のトラップを取り付けてモーターの損傷を防ぐのが望ましい．
　③ 温度を一定に保てる水浴
　④ 真空ポンプ
　⑤ 真空度を調節するニードルバルブ：濃縮器と真空ポンプの間に取り付ける．
　⑥ エチレングリコール（不凍液）のような冷却剤を冷却し，断熱された濃縮器内を循環させる装置（循環冷却装置）

通常は，浴温 40℃ 以下で約 1 mL まで濃縮し，最後はナス型フラスコを装置から取り外して，窒素ガスを緩やかに吹き付けて徐々に乾固する．

揮散しやすい化学物質（低級の酸，フェノール，アルデヒドなど）の濃縮にはキーパーとしてジエチレングリコール，ステアリン酸，パラフィンオイルなどを少量添加することが有効であるが，液クロの場合には，移動相とキーパーの溶解性を考慮する必要がある．

突沸や発泡の防止には 2-プロパノールまたはメタノールを適量（溶液の 15% 相当量程度）加えるとよい．また，大きめのナス型フラスコを用いることで若干は回避することができる．

多検体自動濃縮装置

減圧ロータリーエバポレーターの欠点は，一度に 1 検体しか濃縮できないことである．その欠点を補うべく，最近では同時に多検体を濃縮できる装置が開発されている．溶媒があらかじめ設定した量まで減少したとき，または設定した時間が経過したときに，装置が停止するようにプログラムしたり，容器の工夫により規定残量を残したりできるタイプのものがある．用途に応じて使い分けて，活用すべきである．

クデルナ・ダニッシュ濃縮器

クデルナ・ダニッシュ濃縮器はジエチルエーテル（沸点 34.6℃），ジクロロメタン（沸点 40.5℃），アセトン（沸点 56.5℃）のような比較的沸点の低い溶媒，あるいは低沸点の共沸混合物をつくる混合溶媒などに適する．クデルナ・ダニッシュ濃縮器においては，分析対象化学物質が蒸気浴の温度で安定であることが必要である．一般的なクデルナ・ダニッシュ濃縮器は，ほとんどの主要な実験器具製造会社から入手できる．サイズによっては，専門のガラス器具製造会社でのみ入手できるものもある．

クデルナ・ダニッシュ濃縮器は 3 つの部分から成り立っている．

① 受器は，10～50 mL 容で，接合部は摺りあわせである．受器は，ずん胴の試験管になっているものもあり，これは濃縮後に他の容器に移し変えるのに非常に都合がよい．また，一定容量の目盛りあるいは目盛り付きの受器の場合は，最終的な精製済みの抽出液の濃縮に適する．受器で液量を信頼性高くはかることができるのであれば，別の容器に移す必要がない．受器の接合部の摺りは濃縮器の下部の摺りとあわなければならない．クリップその他の器具で固定して離れないようにする．受器に沸騰石を入れる．沸騰石は溶媒の沸騰時に気泡のできる表面積を増やし，蒸発を容易にする．20～30 メッシュのカーボンランダム小片を使うと，沸騰石で溶媒の量が増えるのを最小にできる．

② 濃縮器は，下部と上部が摺りあわせの接合部になっている 125, 250, 500 mL のものがある．濃縮器には，蒸発中は溶媒のほとんどが入り，終了すると空になる．

③ スナイダーカラムは，特別に設計された長さ 30 cm の濃縮カラムで，3 つの球が入れてある．高沸点の分析対象化学物質の損失なしに気相中に有機溶媒を通過させる．二つの球が入ったミクロスナイダーカラムや，球が入っていないミクロビグローカラムがあり，これらは濃縮器を接続せずに受器中の溶媒だけを留去するときに用いる．

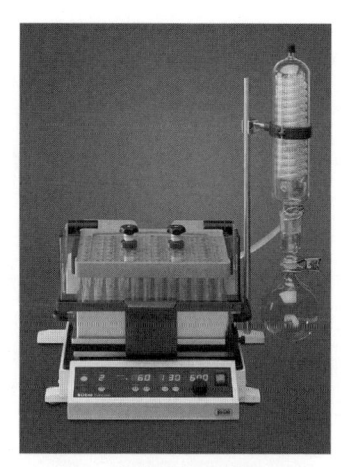

図1 多検体自動濃縮装置
日本ビュッヒ（株）シンコア・ポリバップ

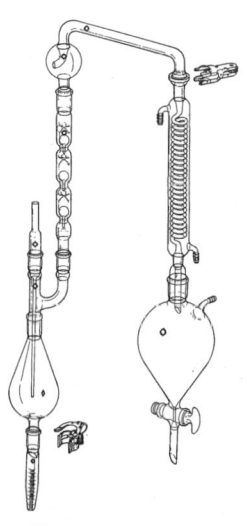

図2 クデルナ・ダニッシュ濃縮器
（有）桐山製作所

窒素ガスを利用した装置

解放系で溶媒に窒素（不活性ガス）を吹き付けるだけで揮散させる方法がある．FDA残留農薬分析マニュアルでは他の方法に比べて化学物質の損失が起こる可能性が高く，汚染される機会が多くなり，有害物質による実験室内の空気汚染という安全性に対する懸念が増加するため推奨されていない．しかしながら，装置をドラフト内に設置し，留去する溶媒量を約20 mL以下として，容器は試験管を用いるなどの工夫をすれば，多検体を一度に簡単に処理することができるため有効な方法の一つである．最近の装置は加温部分も備えているため，対象化学物質と濃縮する溶媒の性質を考慮すれば十分活用できるものを思われるためここに取り上げておく．

文　献
1) 化学同人編集部 編集,「続・実験を安全に行うために」, p.50～55, 化学同人 (1980).
2) 米国食品医薬品局 編集, PAM日本語版編集委員会 訳,「FDA残留農薬分析マニュアル」, p.52～56 (2000).
3) 農薬残留分析法研究班 編集,「最新 農薬の残留分析法［改訂版］別冊 基礎編・資料編」, p.50～51 (2006).

45 ホモジナイズする

はじめに　分析に用いる試料が全体を反映させるように，サンプリングされた試料の広範囲から縮分あるいは分取する．縮分とは，ホモジナイズ（均一化）すべき検体の量が多いとき，均一化が達成できる量まで減らす操作をいう．この操作は，もとの検体が縮分に適応できる程度に均一であることが大前提である．また，均一性を保つために縮分比は可能な限り小さくする．分取した一定量の試料を抽出が十分に行える規定のサイズまで細切し，ホモジナイズする．

本項ではホモジナイズに使用される装置を以下に記す．

装　　置

1) ミキサーおよびブレンダー：ミキサーあるいはブレンダーとよばれる装置は，高速で回転する刃がついているが，容器の総容量の割には小さい．容器（ブレンダーカップ）は，試料が連続的に刃に触れて渦状に混合されるように設計されている．このような装置は，液体試料もしくは混合したときに直ちに液状になるような試料に適している．

2) チョッパーおよびフードプロセッサー：果実や野菜のような生の固体試料を細砕するのに用いる．農作物の水分量によって，細切された試料は均等なホモジネートか，細かく破砕された混合物となる．混合物の状態の試料については，必要に応じて，溶媒抽出するときにシャフト型ホモジナイザーを用いる．

3) 肉挽き器：生肉や魚のように皮や腱のあるものは破砕するのがむずかしい．すり潰して穴から押し出す肉挽き器は，このような試料の磨砕に適している．磨砕する前に試料を凍結しておくとより均一に磨砕することができる．

4) ミル，グラインダー：穀類のように乾燥した試料は，小さな固体の集合であるが，目的成分の抽出効率を上げるためには，さらに粉砕する必要がある．各種のミルはこのような試料を20メッシュ未満の細粒にすることができる．遠心ミルとよばれる装置は，複数の刃をもつ回転刃で作物を粉砕し，粉砕された粒子が遠心力で篩を通過するものである．多くのタイプは各種の刃と篩を有しており，また，刃，篩および受器は取り外して洗浄できるようになっている．熱に弱い化学物質を分析対象とする場合や，繊維を多く含む試料でミルに負荷がかかる場合などは，ドライアイスを同時に加えて冷却しながら粉砕するとよい．ミルの能力には限界があるので，一度に多くの量を投入するのではなく，少しずつ何回かに分けて粉砕することが有効である．試料によっては，ミルで粉砕する前に5 mm程度に切断したのち粉砕する必要がある．

注 意 点

1) コンタミネーション（汚染）：汚染には二つの要因が考えられる．一つは分析室環境あるいは使用する器具からの汚染，もう一つは試料間で残留量の大きな差がある場合に生じやすい試料相互汚染（クロスコンタミネーション）である．いずれにしても器具は十分洗浄したものを用いる．そのためにも器具や装置は洗浄が容易に行えるタイプが望ましい．

2) かたより：本来均一な試料が固形状になっているだけであればホモジナイズは簡単である．しかし，複数の性質の異なった材料からなる不均一な試料の場合は，十分に混合してホモジナイズしなければならない．

3) 分　解：試料由来の酵素や構成成分のために目的物質が変化する可能性がある．必要に応じて，緩衝液によるpHの調整や添加剤による分解防止を検討する．

4) 解　凍：水分を比較的多く含む試料においては，生の状態ではなく凍結して，さらに半解凍状態でホモジナイズすることが有効である．

文　献
1) 農薬残留分析法研究班 編集,「最新 農薬の残留分析法［改訂版］別冊 基礎編・資料編」, p.50～51（2006）.
2) 米国食品医薬品局 編集, PAM日本語版編集委員会 訳,「FDA残留農薬分析マニュアル」, p.52～56（2000）.

46 試料を超音波処理する

はじめに　試料の超音波処理は，様々な目的で用いられている．たとえば，試料の溶解，分散といった前処理，目的成分の抽出，および移動相の脱気，または理化学的な分析手法に限らず，細胞破壊などにも使用されている．しかし，その操作条件については経験的に決定されていることが多いように考えられる．本項では超音波の基礎的な事柄を中心に，超音波の定義，超音波のもつエネルギー，具体的な使用器具・条件と問題点について解説する．

超音波とは

　人間の耳が聞くことができる音の周波数は，一般的に 20 Hz～20 kHz といわれている．そして超音波とは，この周波数よりもさらに高い周波数の音響振動とされている．超音波は電波ではなく音波であり，その伝播には何らかの振動する媒質が必要となる．また，その伝播速度は振動媒質の密度などによって変化し，密度が高いものほど伝播速度は早くなることが知られている．

超音波のもつエネルギー

　たとえば，試料の超音波処理に汎用される超音波洗浄機において，作用する超音波のエネルギーには大別して二つある．加速度エネルギーと直進流エネルギーである．さらに，キャビテーションによるエネルギーが加わる．キャビテーションとは空洞現象のことであり，微細な無数の気泡のことである．この泡が消滅するさいに大きな圧力が生じ，エネルギーとなる．この現象は比較的低周波の超音波において発生する．これらのエネルギーにより，器具の洗浄の他，試料の溶解，分散などが引き起こされる．

試料への適用

　試料の超音波処理については，多くの試験法において採用されている．たとえば，試料から目的成分の抽出操作，濃縮乾固した試料の再溶解，日本薬局方などの製剤均一性試験における錠剤・カプセル剤の崩壊など様々である．しかし，その超音波処理に関する説明については，細胞破砕装置に関する解説等があるものの，理化学的な分析を念頭に置いて系統立てて解説された書籍は見あたらない．

　理化学的な分析において，超音波処理は，超音波洗浄機（超音波浴）により行われることが多いと思われる．超音波洗浄機では，水槽の水を媒質として試料容器に超音波を伝播することにより行われる．しかし，機器により，その出力，周波数などが異なっていることから，そのエネルギーに応じた超音波処理効率の差違については十分に想定されることであり，分析上の系統誤差を生じる要因となりかねない．そのため，試験操作として適応するさいには，あらかじめ目的に応じて予試験を行い，使用可能か否か確認する必要がある．また，試験操作の記載では，試験条件の一部として機器のメーカー名，型番などを明記して，使用する機器・性能などを特定できるようにすることが，再現性のある結果を得る上で重要であると考えられる．

　その他，注意事項として，超音波処理においてラジカルが生成され，試料が酸化・

変性されるおそれがある．処理中に水温，試料の温度が上昇することがあり，温度変化に弱い試料・目的成分では，休みながら，または冷却しながら操作を行うことが必要である．また，ひび割れ・破損したガラス器具の使用は避けること，抽出操作において有機溶媒を使用する場合には，試験管の栓が飛び出さないように対策することなどがある．さらに，超音波洗浄機の水槽内の水は，不使用時は排水し，こまめに交換すること．これは，水を交換しないまま長期間使用すると，汚れた水が試料の汚染の原因となりかねないためである．

おわりに　試料の超音波処理について，最近の試験法では多用されているが，その操作が必ずしも明確になっていない場合もある．そのため，超音波洗浄機などによる操作は，手軽な試験操作ではあるものの，その有効性，再現性についてあらかじめ予試験を行うとともに，さらに，安全上の注意事項などに十分配慮して試験操作を行うことが求められる．

47 溶媒抽出を行う

はじめに　固体からの溶媒抽出には，一般的な振とう法の他にソックスレー法，マイクロ波（マイクロウェーブ）法，超臨界流体抽出（supercritical fluid extraction：SFE）法，ホモジナイズ法，超音波法などがある．以下，各抽出法について，原理，代表的使用例，問題点を簡単に述べる．また，最近では，溶媒を使用する手法の中でも，広範囲の試料に適用可能で，抽出時間の短縮および使用溶媒の省量化など効率的で作業環境汚染の少ない高速溶媒抽出（accelerated solvent extraction：ASE）法が注目されているので，紹介する．

ソックスレー法

固体試料から代表的な抽出法である．

1) 原理：加熱によりフラスコ内の溶媒を蒸発させる．溶媒蒸気は図1中の3を通り冷却管で凝結した後，試料を含んだ円筒沪紙に滴下され，試料中の溶媒に溶ける成分が抽出される．抽出成分を含む溶媒が溜まり，サイホンの上部に達すると，サイホンの原理により，図1中の7を通りフラスコに流れ込む．この動作が繰り返されることにより抽出がすすむ．

2) 使用例：ダイオキシン類をはじめ数々の公定法に採用．

3) 問題点：

① 抽出にかかる時間が，4時間〜数十時間に及ぶ．

② 使用する溶媒量が200〜500 mLと多い．

③ 気化した溶媒の一部は凝結せず，冷却管の上部から外部へ放出されるため，溶媒蒸気による室内汚染，フラスコ内の溶媒が減少による空焚きの危険がある．

マイクロ波（マイクロウェーブ）法

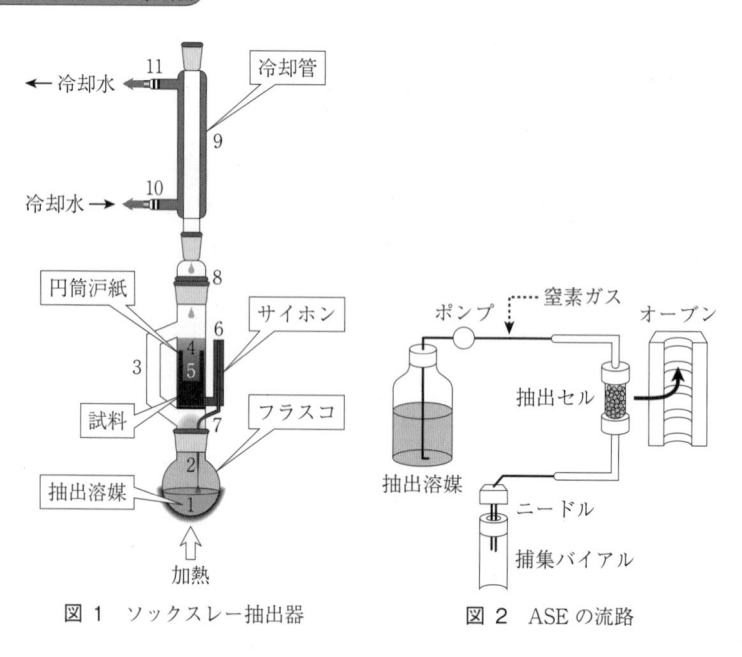

図1　ソックスレー抽出器　　図2　ASEの流路

本来は原子吸光やICP，ICP/MS分析のための前処理装置（硝酸や硫酸などで重金属類を酸分解する装置）であるが，酸の代わりに有機溶媒を使用することで，有機物の抽出に応用している．

1) 原　理：家庭用の電子レンジと同じ原理で，一般にテフロン容器に入れた試料と溶媒にマイクロ波（熱を出さない波長の短い電波）を照射して加熱する．

2) 使用例：ポリマー中の添加剤・土壌中の汚染物質の抽出．

3) 問題点：

① 家庭用の電子レンジと同じで，温度が均一にならず，温度むらができる．

② マイクロ波を吸収しない溶媒（ヘキサンなど）は使用することができない．

③ 試料の含水率が抽出率に大きく影響する．

④ 抽出容器の冷却に30分以上時間がかかる．

⑤ 容器中には不溶の試料成分が残存するため，抽出液を沪過する必要がある．

⑥ 溶媒の封入，抽出液の沪過など手作業が多いため，自動化に適していない．

超臨界流体抽出法

1) 原　理：温度と圧力を上げて液体でも気体でもない超臨界状態で抽出することで，液体の長所である溶解性と気体の長所である浸透・拡散性を活かした方法である．主として液化二酸化炭素（CO_2）が使用される（CO_2は温度31.1℃，圧力7.4 MPaで臨界点に達する）．理化学機器としてのSFEは世界的にあまり使われなくなった．

2) 使用例：食品中の残留農薬・ポリマーの添加剤抽出．工業スケールのプロセス（プラント）用として，コーヒーの脱カフェインや香料の抽出に利用されている．

3) 問題点：

① 超臨界CO_2は無極性のため，極性成分（水溶性成分）の抽出力が低い．

② 上記の問題点を補うため一般に極性有機溶媒が添加される（モディファイア，エントレーナー）が，これらの添加によりSFEの特徴である抽出の選択性は損なわれる．夾雑成分の除去（クリーンアップ）が必要となる．

③ 試料マトリックスの影響が大きく，同じ成分でも試料種（たとえば，野菜の種類）が異なれば抽出率が大幅に異なる場合がある．

④ 抽出容器に充てんできる試料量が比較的少ない．

⑤ 高圧ガス保安法の適用を受ける場合がある．

ホモジナイズ法

1) 原　理：試料と抽出溶媒が入った容器中でジェネレーターの内刃が高速回転し，内刃と外刃の間で微砕と均質化を行い抽出する方法である．

2) 使用例：食品中の脂質の抽出．

3) 問題点：

① 容器に溶媒を入れる作業や抽出液の沪過など手作業が多い．

② 開放系であり，有機溶媒蒸気による室内汚染の危険性がある．

③ 刃が高速回転するさいの金属音による騒音が問題となる場合がある．

④ 自動化できない．

超音波抽出法

1) 原　理：試料と抽出溶媒を入れた試験管，遠心分離管，ビーカーなどの容器に超音波を照射して抽出する方法で，一般に超音波洗浄器が用いられる．
2) 使用例：除草剤・金属粉末のワックスなどの抽出など．
3) 問題点：

① 容器に溶媒を入れる作業や抽出液の沪過など手作業が多く，また一般に，溶媒を数回入れ替えて抽出するため煩雑で時間もかかる．
② 開放系であり，有機溶媒蒸気による室内汚染の危険性がある．
③ 常温・常圧下で行うため，抽出効率が低いことがある．
④ 自動化できない．

高速溶媒抽出

ASE法は，高温・高圧下で少量の抽出溶媒を使用して，短時間で効率よく抽出するために開発された技術で，ソックスレー法で使用されていた溶媒のほとんどを使用することができる．通常，1～30 gの試料を溶媒10～15 mLを用い12～20分間で抽出できる．最低，耐酸・耐アルカリ性に優れた"ダイオニウム"製の耐圧容器も市販されている．

通常，ASE法では，使用する溶媒の沸点以上の温度を用いることで，下記のメリットが得られる．

① 溶解度が大きくなる．
② 溶媒の粘性が小さくなり，試料細部に溶媒が浸透しやすくなる．
③ 抽出成分と試料マトリックス間の相互作用が弱くなる．なお，抽出セルを10 MPaに加圧するため，溶媒は高温下でも液体の状態を維持する．

また，ASE法で抽出する場合の試料調製は，乾燥・粉砕など従来の抽出法とほぼ同じである．食品・環境試料など水分を含む試料の場合は乾燥させずに無水硫酸ナトリウムやケイソウ土などの吸水剤と混ぜて抽出する場合もある．ASE装置の流路を図2に示す．

① 自動シールされた抽出セル内にポンプで溶媒が充てんされ，溶媒が満たされると自動停止する．
② 昇温に伴いセル内部の圧力が上昇し，設定圧を超えると静止バルブ開閉により，圧力が開放され，一部の溶媒は捕集瓶に吐出される．
③ 抽出セル内には新しい抽出溶媒が補充されて圧力を上げる．
④ 抽出セル内の温度圧力が平衡になるまで，この動作が繰り返される．
⑤ 設定された温度・圧力で抽出が実行される．
⑥ 設定時間が経過すると，バルブが開き抽出溶媒を捕集瓶に吐出し，新たな溶媒および窒素ガスにて抽出セル内をパージすることにより，捕集瓶にすべて回収される．

おわりに

溶媒抽出法は，多量の溶媒を長時間使用することや，開放系の作業であるなど，抽出溶媒によっては室内環境への汚染も懸念されるため，操作には十分な注意が必要である．性質の異なる多成分を選択的に抽出する方法はなく，固相抽出その他の精製（クリーンアップ）操作の併用が必要であることを忘れてはならない．

48 加水分解する

はじめに　HPLCで用いる加水分解とは，対象物質をHPLCに適したサイズや形態に加工して，正確かつ効率的な測定を行うための前処理である．加水分解は，化学的加水分解と酵素的加水分解に大別される．前者は，さらに酸加水分解とアルカリ加水分解とに分けられる．

本項では，加水分解の対象をタンパク質に絞り，その概要に解説する．

タンパク質の加水分解

(1) タンパク質のアミノ酸組成分析

タンパク質は通常，次の条件で完全に加水分解されアミノ酸となる．

① 封管のできる分解管に試料を秤量し，タンパク質の約1000倍量の6 mol/L塩酸（0.04% β-メルカプトエタノールを含むもの）を加える．
② 分解管内を真空ポンプを用いて減圧後，封管する．
③ 110℃，24時間もしくは145℃，4時間加水分解を行う．
④ 分解後は開封しロータリーエバポレーターを用いて，塩酸を除去し乾固する．
⑤ 0.02 mol/Lの塩酸で溶解し，0.45 μmのフィルター用いて沪過を行い，測定溶液とする．

この工程で，グルタミンはグルタミン酸に，アスパラギンはアスパラギン酸に変化するため，タンパク質中のグルタミンとグルタミン酸，アスパラギンとアスパラギン酸を区別して組成を知ることはできない．また，いくつかのアミノ酸は，加水分解中に構造変化や分解が起こる．たとえば，硫黄原子が酸化されやすいので，含流アミノ酸ではあらかじめ，タンパク質を過ギ酸などで酸化した後，加水分解を行う．代表的な手順は以下の通りである．

1) シスチン，メチオニン測定のためのタンパク質の加水分解

① ナスフラスコに試料を秤量し，タンパク質の約1000倍量の過ギ酸を加える．ただし，過ギ酸とは30%過酸化水素水と83%ギ酸を，1:9で混合したものを室温で1時間放置して調製したものをさす．
② 冷水中にナスフラスコを一晩漬け込み，反応を行う．
③ 未分解の過ギ酸を分解するために，用いた過ギ酸の1/3量の48%臭化水素酸を加える．
④ ロータリーエバポレーターを用いて，減圧乾固する．
⑤ 試料を封管できる分解管に入れ，6 mol/L塩酸を加える．
⑥ 以降の操作は，通常の条件と同様に行い，測定溶液とする．

また，トリプトファンを測定したい場合は酸ではなくアルカリ条件で加水分解する．

2) トリプトファン測定のためのタンパク質の加水分解

① 封管のできる分解管に試料を秤量し，4.2 mol/L水酸化ナトリウム水溶液を入れる．

② 窒素バブリングを3分間行い，封管する．
③ 110℃，20時間加水分解を行う．
④ 分解後は開封し20%塩酸を用いて，pH 4.2に調整し，定容する．
⑤ 試料を遠心管にとり，10 000 rpmで15分間遠心分離を行う．
⑥ 上清を試験管に入れ，0.45 μmのフィルターで沪過を行い，測定溶液とする．

このように，測定したいアミノ酸の種類によって，加水分解の方法を適宜選択する必要がある．

(2) タンパク質一次構造解析のためのペプチド断片化

タンパク質のアミノ酸配列を解析する目的には，化学的加水分解ではなく，温和な条件で位置特異的に断片化できる酵素による加水分解が用いられる．特に，近年のLC/MSやMS/MS技術の急速な進歩により，数百種類のタンパク質を1回の測定で同定できるようになっている．このアプローチでは，タンパク質をいかに逆相クロマトグラフィーや質量分析計に適したペプチド混合物に調製するかが重要であり，加水分解酵素による残基特異的な断片化は，そのために必須の技術となっている．

ペプチド結合を加水分解する酵素は，ペプチダーゼと総称され，NあるいはC末端から一つずつアミノ酸を遊離するエキソペプチダーゼと，特定のアミノ酸存在部位で特異的に加水分解するエンドペプチダーゼに大別される．タンパク質の一次構造解析には，主としてエンドペプチダーゼが用いられる．代表的な酵素とその特異性と消化条件を，表にまとめた．

表1 LC/MSによるタンパク質一次構造解析に用いられるおもなペプチダーゼ

ペプチダーゼ	リシルエンドペプチダーゼ	*Staphylococcus aureus* V8 プロテアーゼ（エンドプロテイナーゼGlu-C）	トリプシン
性質・基質特異性	Lys-X　至適pH 8.5～10.5	Glu-X（アンモニウム緩衝液） Glu-X，Asp-X（リン酸塩緩衝液）	Arg-X，Lys-C 至適pH 7.5～8.5 混在するキモトリプシンを失活させたTPCKトリプシンを用いる．
緩衝液	10～50 mmol/L Tris-HCl（pH 8.5～9.5） 10～50 mmol/L 炭酸アンモニウム（pH 7～8.5）	10～100 mmol/L 炭酸水素アンモニウム（pH 7.8～8.0） 10～100 mmol/L リン酸塩緩衝液（pH 7.8）	10～50 mmol/L Tris-HCl（pH 8.5～9.5） 10～50 mmol/L 炭酸アンモニウム（pH 7～8.5）
酵素/基質モル比	1/100～1/400	1/30～1/100	1/50～1/100
反応時間	4～8時間	4～24時間	2～8時間
反応温度	37℃	37℃	37℃
安定性	4 mol/L 尿素，0.1% SDS 存在下でも活性保持	4 mol/L 尿素で50%，0.1% SDS 存在下で100%活性保持	2 mol/L 尿素，0.1% SDS 存在下でも活性保持

検出器に質量分析計を用いる場合，トリプシンかリシルエンドペプチダーゼを第一選択にする場合が多い．生成するペプチドのC末端側は，塩基性のアミノ酸となり，正イオンモードで観測されやすくなると同時に，衝突誘起解離（collision induced dissociation：CID）スペクトルの質もよくなるためである．

タンパク質の酵素消化効率を高めるために，その前処理として，変性，還元アルキル化，脱塩，濃縮を行う．変性は，タンパク質の高次構造を破壊することが目的で，尿素あるいは塩酸グアニジンを用いる．還元アルキル化では，分子内・分子間ジスルフィド結合を解離させ，SH基をアルキル化する．変性剤や過剰の試薬を透析，限外沪過膜などで除き（脱塩），必要に応じて，試料の濃縮や酵素消化用緩衝液の添加を行う．

質量分析計の高性能化に伴い，極微量のタンパク質であっても，一次構造解析が可能となってきた．微量試料の取扱いでは，ハンドリングによるサンプルロスやコンタミの防止が特に重要である．ペプチダーゼを固定化したカラムと逆相カラムとを接続し，カラムスイッチングを用いて，酵素消化と断片化ペプチドの同定をオンラインで行うオンラインペプチドマッピングは方法や，SDS-ポリアクリルアミドゲル電気泳動や二次元電気泳動により分離されたタンパク質を，ゲル中で消化（in gel digestion）する方法も多用されている．

薬物の抱合体の加水分解

異物として生体に入る化合物をゼノバイオティクス（xenobiotics）と総称し，薬はその代表的化合物である．生体内に入ったゼノバイオティックは様々な過程を経て体外に排泄される．チトクロム P-450 による酸化的代謝は，その中心的な役割を担っている．代謝を受けたゼノバイオティクス分子の多くには，水酸基，カルボキシル基，アミノ基，チオール基などの官能基が存在するようになり，一般に極性が高められた代謝物として尿や胆汁中への排泄される．このような代謝物の官能基は，グルクロン酸抱合，硫酸抱合，グルタチオン抱合，アミノ酸抱合，など様々な生体内物質が結合する抱合反応を受け，極性がさらに高められて体内からの排泄が促進される場合がある．

薬物動態の検討には，投与される薬剤の生体試料中の濃度の測定は必要不可欠である．測定対象としては，薬効を発現する薬剤の主成分（未変化体）や，活性代謝物のみならず，上記抱合体を含めてその他の代謝物の場合もある．

抱合体の多くは，グルクロン酸抱合体と硫酸抱合体である．グルタチオン抱合体の測定は反応性代謝物生成の観点から注目される場合もある．これらの抱合体をそのまま測定することが一般的であるが，抱合体に加水分解を施し，抱合体となる前の化合物として測定し，加水分解処理を施さない場合の測定値との差から，抱合体の濃度を推定する手法もある．

加水分解には，酸や熱による化学的加水分解と酵素を添加して生化学的加水分解を行う方法があり，一般的には，市販されているβ-グルクロニダーゼやアリルスルファターゼなどの特異的加水分解酵素を用いて実施する場合が多い．抱合体としての標準物質の用意が困難であるため，化学的あるいは生化学的どちらの手法を用いるかに関わらず，加水分解に適切な溶液組成，温度，時間を十分検討して設定する必要がある．特に化学的加水分解法では，共存する他の代謝物や未変化体の反応条件下での安定性についても気をつけなければならない．酵素による加水分解法では，共存する他の代謝物や未変化体の安定性を憂慮するほどの過激な熱や溶液組成を用いることはな

いものの，市販されている酵素の比活性や精製度合いは，メーカーによってかなり違いがある．また，非活性値を示す単位も統一されていないことや，酵素の由来によって，加水分解の最適条件が違うことにも気をつけたい．β-グルクロニダーゼを例にとると，由来がウシ肝臓（bovine liver），カタツムリ（Helix pomatia），カサガイ（Patella vulgate）では至適 pH は 5 付近であり，大腸菌（E. coli）では 5 付近と 7 付近に至適 pH がある．また，カタツムリやカサガイなどの無脊椎動物由来のβ-グルクロニダーゼはアリルスルファターゼ活性をも示す製品が多く，ウシと大腸菌由来の製品にはその活性がないかほとんどない．これらの違いを理解して，対象となる試料の特性や化合物の安定性を考慮して使い分けたり，加水分解の特異性から抱合体の性質の推定に利用するとよい．多くの場合，弱酸性下で長時間にわたり加水分解反応を行うため，基質となるグルクロン酸抱合体の安定性や生成物の二次的変化には留意が必要である．また，β-グルクロニダーゼの基質特異性はさほど高くないこともあり，加水分解を受けた化合物の同定は時として必要である．

おわりに　　これまで述べてきたように，同じ結合様式であっても，様々な加水分解の方法があるので，目的に応じた方法の選択が重要である．酵素による加水分解は，温和な条件で進行し，選択性も高いが，由来によって基質特異性や条件が異なる場合があることには，特に注意を払わなければならない．試薬に添付される使用説明書を十分理解して，実験を進めることが肝要であると考える．

49 アフィニティークロマトグラフィー用溶離液

はじめに　本項ではアフィニティークロマトグラフィーで分離するさいに用いる溶離液について説明する．

アフィニティークロマトグラフィーの原理

アフィニティークロマトグラフィーの分離は，担体に結合されたリガンドと目的物質の間の吸脱着によって行われる．吸脱着の模式図を図1に示す．カラムに注入された目的物質は，リガンドに吸着され，夾雑成分と分離される．その後，溶離液組成を変更することにより，リガンドから脱着される．

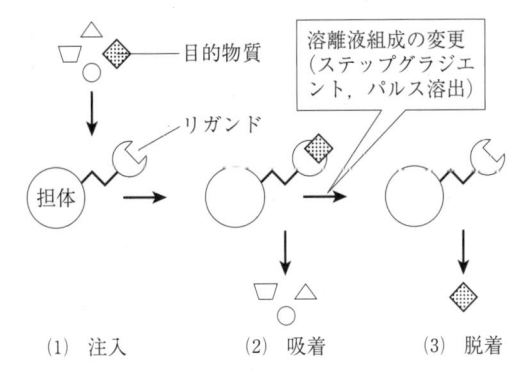

図1　アフィニティークロマトグラフィー吸脱着の模式図

したがって，アフィニティークロマトグラフィーの分離特性，選択性は，吸脱着に用いる溶離液組成の優劣に依存しているとしても過言ではない．

アフィニティークロマトグラフィー条件の設定

吸着過程では，目的物質が最もリガンドに吸着しやすい溶媒を，溶離液として使用する．事前に，目的物質とリガンドの吸脱着機構や吸着率を確認しておくことにより，塩濃度やpHなどの適切な溶離液条件を選択することが可能となる．最も汎用的に使用されているのが，中性付近に調整したリン酸塩緩衝液である．それ以外にも，MESやHEPESなどのグッドバッファーも用いられる．一方，脱着過程では，目的物質とリガンド間の吸着作用を完全に打ち消すような組成の溶媒を使用する．目的物質やリガンドの種類やその安定性により，種々の方法が実施されている．一例としては，

① 塩酸や水酸化ナトリウムにより，pHを極端な酸性（pH 2付近）や塩基性（pH 12付近）にする方法，

② 0.5～1.0 mol/L程度に塩濃度を上げてイオン強度を高める方法，

③ 変性剤として，8 mol/L程度の尿素，または，0.1w/v%程度のTriton Xなどの界面活性剤を添加する方法

などがある．脱着液へのステップグラジエントにより脱着させる方法の他に，脱着液をカラム容量の2倍程度注入するパルス溶出法も用いられる．この方法は，リガンドと脱着液との接触時間が短く，極端に低いpHを用いる場合に有効である．図2に，

ヒトアルブミンの分離における，脱着液のpHの影響を比較した結果を示す．中性のリン酸塩緩衝液を用いて吸着させ，酸性溶媒のパルス溶出法で脱着させたものである．この例では，pH 3.0では，ヒトアルブミンは，ほとんど担体から脱着せず，pH 1.6で，高い回収率が得られた．

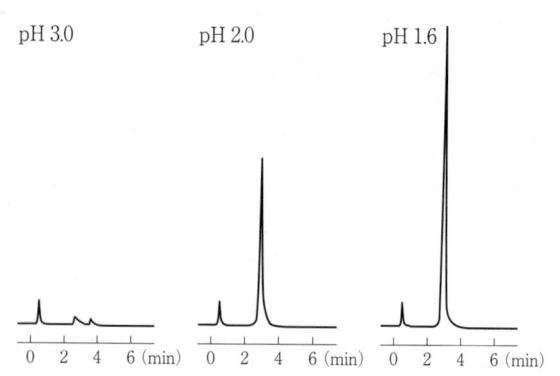

カラム：抗ヒトアルブミン抗体固定化アフィニティークロマトグラフィー用担体（内径10 mm，長さ2 cm）
初期溶離液：0.1 mol/L リン酸塩緩衝液（pH 7.4）
脱着液：0.1 mol/L クエン酸（塩酸でpH調整）
パルス溶出法（3分後に3 mL注入）

図2 ヒトアルブミンの溶出における脱着液のpHの影響

おわりに アフィニティークロマトグラフィーでは，目的物質の担体への吸脱着に用いる溶媒の特性により，分離特性や回収率が大きく異なるので，溶離液条件の設定には注意が必要である．担体と目的物質，およびその吸着特性にあわせた溶離液組成を選択することが重要である．

50 溶離液を沪過する

はじめに　液クロ実験で使用する溶離液は，使用前に沪過する必要がある．本項では沪過の方法について記述する．

溶離液を沪過する理由

　　　　HPLC 装置は大変精密にできている．特に，その心臓部にあたるポンプは，溶離液の正確な流量を制御して送液する必要があり，ゴミ（不溶物）が付着すると送液不良を生じ，分析の再現性が得られなくなる．またゴミは，カラムへの影響も大きく，カラム入口部分への付着による圧力上昇や，カラムの性能劣化にもつながる．

　このように溶離液の沪過は大変重要である．溶離液の沪過だけでなく，注入する試料についても同様に沪過が必要である．

ゴミの由来

① 水からのゴミ：超純水装置から採取した水は，フィルターを通過しているので，汲みたてであれば沪過せずそのまま使用できる．

② 有機溶媒からのゴミ：HPLC 用として販売されている有機溶媒も使用前に沪過する．

③ 試薬類からのゴミ：緩衝液用の塩類などは不溶物が混入していることが多い．その他，酸類，塩基類，イオン対試薬使用時も沪過が必要である．

沪過に用いるフィルター

一般に孔径 0.45 μm のメンブランフィルターが用いられる（フィルターについての詳細は，文献 1）を参照）．

沪過方法

一般に，図のようなファンネルを用いて沪過を行う．

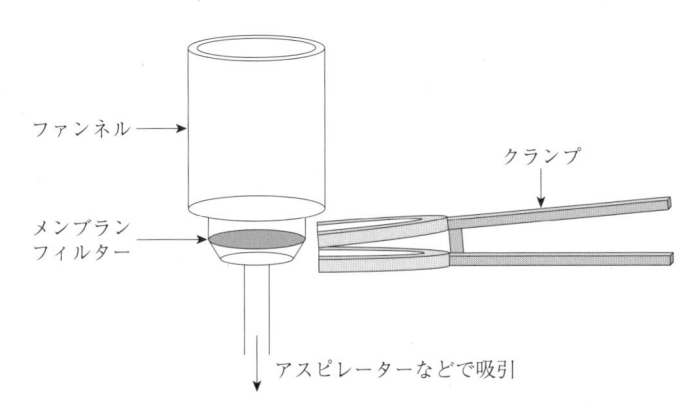

① 0.45 μm メンブランフィルターをファンネルに装着する．
② 溶離液をファンネルにそそぐ．
③ アスピレーターなどを用いて吸引沪過を行う．

> **リザーバーフィルター**
>
> 溶離液の沪過を行っても，容器や配管の外側などからわずかなゴミが混入することがあるので，溶離液接液部分にリザーバーフィルターを接続した配管を行う必要がある．また，インジェクターとカラムの間にラインフィルターを用いることで，試料由来のゴミもあわせて除去が可能となる．

注 意 点　沪過の過程における溶媒や塩類の揮発をできるだけ防ぐため，操作は手早く行ない，沪過が済んだらそのまま放置せず，アスピレーターなどの吸引からすぐに解除する．

お わ り に　沪過は面倒な作業ではあるが，ポンプが送液不良になった場合のメンテナンス作業や，カラムの圧力上昇による洗浄など，予期せぬ分析の中断を防ぐために必要なことなので，毎回行うようにする．

文　　献　1) 中村　洋 企画・監修，(社) 日本分析化学会　液体クロマトグラフィー研究懇談会編集，「液クロ実験 *How to* マニュアル」，p.46, みみずく舎 (2007).

51 固相抽出基材を廃棄する

はじめに　1978年に市販が開始された固相抽出製品はそれまでのガラスカラムを使用したオープンクロマトグラフィーと比べて，簡便性，迅速性，ヒューマンエラーの少なさに加えガラスによるけがも減ることから現在では代表的なサンプル前処理法の一つとなっている．

固相抽出製品の多くはプラスチック製（一部ガラス製もある）のシリンジまたはカートリッジなどにクロマトグラフィー充てん剤を詰めたものであり，使い捨てが原則となる．本項では固相抽出基材を廃棄する方法について解説する．

基材　固相抽出製品に使用される容器およびフリッツと充てん剤に分けて代表的な使用素材を記載する*．

① 容器およびフリッツ：ポリプロピレン，ポリエチレン，ガラス，テフロン
② 充てん剤：
　A．無機担体：シリカゲル，アルミナ，フロリジル（ケイ酸マグネシウム），チタニア（酸化チタン）
　B．有機（ポリマー）担体：ポリスチレン，ポリメタクリレート，ジビニルベンゼン-N-ビニルピロリドン

廃棄方法　上記のように固相抽出製品は異なる素材の複合体であり，理想的には分別廃棄が望ましいが，現実的には充てん剤を取り出すことが困難であることが多い．そのためまとめて産業廃棄物として都道府県知事の許可を受けた専門の廃棄物処理業者に廃棄を委託する．

廃棄上の注意事項　以下に固相抽出基材廃棄上の注意事項について記載する．

① 固相抽出基材内に残った溶媒を完全に溶出させてから廃棄する．
② 血液，尿，組織抽出液など病原性および感染性の可能性がある生体試料に使用した固相抽出基材は医療廃棄物として廃棄する．
③ 放射性同位元素を含むサンプルに使用した固相抽出基材は所定の法律に遵じて廃棄する．
④ 毒物を扱った固相抽出基材は使用した毒物を明示した上で都道府県知事の許可を受けた専門の廃棄物処理業者に廃棄を依頼する．
⑤ PCBなど第一種特定化学物質を扱った固相抽出基材は所定の法律に基づいて廃棄する．

おわりに　固相抽出基材の廃棄方法について解説した．一般に市販固相抽出基材には毒物などの危険性がある物質は使用されていない．またPCBなどの有機塩素系素材も使用さ

---

*　製品により使用される素材が異なる．正確には使用製品のメーカーに問いあわせること．

れていない．しかしながら，固相抽出製品の用途は広い．前述の注意事項に記載したようにサンプルとして毒性，病原性などの危険物を扱うことも多い．その場合は実験者の責任の下で対応法規に従った廃棄を行ってほしい．

52 廃溶媒を廃棄する

はじめに　廃溶媒は必ず回収した上で処理する．また，溶媒を使用した器具の洗浄排水の回収にも留意する必要がある．

基本的考え方

一般には，2回目の洗浄排水までを回収すると規定しているところが多いようである．実験施設や事業所敷地内に廃棄処理施設があり，適切な処理ができるのであれば問題はないが，処理施設をもたないところ（ほとんどのケースと思われる）では，外部の専門事業者（産業廃棄物処理業者）に廃棄処理を委託することになる．

このさい，どの濃度までの有機溶媒が含まれている廃溶媒まで，委託しなければならないかということに頭を悩まされる．最近では取得するのが常態化している環境マネジメントシステム（ISO14000 の認証）は，判断するひとつの基準となりうる．なぜなら，有機溶媒の使用や廃棄行為は，著しい環境側面として，必ず登録しなければならず，環境方針に即して，使用した有機溶媒の廃棄についても規定を設け，遵守することになる．

注意点

産業廃棄物処理業者に廃溶媒の廃棄を委託するさいには，廃溶媒の成分について，できるだけ詳細に情報提供することが肝要である．都道府県からは，産業廃棄物の中の特定有害産業廃棄物の有無について分析表を求められることがある．特に，都道府県外から持込まれる産業廃棄物については，年々調査が厳しくなっている．HPLC で使用するジクロロメタンは，特定有害産業廃棄物の中の有害産業廃棄物に指定されている．その他数種の有機塩素化合物も，同様の指定がされているので，ハロゲン含有溶媒は他の溶媒とは分別して回収する必要があることには，特に留意しなければならない．

廃溶媒に限らないが，産業廃棄物処理業者に処理を委託した後は，法律に従い，確実に処理が完了した証明書（マニフェスト）を備える必要がある．いうまでもないが，処理を委託した業者が，不法投棄などの違法行為に及ぶと，その業者に委託した委託元にも法的責任が及ぶことになる．

おわりに　産業廃棄物処理の最終責任は，あくまで排出元の事業者にあることを，認識しなければならない．そのためにも信頼の置ける処理業者を選択することこそが一番重要である．

4

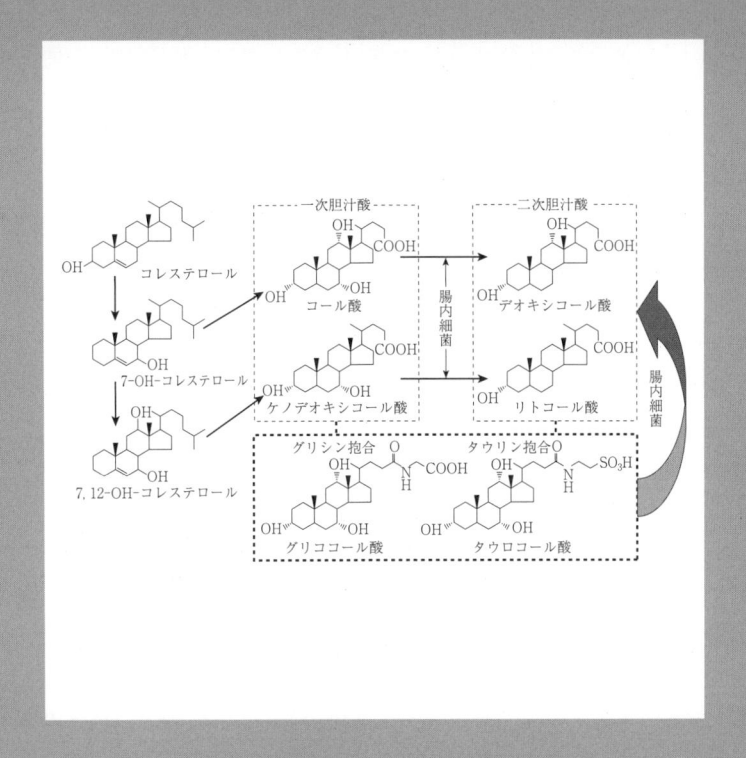

分　　　　離

53 イオン交換樹脂をつくる

はじめに 1935年にAdamsとHolmesが発表した，陰陽両イオン交換能をもちあわせたフェノール系合成樹脂に関する研究により，イオン交換樹脂は注目をあびることとなった．それ以前には，粘土，岩石，鉱物などにイオン交換能があることが知られており，無機ゼオライトなどが合成され，軟水化の目的で使用されていた．その後，イオン交換樹脂に関する研究が進み，1944年に，スチレン-ジビニルベンゼン共重合体を基材としたポリスチレン系イオン交換樹脂の合成法などが開発され，それが現在のイオン交換樹脂の礎となっている．現在では，基材の微細化，高性能化も進み，脱塩や精製などの前処理工程や，HPLCにおける分離カラムとしての使用など幅広く応用されている．イオン交換樹脂は，その官能基の特性により，強陽イオン交換樹脂，弱陽イオン交換樹脂，強陰イオン交換樹脂，弱陰イオン交換樹脂の4種類に大別される．

表1 イオン交換樹脂

	強陽イオン交換樹脂	弱陽イオン交換樹脂	強陰イオン交換樹脂	弱陰イオン交換樹脂
代表的な官能基	スルホン酸 $-SO_3H$	カルボン酸 $-COOH$	四級アンモニウム $-NR_3X$	三級，二級，一級アンモニウム $-NR_2$，$-NHR$，$-NH_2$
イオンを吸着する pH域	pH 1～14	pH 7～14 （塩基性）	pH 0～12	pH 0～7 （酸性）

本項では，強イオン交換樹脂を例として，その特性と合成法について説明する．

イオン交換樹脂の製法[1]

強イオン交換樹脂は，その構造により，スチレン型，化学結合型，薄膜型などに分類される．

スチレン型は，スチレン-ジビニルベンゼン共重合体に官能基を導入したものであり，交換容量も大きく，環境水の脱塩処理や試料の前処理工程に広く利用されている．強陽イオン交換樹脂の場合，共重合体を硫酸や発煙硫酸で処理することにより，スルホン化が行われる（図1）．また，強陰イオン交換樹脂の場合，クロロメチルメチルエーテルでクロロメチル基を導入した後，さらに，トリメチルアミンなどの三級アミンと反応させることにより，四級アンモニウム化が行われる（図2）．

化学結合型は，表面多孔性，または全多孔性シリカゲルの表面に，直接官能基を結合させたものである．シリカゲル表面のシラノール基を処理することにより官能基を導入する．エステル化，クロロシラン化合物による処理等，種々の導入方法が報告さ

図1 樹脂のスルホン化の例

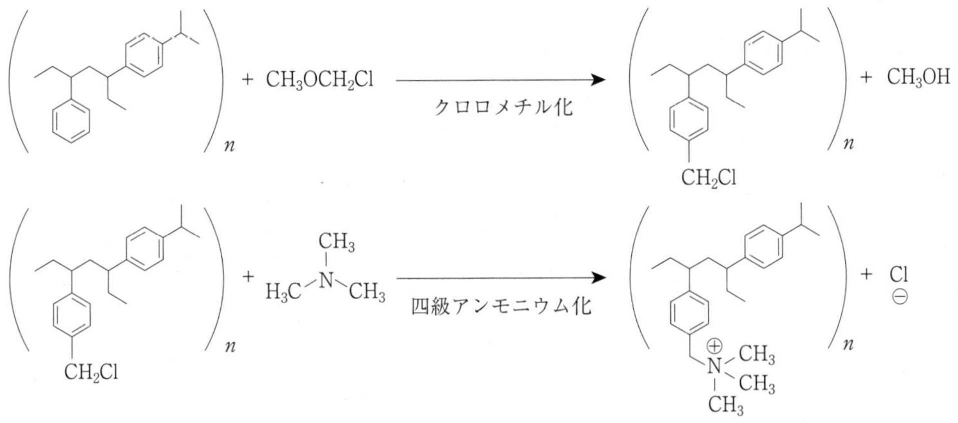

図2 樹脂の四級アンモニウム化の例

れている.

薄膜型（ペリキュラー型）は，ガラスビーズなどの不活性担体の表面で，スチレン-ジビニルベンゼン共重合体を合成して薄膜をつくり，さらに，そこに官能基を導入することによって得られる.

おわりに イオン交換樹脂は，その担体や官能基の機能性や安定性について，改良および開発が進められている．したがって，その合成法についても，各メーカーの特許やノウハウによるものが多い.

文献 1) 橋本 勉,「最新高速液体クロマトグラフィーライブラリー Vol.3, 充てん剤（固定相）」, 武蔵野書房（1978）.

54 イオン交換樹脂で分離する

はじめに　1935年イギリスのAdamsとHolmesらによって合成樹脂のイオン交換作用が発見された．このイオン交換樹脂はイオン交換クロマトグラフィーに応用され，1958年Spackman, Stein, Mooreによるアミノ酸の自動分析方法の報告以来現在に至るまで，アミノ酸，タンパク質，有機酸などの有機化合物やイオン性の無機化合物を分析する方法として多くの分野で利用されている．本項では，イオン交換樹脂を充てん剤としたイオン交換クロマトグラフィーの測定について紹介する（表1参照）．

表1　イオン交換クロマトグラフィー開発の歴史

1935年	R.A. AdamsとE.L. Holmesら	イオン交換樹脂発見
1958年	D.H. Spackman, W.H. SteinとS. Moore	アミノ酸の自動分析方法開発
1969年	J.J. Kirkland	表面多孔性充てん剤の製造
1975年	H. Small, S. Stevens, W.C. Bauman	サプレッサー型イオン交換クロマトグラフィー開発
1979年	D.T. Gjerde	ノンサプレッサー型イオン交換クロマトグラフィー開発

イオン交換カラム

　イオン交換樹脂の基材としては，シリカゲルまたはポリマーもしくはこれらを複合したハイブリッドとよばれる素材が用いられる．シリカゲルは耐圧力性，および親水性に優れる．一方，ポリマーは化学的な耐久性が高くアルカリ洗浄が可能という利点がある．ハイブリッドはこれらの両方の素材を用いて，それぞれの長所を取り込んだものである．ポリマーではポリスチレン-ジビニルベンゼン共重合体がおもに用いられている他，親水性のビニルアルコールやポリヒドロキシメタクリレートなども用いられる．

　陽イオン交換樹脂，陰イオン交換樹脂は，上述の基材を球状に加工し，各々イオン交換基としてスルホン酸基，カルボキシル基などの酸性基または四級アンモニウム基，アミノ基などの塩基性基で修飾することによりつくられる．一般的に，粒径が小さく，また粒度分布が狭いほどカラム効率が上がることが知られている．現在では2〜5 μm程度の粒径のイオン交換樹脂が広く用いられている．

　イオン交換カラムは充てん剤を円筒管（カラム管）に一定の圧力で詰めて作製する．標準カラムの形状は内径4〜5 mm，長さ30〜250 mm程度，両末端にフィルターが取り付けられている．

分離モード

　溶離液には，酸，アルカリもしくは塩類の水溶液が使用される．陽イオン交換樹脂では，溶離液を流すと，酸性基のH^+イオンが試料イオン，およびカウンターイオンなどの他の陽イオンと交換しH^+イオンを放出する．また，陰イオン交換樹脂では塩基性基のOH^-イオンが他の陰イオンと交換しOH^-イオンを放出する．このように，イオン交換樹脂を用いた分離モードではイオンを交換する特徴があることからイオン交換クロマトグラフィーとよばれる．

アミノ酸の陽イオン交換樹脂（スルホン酸基）を用いた分離の原理を図1に示す．スルホン酸基をイオン交換基とした分離モードでは，アスパラギン酸のような酸性アミノ酸は充てん剤のスルホン酸基との結合力が弱いため，早く溶出される．これに対し，塩基性アミノ酸は結合力が強いために，遅れて溶出される．したがって，溶出の順番としては，ほぼ酸性，中性，塩基性アミノ酸の順となる．

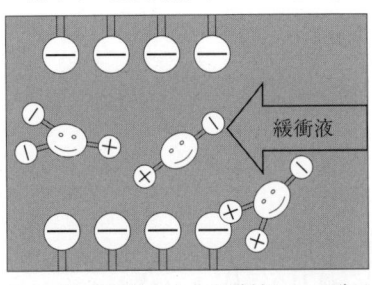

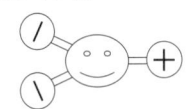

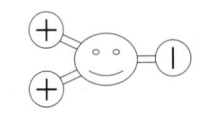

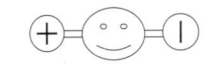

図1 イオン交換クロマトグラフィーの分離モデル

イオン交換クロマトグラフィーでの保持，溶離液，カラム特性に以下のような関係がある．

① 試料イオンの保持には，試料イオンとカウンターイオンのイオン交換基への結合力の強弱が影響する．溶離液のイオン濃度を高くすると試料の溶出は早くなる性質があり，溶離液のイオン濃度のグラジエントが試料の溶出に有効に利用できる．一方，カラムのイオン交換容量が大きくなると試料の溶出は遅くなる．

② 溶離液のpHによってイオン交換反応の平衡が移動し溶出が変化する．たとえば，アミノ酸などでは，溶離液のpHによって解離状態が変化すると同時に，イオン交換基との平衡が変化し，保持挙動が変化する．この性質を利用して，pHを変化させるための数種類の緩衝液を用いたpHグラジエント分析を行うことにより，より高分離の分析を行うことが可能である．

③ ポリマー系イオン交換樹脂では架橋度により樹脂粒子の細孔径を調節できるため，保持したい試料イオンの大きさや種類に選択性をもたせることもできる．

一方，イオン交換クロマトグラフィーの一種であるイオンクロマトグラフィーは，1975年Smallらにより，低容量イオン交換樹脂を用いる方法として考案され，おもに無機イオンを分析する方法として発展してきた．近年では環境分野の水質分析などを中心に広く利用されている．

検 出 法

検出器には一般に電気伝導度検出器が用いられる．電気伝導度検出器では，バックグラウンドが高い溶離液では感度が低下するなどの問題があり，サプレッサー方式などにより溶離液の電気伝導度を減らす工夫がなされている．

有機酸やアミノ酸の分析では特に，ポストカラム誘導体化法がしばしば用いられている．イオン交換樹脂で成分を分離した後，反応試薬とオンラインで反応させ，UVもしくは蛍光検出器などで検出する方法である（液クロ実験 *How to* マニュアル，p.186, 191 を参照）．

ブロモチモールブルー溶液を反応試薬としたポストカラム法による有機酸の分析例を図2に示す．

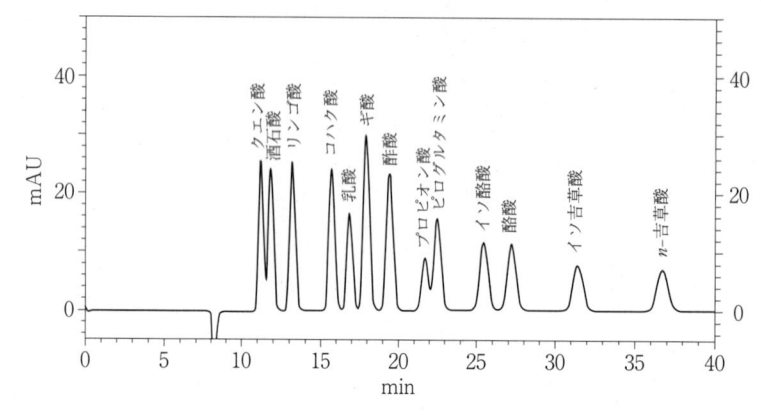

測定条件
分析カラム：GL-C610H-S
(7.8 mm i.d.×300 mm)
溶 離 液：過塩素酸水溶液
(0.03%)
溶離液流量：0.5 mL/min
反応液（R）：ブロモチモールブルー（BTB）溶液（0.006%）
反応液流量：0.6 mL/min
カラム温度：60℃
検出波長：440 nm

図2 ポストカラム法による有機酸標準試料 10 μg の測定

おわりに　イオン交換樹脂を用いた測定上の注意点をあげる．

① 耐圧力の低いポリマー系カラムに対してはポンプ送液を流量ゼロから設定値に急激に上げず，徐々に引き上げていかなければならない．さもないと，カラム内部に隙間ができたり，充てん状態が劣化したりし，理論段数が低下する場合がある．

② 日頃からポンプ圧力をモニターし，正常値を記録しておくと，異常にいち早く気がつくので励行してほしい．

③ カラム内での微生物の発生による圧力上昇，空気混入によるイオン交換樹脂の乾燥，イオン交換樹脂の劣化に注意を要する．

④ カラムの保存液の選択，洗浄と再生に注意を要する（メーカーの取扱説明書に従う．）．

⑤ 溶離液自身の劣化も圧力上昇の原因になることがあり，寿命，保管方法に注意を要する．

55 アフィニティー担体をつくる

はじめに　抗体を用いるアフィニティークロマトグラフィー（AFC）用の担体は，市販の活性化型担体を用いることにより，実験室で簡単に合成することが可能である．本項では，そのさいの手法および留意点について説明する．

つくり方の概略

アフィニティークロマトグラフィー用担体を合成する手順は，① アフィニティー抗体の固定化，② カラムへの充てん，③ ブロッキング，の3段階に分けられる．

(1) アフィニティー抗体の固定化

ポリマー粒子などの担体に活性基を結合させたものが，活性型担体として市販されている．活性基としては，トレシル基，アミノ基，エポキシ基，ホルミル基などの種類があり，これに目的抗体（リガンド）の官能基を反応させて固定化する．活性基の種類により，反応する官能基が異なるため，目的とするリガンドによって活性担体を使い分ける．トレシル基を例として，結合模式図を示す．トレシル基は，アミノ基やチオール基と反応する．

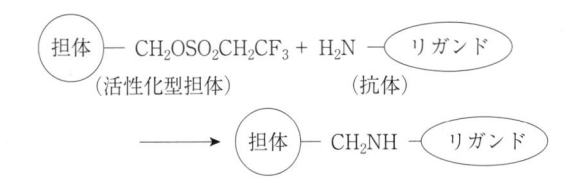

$$\text{担体} - CH_2OSO_2CH_2CF_3 + H_2N - \text{リガンド}$$
（活性化型担体）　　　　　　　　　（抗体）

$$\longrightarrow \text{担体} - CH_2NH - \text{リガンド}$$

固定化作業は簡単であり，三角フラスコなどに，活性化担体，目的抗体，固定化用緩衝液を入れて，ゆっくりと振とう攪拌させるだけである．

固定化作業での留意点は，おもに，① 固定化用緩衝液のpH，② 抗体量，③ 反応温度，④ 反応時間の4点である．

1) 固定化用緩衝液のpH：緩衝液として，0.1～1.0 mol/Lのリン酸塩緩衝液（中性付近）や炭酸塩緩衝液（弱塩基性）がよく使用される．固定化用緩衝液のpHの影響について調べた一例を図1に示す．これは，トレシル基結合活性型担体に抗ヒトアルブミン抗体を固定化した場合における，固定化用緩衝液として用いた1.0 mol/Lのリン酸塩緩衝液のpHを変化させた結果である．グラフの左軸の"固定化収率"は，固定化反応後，三角フラスコの上清中の未反応の抗体残存量より求めたものである．この値は，固定化された抗体の量的評価を示している．一方，グラフの右軸の"抗体の効率"は，固定化した担体に，実際に抗原（ヒトアルブミン）を結合させ，その結合量により求めたものである．この値は，固定化された抗体の質的評価を示している．この条件で，固定化収率はpHの増加に伴って増加し，pH 7.5以上で一定となった．一方，抗体の効率はpH 7.5で最大値を示し，このpHで，最も有効に固定化されていることが確認された．本条件では，pH 7.5が至適pHであることが示された．

2) 抗体量：固定化に使用する抗体量の影響を調べた一例を図2に示す．使用する抗体量を増加させると，固定化される抗体量は増加するが，ある程度の段階で，固定

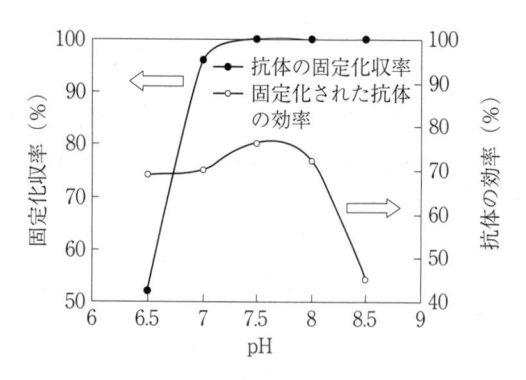

図1　抗体の固定化における緩衝液のpHの影響の例

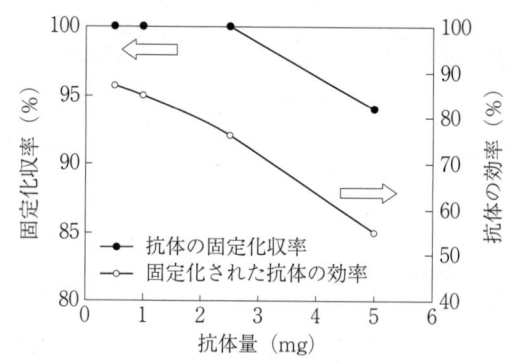

活性化担体：トレシル基結合活性化型担体 0.25 g
抗体：抗ヒトアルブミン抗体 2.5 mg
固定化用緩衝液：1.0 mol/L リン酸塩緩衝液 2 mL
反応温度：4℃
反応時間：16 時間

図2　抗体の固定化における抗体量の影響の例

活性化担体：トレシル基結合活性化型担体 0.25 g
抗体：抗ヒトアルブミン抗体
固定化用緩衝液：1.0 mol/L リン酸塩緩衝液（pH7.5）2 mL
反応温度：4℃
反応時間：16 時間

化収率は低下する．今回の例では，2.5 mg を越えると，固定化収率が低下することがわかる．一方，抗体の効率は，抗体量が少ない方が高くなる．これは，局所的に存在する抗体量が多い場合，重合などの相互作用により有効な形での固定化ができなくなることに起因する．このように，使用する抗体を収率高く，かつ，効率よく有効に固定化するには，使用する量についても最適化が必要であることがわかる．

　　3）　反応温度：反応温度は，低温であるほど，固定化反応中の抗体の安定性は高くなるが，固定化反応速度は低くなる．固定しようとする量が少ない場合，安定性を優先して 4℃ 程度に設定する場合が多い．ただし，固定化する量が多い場合，また抗体の室温下での安定性が高い場合，反応を加速する目的で，25℃ で行う場合もある．

　　4）　反応時間：反応時間は，前述の抗体量や反応温度に影響を受ける．反応時間が長くなると，固定化される抗体量は増加するが，ある時間付近で飽和し，フラットになる．一般的に，mg オーダーの抗体を固定化させる場合，反応温度 4℃ では 16 時間程度，反応温度 25℃ では 8 時間程度で，固定化反応は完了する．

　（2）　カラムへの充てん

　抗体を固定化が終了したら，再度軽く振とうし，均一な懸濁液とする．アスピレーターなどを用いて，その懸濁液をカラムに充てんする．

　（3）　ブロッキング

　カラムへの充てんが終了した後，活性化型担体の表面の残存活性基のブロッキングを行う．トレシル基が活性基の場合，0.1～0.2 mol/L の Tris-HCl 緩衝液（pH8.0）を通液することにより，ブロッキングが可能である．カラムサイズが，内径 6.0 mm，長さ 10 mm の場合，50～100 mL 程度を，内径 10.0 mm，長さ 20 mm の場合，150～250 mL 程度を通液する．ブロッキングが終了したカラムは，アフィニティークロマトグラフィー用溶離液をよく通液してコンディショニングを行った後，使用する．

おわりに　活性化型担体と抗体を組み合わせることにより，種々の種類のアフィニティークロマトグラフィー用担体を合成することが可能である．

56 アフィニティー担体で分離する

はじめに アフィニティークロマトグラフィー（AFC）を用いることにより，他の分離モードでは困難な多成分試料からの1ステップによる分離精製が可能となることが多い．本項では，前項で述べた方法により合成したアフィニティークロマトグラフィー用担体を用いた分離例を紹介し，アフィニティークロマトグラフィーによる分離の方法について説明する．

分離法

アフィニティークロマトグラフィーにおける分離精製は，目的物質のアフィニティークロマトグラフィー用担体への吸脱着によって行われる．

吸着過程は，一般的に，目的物質が最も担体に吸着しやすい組成の溶媒を，初期溶離液として使用することにより行う．脱着過程は，目的物質の安定性により，種々の方法が考案されている．一般的な例としては，① pHを極端な酸性または塩基性にする，② 塩濃度を上げてイオン強度を高める，③ 尿素などの変性剤，SDSなどの界面活性剤を添加する，④ 塩酸グアニジンなどのカオトロピックイオンを添加するなどがあげられる．

脱着の具体的な方法としては，グラジエント溶出法とパルス溶出法がある．グラジエント溶出法は，上記のように組成を変えた溶媒を脱着溶離液としてステップワイズに変化させる方法である．パルス溶出法は，初期溶離液を通液したままで，上記のように組成を変えた溶媒を，カラム容量の2倍程度注入する方法である．パルス溶出法は，① 固定化した抗体と脱着液との接触時間が短いために抗体の劣化を抑制できる，② 脱着後の次の注入前の初期化時間が短時間である，などの優位性がある．極端な強酸性や強塩基性の脱着溶媒を使用する場合，パルス溶出法が多用される．

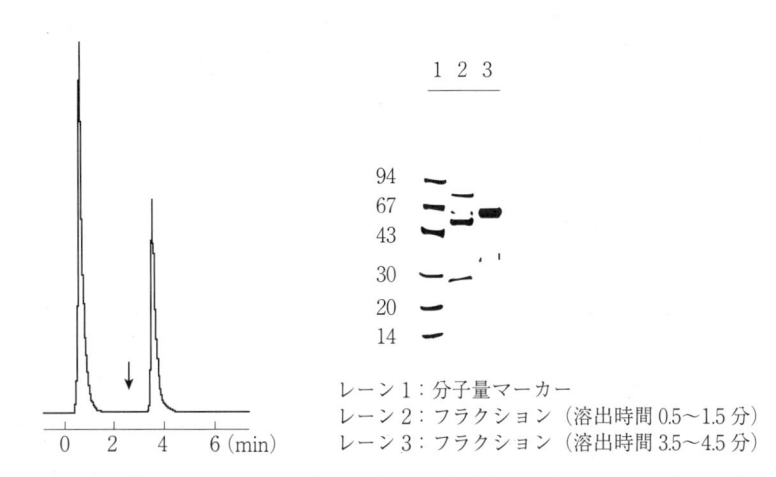

カラム：抗ヒトアルブミン抗体固定化 AFC 用担体（内径 10 mm, 長さ 2 cm）
初期溶離液：0.1 mol/L リン酸塩緩衝液（pH 7.4）
脱着液：0.1 mol/L クエン酸（pH 1.6, 塩酸）
パルス溶出法（3分後に 3 mL 注入）

レーン1：分子量マーカー
レーン2：フラクション（溶出時間 0.5～1.5 分）
レーン3：フラクション（溶出時間 3.5～4.5 分）

図1 ヒト血清中のヒトアルブミンの分離例

分離例

　図1に，抗ヒトアルブミン抗体を固定化したアフィニティークロマトグラフィー用担体を用いたヒトアルブミンの分離例を示す．吸着過程の初期溶離液として，0.1 mol/L リン酸塩緩衝液（pH 7.4）を使用した．脱着には，0.1 mol/L クエン酸（pH 1.6，塩酸）を使用し，パルス溶出法（3分後に3 mL注入）により行った．SDS-PAGE による純度確認結果もあわせて示したが，本法により，分子量約 67 000 のアルブミンの分離精製が良好に行われていることがわかる．また，固定化抗体を変更することにより，図1と同様の条件により，ヒト血清中のヒト IgG，ヒト IgM，ヒトトランスフェリン，ヒトオロソムコイドが分離精製可能であることも確認されている．

おわりに

　前項に引き続き，活性化型担体を利用した抗体固定化担体を用いたアフィニティークロマトグラフィー分離について説明を行った．アフィニティークロマトグラフィーでは，今回のような抗原-抗体の特異的吸着特性を利用した分離以外に，群特異的相互作用を利用した分離も行われる．その一例を表1に示す．目的物質の吸脱着に関する考え方は，今回の活性化担体を利用する方法と同一である．

表1　群特異的相互作用を利用したアフィニティークロマトグラフィーの例

リガンド	対象物質	溶離液
フェニルホウ酸	糖タンパク質（アミラーゼ，グルコースオキシダーゼ，ペルオキシダーゼ，カタラーゼ他） RNA（tRNA 他） カテコールアミン，ヌクレオシド	吸着：HEPES 等塩基性緩衝液 Mg の添加により強く吸着 脱着：ソルビトール，リボース等の糖アルコールや Tris 等の添加
ヘパリン（ムコ多糖）	血液凝固因子（アンチトロンビンⅢ，トロンビン他） 制限酵素 リパーゼ，リポプロテイン 血栓溶解タンパク質	吸着：リン酸塩緩衝液（中性付近） 脱着：塩濃度を高くする
p-アミノベンズアミジン	血液凝固因子（トロンビン他） トリプシン類似プロテアーゼ（トリプシン，エンテロキナーゼ，カリクレイン，ウロキナーゼ他） 血栓溶解タンパク質	吸着：Tris 等塩基性緩衝液 脱着：pH を下げる
チバクロンブルー F3G-A（補酵素 NAD の類似体）	NAD 依存性酵素（乳酸脱水素酵素，リンゴ酸脱水素酵素） アルブミン インターフェロン 血栓溶解タンパク質	吸着：リン酸塩緩衝液（中性付近） 脱着：塩濃度を高くする 基質や NAD を添加する
イミノジ酢酸	血清タンパク質（α_2-マクログロブリン他），膜タンパク質 レクチン（RCA，ConA 他），ペプチド，抗体（IgG） 血栓溶解タンパク質，His-Tag タンパク質	吸着：リン酸塩緩衝液，MES 緩衝液（中性付近） 脱着：pH を下げる イミダゾール，グリシンを添加する

57 陰イオンを分ける

はじめに　本項では，一般的な陰イオン類のイオンクロマトグラフィーにおける陰イオン交換分離についてポイントをまとめた．

陰イオン交換分離

四級アンモニウム塩を陰イオン交換基として有する陰イオン交換カラムを用い，イオンの価数や樹脂に対する相対的な親和力，水和イオン半径などの違いによって分離する．一般に，イオンの価数が高いほど，水和イオン半径が大きいほどカラムに強く保持され，溶出が遅い．

分離の工夫

一般的な無機陰イオン類（フッ化物イオン，塩化物イオン，硝酸イオン，硫酸イオンなど）に対して，通常，それぞれの陰イオン交換カラムに最適な条件が設定されている．しかし，実際のサンプルでは濃度差があったり，有機酸などによる妨害があったりして十分に分離できないことがある．分離を調節するには，分離能の高いカラムを用いたり，溶離液の強度（濃度や種類）を変えるといった方法だけでなく，目的成分の極性や，溶離液のpHや温度変化などによる溶離特性を利用する方法がある．

(1) 溶出の早い成分の分離

フッ化物イオンと酢酸など，溶出が早い成分の分離を改善するには，溶離液濃度を低くする，溶出力の弱い溶離液を用いる，保持の強いカラムを用いるなどの方法がある．ノンサプレッサー方式の場合，溶離液の溶出力は，安息香酸（pH 5.5），サリチル酸（pH 6.5），サリチル酸（pH 6.5），酒石酸（pH 6.5），フタル酸（pH 6.5），クエン酸（pH 6.5）の順で強くなる[1]．サプレッサー方式における溶離液の溶出力は，水酸化ナトリウム，四ホウ酸ナトリウム，炭酸水素ナトリウム，炭酸ナトリウムの順に強くなる（図1）．

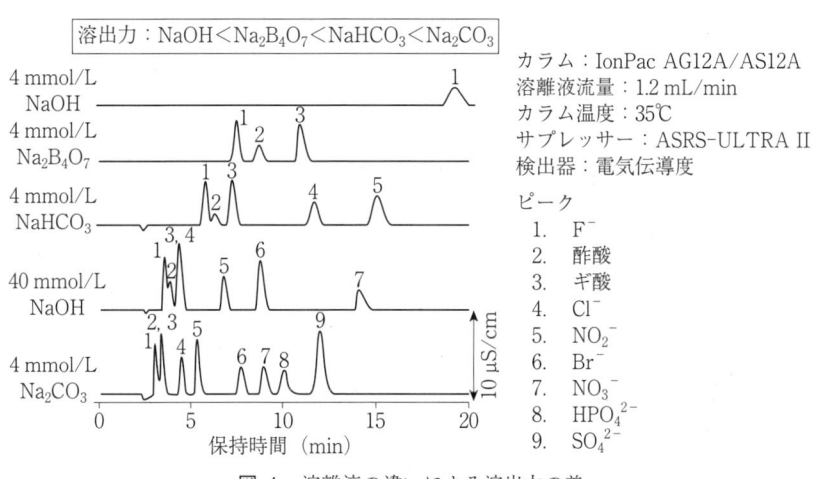

図1　溶離液の違いによる溶出力の差

カラム：IonPac AG12A/AS12A
溶離液流量：1.2 mL/min
カラム温度：35℃
サプレッサー：ASRS-ULTRA II
検出器：電気伝導度

ピーク
1. F^-
2. 酢酸
3. ギ酸
4. Cl^-
5. NO_2^-
6. Br^-
7. NO_3^-
8. HPO_4^{2-}
9. SO_4^{2-}

(2) 極性の違いを利用する

ヨウ化物イオンやチオ硫酸，チオシアン，クロム酸のような極性の高い成分は，疎水性の低い樹脂を充てんしたカラムの使用や，溶離液にメタノールやアセトニトリルなどの有機溶媒を添加することなどによって，他の成分との分離状態を変えることができる．

(3) 溶離液 pH の影響

炭酸やリン酸イオンのように多段階解離する成分は，溶離液 pH を上げると価数が高くなりカラムに強く保持され，逆に pH を下げると早く溶出する．このように pH 変化による保持挙動が他と異なる成分は，溶離液の pH を変えることで分離できる．

(4) 温 度 の 影 響

カラムまたは成分により影響は異なるが，カラム温度でも分離を調整することができる．たとえば，図 2 の右に示した条件では，温度が高くなるに従って硝酸は早く溶出されリン酸の溶出は遅くなるため，高濃度硝酸中の低濃度リン酸を測定するさいはカラム温度を上げることで分離が改善される．

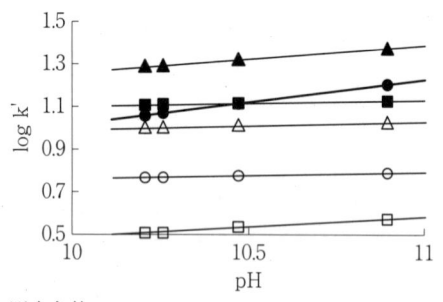

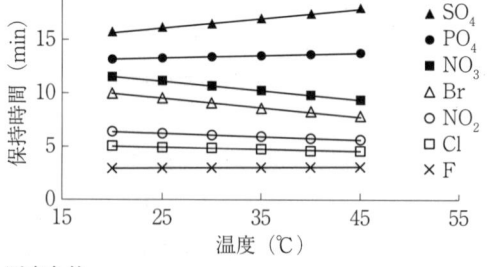

測定条件
カラム：IonPac AG18/AS18
カラム温度：35℃
溶離液：3.5 mmol/L Na$_2$O$_3$/0.0〜4.0 mmol/L NaHCO$_3$
溶離液流量：1.0 mL/min
サプレッサー：ASRS-ULTRA II
検出器：電気伝導度

測定条件
カラム：IonPac AG12A/AS12A
カラム温度：35℃
溶離液：Na$_2$O$_3$/NaHCO$_3$
溶離液流量：1.5 mL/min
サプレッサー：ASRS-ULTRA II
検出器：電気伝導度

図 2　溶離液 pH と温度の保持時間に対する影響

(5) グラジエント

サプレッサー方式のイオンクロマトグラフィーでは，近年，溶離液グラジエントも多用される．図 3 にグラジエントを用いたときの無機陰イオンと有機酸の一斉分離例を示す．

57 陰イオンを分ける

ピーク
1. F^-
2. 乳酸
3. 酢酸
4. プロピオン酸
5. ギ酸
6. 酪酸
7. メタンスルホン酸
8. ピルビン酸
9. ClO_2^-
10. 吉草酸
11. モノクロロ酢酸
12. BrO_3^-
13. Cl^-
14.
15. NO_2^-
16. トリフルオロ酢酸
17. Br^-
18. NO_3^-
19. ClO_3^-
20. マロン酸
21. マレイン酸
22. SO_4^{2-}
23. シュウ酸
24. WO_4^{2-}
25. フタル酸
26. クエン酸
27. PO_4^{3-}

測定条件
カラム:IonPac AG11-HC/AS11-HC
カラム温度:35℃
溶離液:1〜40 mmol/L KOH
溶離液流量:1.0 mL/min
サプレッサー:ASRS-ULTRA II
検出器:電気伝導度

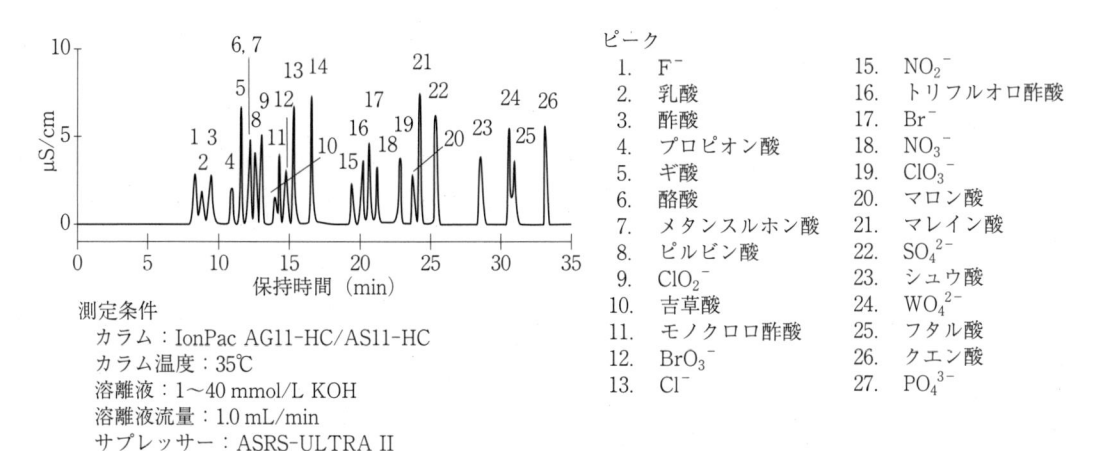

図3 グラジエントによる無機陰イオンと有機酸の一斉分離例

文　献　1)　(社)日本分析化学会イオンクロマトグラフィー研究懇談会編集,「イオンクロマトグラフィーデータブック」, p.42, 科学新聞社 (1991).

58 胆汁酸を分ける

はじめに　胆汁酸は肝臓，胆のう，腸に局在化しているが，肝臓の疾病（肝炎等）のさいには血液中に放出されるため，血液中の胆汁酸の量を調べることにより，病気の診断に利用されている．

　胆汁酸はコレステロールからの生合成によって肝臓でつくられ，胆汁の主成分として脂肪の消化吸収を助ける働きをするグリシンやタウリンなどと縮合し抱合胆汁酸として胆汁中に分泌された胆汁酸は，胆のうに蓄えられ，脂肪の消化吸収のため腸へ排出，腸内細菌により脱抱合を受け再び肝臓へと戻る腸肝循環を行っている．

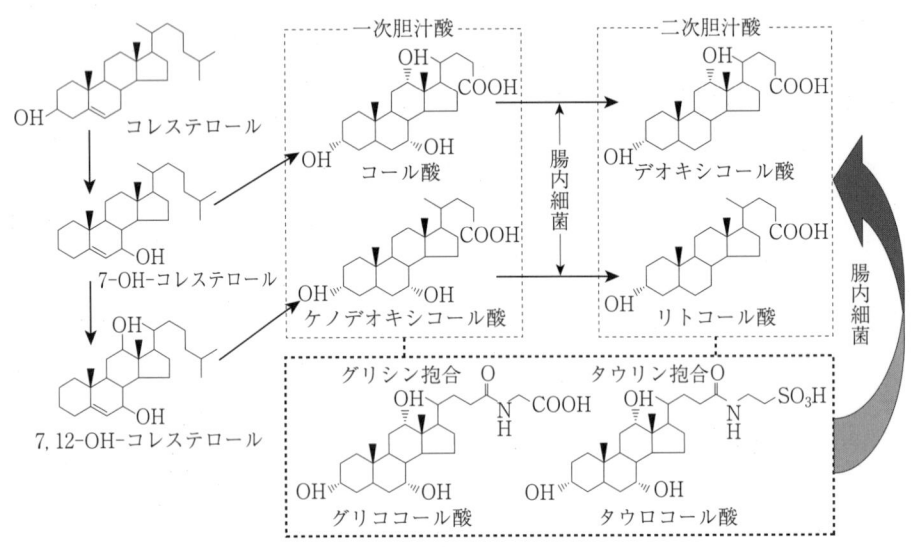

図1　コレステロールから胆汁酸への合成経路と代謝経路の例

　ヒトの場合，グリシンとの抱合胆汁酸であるグリココール酸（GCA）と，タウリンとの抱合胆汁酸であるタウロコール酸（TCA）がその大半を占めるといわれており，肝機能低下や胆道疾患により血中にこれら抱合胆汁酸が増加，それに伴い尿中濃度も増加する．そのため従来肝炎，肝硬変などのマーカーとして用いられてきたビリルビンに比べ，より鋭敏な肝障害マーカーとして注目されている．

　また熊の胆に含まれ古くから漢方として用いられてきたウルソデオキシコール酸（UDCA）や，一次胆汁酸であるケノデオキシコール酸（CDCA）は，胆石溶解作用や利胆・肝細胞保護作用が確認され，医薬品として広く用いられている．このような事実から，ヒト血中・尿中の胆汁酸濃度変化や薬物中濃度を測定可能な信頼性の高い定量法が有用視されている．

胆汁酸の分離例

分析対象とした胆汁酸標準品および抱合胆汁酸標準品の構造式とクロマトグラム上の略号は，以下の通りである．

	化合物名（略称）	R_1	R_2	R_3	分子量
遊離体	コール酸（CA）	−OH	−OH	−OH	408.58
	デオキシコール酸（DCA）	−H	−OH	−OH	410.62
	ケノデオキシコール酸（CDCA）	−OH	−H	−OH	410.62
	ウルソデオキシコール酸（UDCA）[*1]	−OH	−H	−OH	410.62
	リトコール酸（LCA）	−H	−H	−OH	376.58
抱合体	グリココール酸（GCA）	−OH	−OH	−NHCH$_2$COOH	465.63
	グリコデオキシコール酸（GDCA）	−H	−OH	−NHCH$_2$COOH	449.63
	グリコリトコール酸（GLCA）	−H	−H	−NHCH$_2$COOH	433.63
	タウロコール酸（TCA）	−OH	−OH	−NH(CH$_2$)$_2$SO$_3$H	515.71
	タウロデオキシコール酸（TDCA）	−H	−OH	−NH(CH$_2$)$_2$SO$_3$H	499.71
	タウロケノデオキシコール酸（TCDCA）	−OH	−H	−NH(CH$_2$)$_2$SO$_3$H	499.71
	タウロウルソデオキシコール酸（TUDCA）[*1]	−OH	−H	−NH(CH$_2$)$_2$SO$_3$H	499.71

[*1] UDCA：CDCA の 7β-立体異性体．TUDCA も同様に TCDCA の 7β-立体異性体．

UV 検出による胆汁酸の分析例

(1) リン酸塩緩衝液-アセトニトリル系での分離

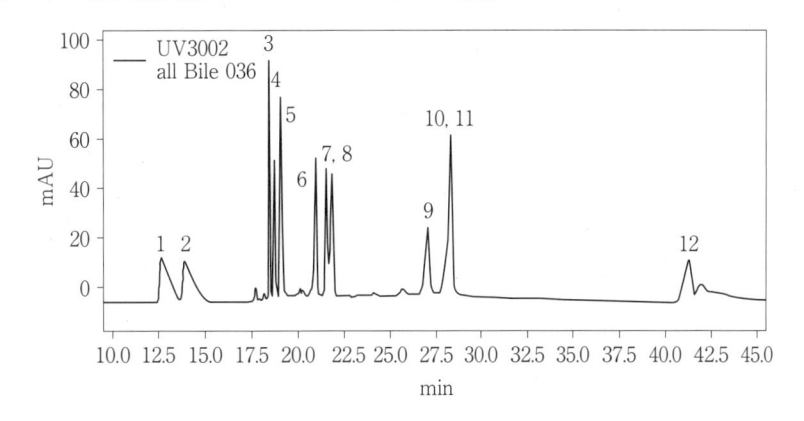

■HPLC 条件
　カラム：CAPCELL PAK C18 MG II S5；
　　　　2.0 mm i.d.×150 mm
　移動相：(A) 10 mmol/L リン酸塩緩衝液（pH3.0），

■目的成分
1. TUDCA
2. TCA
3. GCA

        (B) CH₃CN
        B% 30%（0 min）→ 30%（12.5 min）→
            50%（15.5 min）→ 70%（55 min）→
            70%（60 min）→ 30%（60.1 min）→
            30%（70 min）
流　速：200 μL/min
温　度：40℃
検　出：UV, 210 nm
注入量：5 μL
試　料：遊離体 4 000 μg/mL，抱合体 500 μg/mL；
        CH₃OH に溶解した後，80% CH₃OH，
        10 mmol/L KOH になるように CH₃OH，
        100 mmol/L KOH を加え，
        (A) リン酸塩緩衝液で希釈した．

4. TCDCA
5. TDCA
6. CA
7. GDCA
8. UDCA
9. CDCA
10. DCA
11. GLCA
12. LCA

　上記はグラジエントプログラムの一例である．TUDCA と TCA（1, 2）を分離するため，初期はイソクラティック条件とし両者を分離した．重複している GDCA と UDCA（7, 8），DCA と GLCA（10, 11）については，分析時間を延長しグラジエントを緩やかにすることで分離可能であることを確認した．ここでは関連物質すべての溶出挙動を示したが，目的を絞ればより短時間な設定も可能である．また，移動相に用いたアセトニトリルをメタノールに変更した場合のクロマトグラムを次に示す．メタノールでは重複するピークが少なくなる傾向にある．

(2) リン酸塩緩衝液-メタノール系での分離

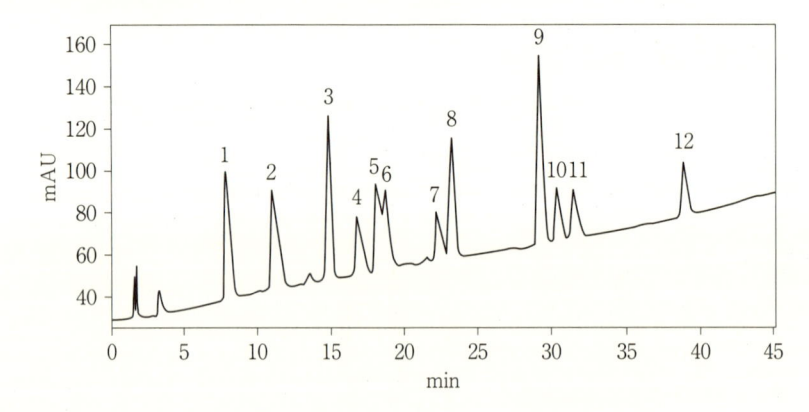

■HPLC 条件
　カラム：CAPCELL PAK C18 MG II S5；
　　　　　2.0 mm i.d.×150 mm
　移動相：(A) 10 mmol/L リン酸塩緩衝液（pH3.0），
　　　　　(B) CH₃OH
　　　　　B% 60%（0 min）→ 85%（40 min）→
　　　　　　　85%（50 min）→ 60%（50.1 min）

■目的成分
1. TUDCA
2. TCA
3. GCA
4. TCDCA
5. TDCA
6. UDCA

流　速：200 µL/min
温　度：40℃
検　出：UV, 210 nm
注入量：5 µL
試　料：抱合体 1 000 µg/mL，遊離体 4 000 µg/mL；
　　　　CH₃OH に溶解した後，70% CH₃OH,
　　　　10 mmol/L KOH になるように CH₃OH,
　　　　100 mmol/L KOH を加え，(A)
　　　　リン酸塩緩衝液で希釈した.

7. CA
8. GDCA
9. GLCA
10. CDCA
11. DCA
12. LCA

　アセトニトリル系では分離が困難であった TUDCA と TCA (1, 2) は，メタノール系では容易に分離することができた．TDCA と UDCA (5, 6) は完全には分離しないが，アセトニトリルを使用したさいとは重複するピークの組合せが異なる．したがって，分析対象に含まれる目的成分により，アセトニトリルまたはメタノールどちらかを選択することで，定性定量が可能であると考えられる．

LC/MS による胆汁酸の分析例
(1) 標準品分析例

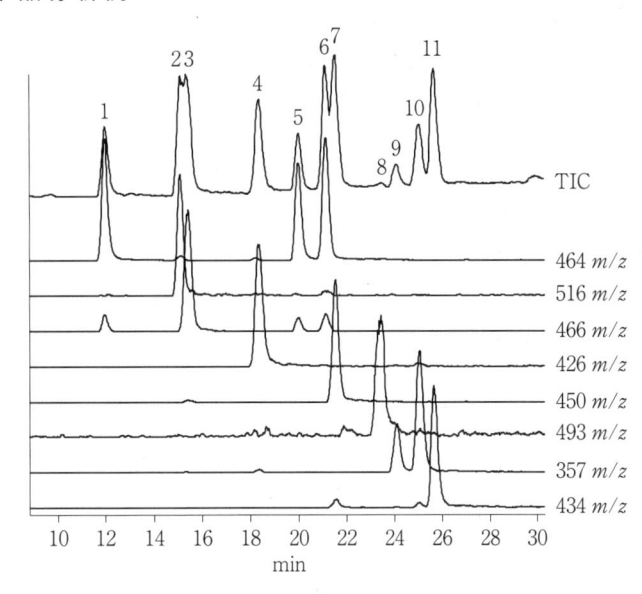

■HPLC 条件
　カラム：CAPCELL PAK C18 MG II S5；
　　　　　2.0 mm i.d.×150 mm
　移動相：(A) 10 mmol/L 酢酸アンモニウム
　　　　　(B) CH₃OH
　　　　　B% 50% (0 min) → 95% (45 min) →
　　　　　95% (50 min) → 50% (50.1 min)
　流　速：200 µL/min
　温　度：40℃

■目的成分
1. TUDCA
2. TCA
3. GCA
4. CA
5. TCDCA
6. TDCA
7. GDCA
8. UDCA

検　出：質量分析計（LCQ DUO），ESI（+）
注入量：1 μL
試　料：100 μg/mL；CH₃OH に溶解した後，40% CH₃OH，10 mmol/L KOH になるように CH₃OH，100 mmol/L KOH を加え，（A）酢酸アンモニウムで希釈した．

9. CDCA
10. DCA
11. GLCA

TIC では TCA と GCA（2,3），TDCA と GDCA（6,7）が完全には分離しないが，検出される m/z 値が異なるため互いに影響されることなく測定が可能である．同様に，その他の物質についても各物質に特有な m/z 値を選択することで夾雑物や他成分の影響を取り除くことができる．また，TUDCA，TCDCA，TDCA は同じ分子量をもつ異性体であり，m/z 464 $[M-35]^+$ が顕著に観測され，さらに UDCA，CDCA についても m/z 357 $[M-35]^+$ が観測された．よって3位と7位，または3位と12位に2つの OH 基を有する構造において，特徴的なイオン化が行われたと考えられる．UV 検出のさいに測定可能であったリトコール酸については，今回の LC/MS 条件下では十分なピーク強度が得られなかった．その他，グリシン抱合の3物質では $[M+H]^+$ が観測され，CA，DCA，TCA，TDCA においては $[M+NH_4]^+$ が観測された．

(2) 胆汁粉末の分析例

前項の標準品分析と同一の条件を用い，ウシ由来胆汁粉末の分析を行った．試料には，胆汁粉末（和光純薬，073-00092）を用い，粉末1gを12 mL の水に再溶解後遠心分離し，上澄みを沪過（0.2 μm），これを10倍希釈し，サンプルとした（注入1 μL）．

分析の結果，TCA，GCA，CA，TCDCA，TDCA，GDCA，DCA と思われるピーク群が検出された．

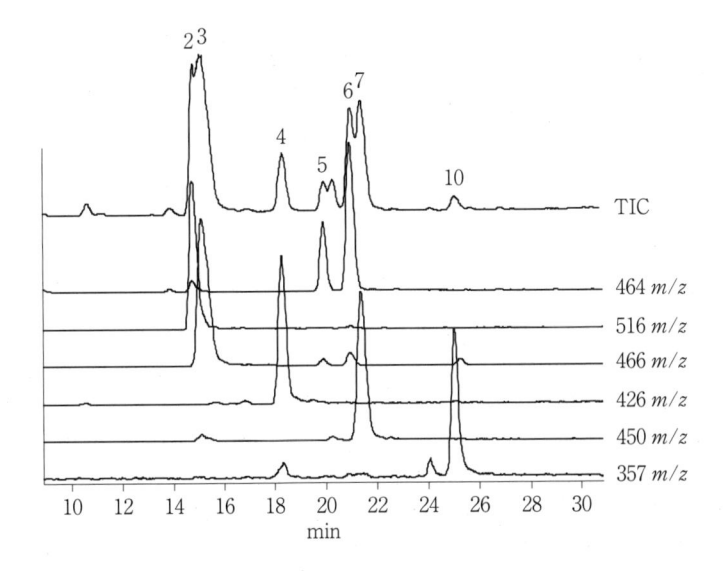

文献

1) 山川民夫・今堀和友 監修,「生化学辞典 第三版」, 東京化学同人 (1998).
2) 後藤順一, まなびの杜〈東北大学〉知的探検のススメ No.34.
3) Gas chromatography and high-performance liquid chromatography pf natural steroids. (Kazutake Shimada, Kuniko Mitamura, Tatsuya Higashi [Kanazawa University])
4) (社) 日本分析化学会関東支部編,「高速液体クロマトグラフィーハンドブック第1版」, 丸善 (1985).
5) 金井 泉・金井正光,「臨床検査法提要 改訂第29版」金原出版 (1985).

59 プロスタグランジンを分ける

はじめに　プロスタグランジンは，動物の組織が損傷を受けたときに生成される指標物質であり，最近では，組織が炎症を起こしたさいに投与される解熱剤や抗炎剤がプロスタグランジンの生成を抑制している可能性について広く研究されている．

プロスタグランジンは，シクロペンタン環の C_{20} のフロスタン酸骨格を有する脂肪酸の総称であり，アラキドン酸から生合成されるエイコサノイドの一つで，種々の強い生理活性，中枢作用や血管収縮作用などをもっている物質である．プロスタグランジンは，1933 年に Goldblatt がヒトの精漿内に平滑筋を収縮させる生理活性物質が含まれていることを発見し，1936 年にはじめて精液中から分離された．

プロスタグランジンは体内では極微量であるため，蛍光誘導体化法[1,2] や，LC/MS 法がある．ここでは，エレクトロスプレー法を使用した LC/MS による測定について述べる．

LC/MS 法による測定

以下に薬効効果判定にさいして測定されるアラキドン酸代謝物であるトロンボキサン B_2（TXB2）およびプロスタグランジンの A_1（PGA1），A_2（PGA2），B_2（PGB2），E_2（PGE2）についてそれらの標準品を負イオンモードで測定した例を示す．負イオンモードで測定することにより，プロトンが脱離した擬分子イオンを基準ピークとしたマススペクトルの測定が可能であり，SIM モードでの感度は，約 ppb レベルであった．

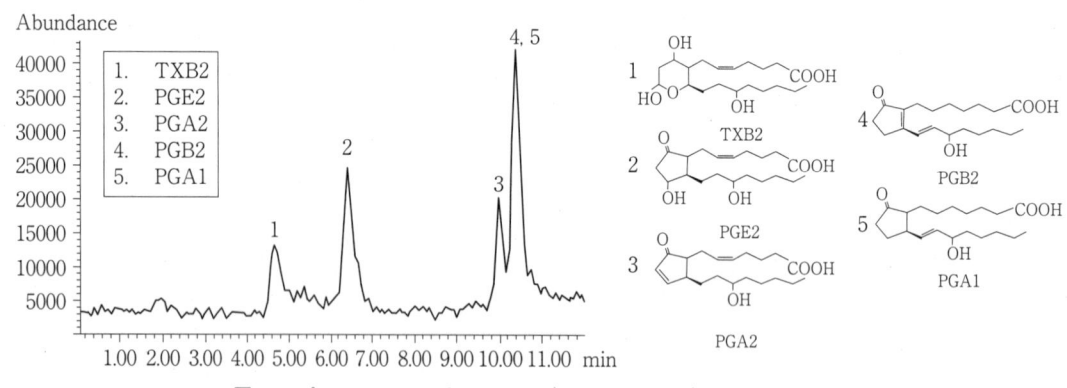

図 1　プロスタグランジンの TIC（それぞれ 20 ng）

HPLC および MS 条件

HPLC

装置：HP100

カラム：Inertsil ODS3（250 mm×2.1 mm，5 μm）

移動相 A：10 mmol/L CH_3COONH_4

移動相 B：CH_3CN

グラジエント溶離液：B 20%（0 min）→ 100%（15 min）

流速：0.2 mL/min
オーブン温度：40℃
インジェクション容量：10 μL

MS
装置：HP1100MSD
質量範囲：100～600 amu
イオン化：エレクトロスプレー
フラグメンター：60 V
ネブライザー：N_2 (50 psi)

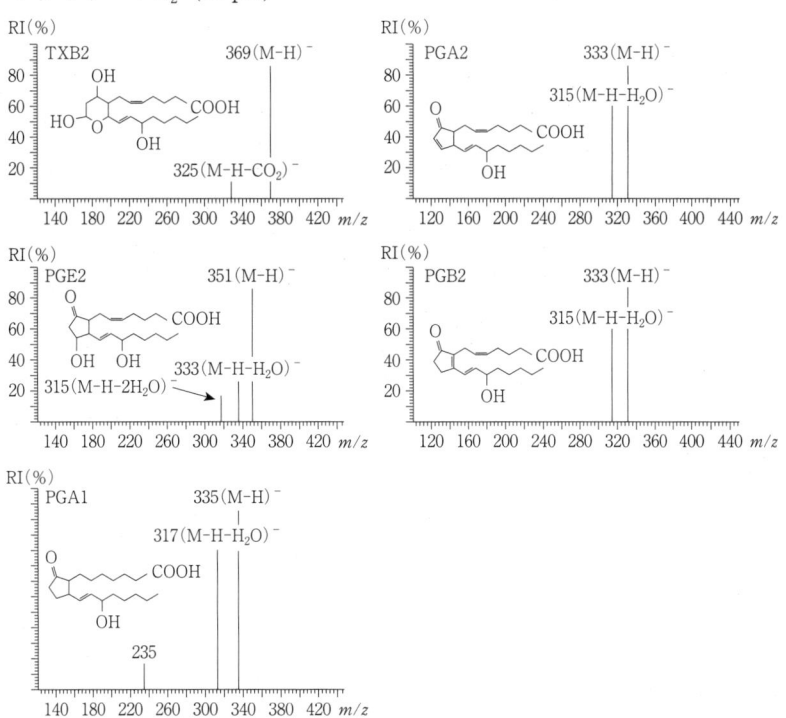

図2 プロスタグランジンのマススペクトル

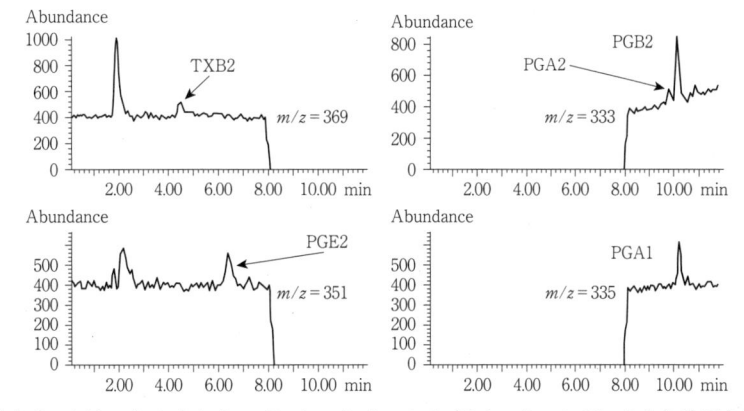

図3 プロスタグランジンのSIMモードによるクロマトグラム（それぞれ20 pg）

＊ 測定データは，すべてAgilent Techonologiesのアプリケーションデータより許可を得て転載

乾燥ガス：N$_2$（10 L/min, 300℃）

モード：ESI（−）

文　献

1) R. Farinotti, Ph. Siard, J. Bourson, S. Kirkiacharian, B. Valeur, G. Mahuzier, *J. Chromatogr.*, **1983**, 269, 81.
2) Y. Amet, F. Berthou, J. F. Menez, *J. Chromatogr. B*, **1996**, 681, 233.

60 脂質を分ける

はじめに　本項では脂質の分類と HPLC 分析法について紹介する．

脂質の分類と HPLC 分析法

脂質の種類は数多くあり，それぞれの脂質の HPLC 分析法には，逆相，順相はじめ，配位子交換カラムなどが用いられている．

表1に，脂質の分類と HPLC 分析法について参考資料を記載した．参考資料には，おもに現在インターネットで閲覧可能なものを選択した．下表の分類の下に，クラス（class）があり，これはたとえばアシルグリセロールの中のジアシルグリセロールとトリアシルグリセロールをさす．その下の分類が分子種（molecular species）となり，これはトリアシルグリセロールの中で脂肪鎖の長さが違うもの（逆相分離が可能，分子量で判別可能），さらに細かい分類は異性体（isomer，配位子交換カラムなど必要，分子量で判別困難）となるので，資料をご参照するさいは，分析目的と照らしあわせていただきたい（下表の参考 URL は http://vitamine.jp/bitat/colam20.html）．

また，このように数多くある脂質の中で，表1の右端に矢印を示した項につき，次ページ以降に「トリアシルグリセロールの構造異性体を逆相カラムでリサイクル分離を行った例」，「複合脂質を順相，逆相カラムで分離を行った例」を示す．

表 1　脂質の分類と HPLC 分析法

大分類	分類	分類の特徴	英名	HPLC 分析法
単純脂質 （極性きわめて弱い）	アシルグリセロール （中性脂肪）	脂肪酸とグリセロールのエステル	acylglycerol	逆相，配位子交換 (http://www.cyberlipid.org/cyberlip/news00073.htm) ←
	コレステロールエステル	脂肪酸とコレステロールのエステル	cholesterol ester	順相，逆相 (http://www.cyberlipid.org/sterolt/ster0001.htm#3)
	ろう（ワックス）	脂肪酸と高級アルコールのエステル	wax ester	順相 (J. Chromatogr., A, 2003, 1017, 107.)
複合脂質 （極性あり）	リン脂質：グリセロリン脂質	脂肪酸とグリセロールにリン酸や窒素化合物が結合	glycerophospholipid	順相 (http://www.cyberlipid.org/phlipt/pl40004.htm) 逆相 (生物工学第84巻230)
	リン脂質：スフィンゴリン脂質	脂肪酸とスフィンゴシンにリン酸が結合	sphingophospholipid	順相 (http://www.cyberlipid.org/phlipt/pl40004.htm) ←
	糖脂質：グリセロ糖脂質	脂肪酸とグリセロールに単糖が結合	glycoglycerolipid	順相 (http://www.cyberlipid.org/glyt/glyt0008.htm#1)
	糖脂質：スフィンゴ糖脂質	脂肪酸とスフィンゴシンに単糖が結合	glycosphingolipid	順相，逆相 (http://www.cyberlipid.org/ceret/cere0005.htm#1)
	硫脂質	アミノ脂質（スフィンゴシン等） 硫化脂質（セミノリピド等）	sphingosine seminolipid	順相 (J. Lipid Res., 2003, 44, 2209.) 逆相 (J. Lipid Res., 2003, 44, 1737.) ←
誘導脂質 （極性きわめて弱い）	脂肪酸	飽和脂肪酸 不飽和脂肪酸	saturated fatty acid unsaturated fatty	逆相，配位子交換，イオン排除＆疎水性相互作用 (液クロ実験 p.138)
	イコサノイド	プロスタグランジン トロンボキサンチン* ロイコトリエン 他	prostaglandin thromboxanthine leukotriene	逆相 (Fresenius' J. Anal. Chem., 1983, 315, 360.) 逆相 (Anal. Sci., 2000, 16, 45.) 逆相 (Anal. Sci., 2001, 17, 709.)

(表1つづき)

大分類	分類	分類の特徴	英名	HPLC分析法
誘導脂質 (極性きわめて弱い)	ステロイド	コレステロール 胆汁酸	cholesterol bile acid steroid hormone	逆相 (Malaysian J. Anal. Sci., 2006, 10, 205.) 逆相 (J. Med. Sci., 2003, 23, 277.)
		ステロイドホルモン		逆相 (日本薬理学雑誌, 1991, 97, 179.)
	リポタンパク質	キロミクロン VLDL IDL LDL HDL	chylomicron	陰イオン交換 (J. Lipid Res., 2003, 44, 1404.)
	脂溶性ビタミン	ビタミンA ビタミンD ビタミンE ビタミンK	vitamin A vitamin D vitamin E vitamin K	順相, 逆相 (J. Chromatogr. A, 2000, 881, 171.)

※ トロンボキサンチンは半減期が非常に短く, トロンボキサンとしてHPLC分析される.

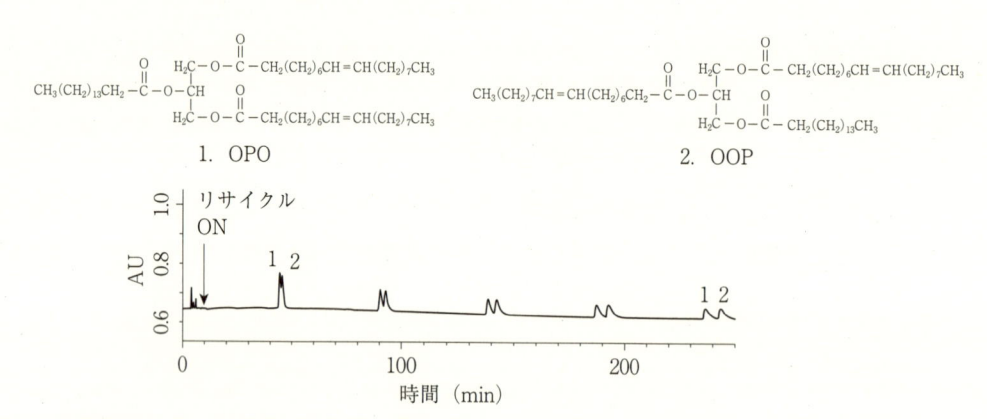

1. OPO
2. OOP

測定条件
　カラム：Inertsil ODS-P 5 μm 250×4.6 mm i.d. (2本連結, GL Sciences Inc.)
　溶解液：CH$_3$CN/2-Propanol/n-Hexane＝3/2/1, v/v/v
　流速：1.0 mL/min
　カラム温度：10℃
　試料：1, 3-dioleoyl-2-palmitoyl-glycerol (OPO) [1 mg/mL in (2-Propanol/Hexane＝2/1, v/v)]
　　　　1, 2-dioleoyl-3-palmitoyl-rac-glycerol (OOP) [1 mg/mL in (2-Propanol/Hexane＝2/1, v/v)]
　注入量：30 μL
　検出：UV 205 nm (Semi-micro cell)
　文献：$Anal. Sci.$, 2008, 24, 865.

図1　ODSカラムを用いたトリアシルグリセロール構造異性体リサイクル分離例

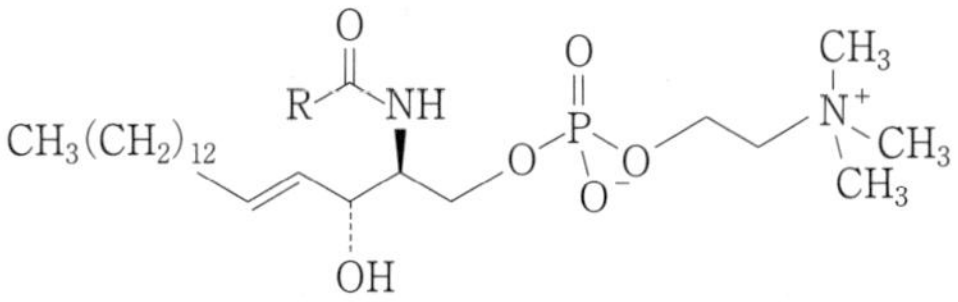

60 脂質を分ける

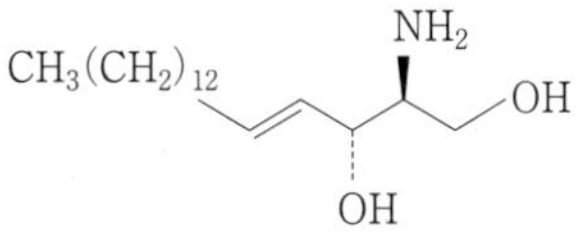

1. D-*erythro*-Sphingosine

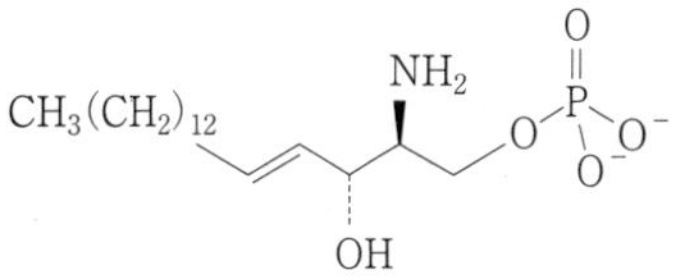

2. Sphingomyelin

3. Sphingosine 1-phosphate

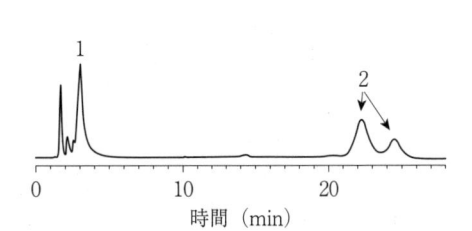

測定条件
- カラム：Inertsil NH₂ 5 μm 150×4.6 mm i.d. (GL Sciences Inc.)
- 溶離液：CH₃CN/CH₃OH/H₂O=87/5/8, v/v/v
- 流速：1.0 mL/min
- カラム温度：Ambient
- 試料：D-*erythro*-Sphingosine (0.05 mg/mL in Eluent)
  Sphingomyelin (0.05 mg/mL in Eluent)
- 注入量：50 μL
- 検出：UV 205 nm (GL-7450, Analytical cell, GL Sciences Inc.)

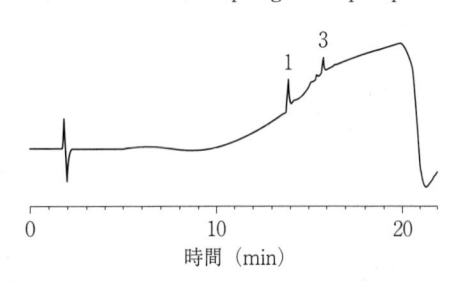

測定条件
- カラム：Inertsil ODS-3 5 μm 150×4.6 mm i.d. (GL Sciences Inc.)
- 溶離液：A) CH₃OH
  B) 0.05% TFA
  A/B=30/70−2 min −30/70−10 min −100/0−5 min −100/0−5 min −30/70, v/v
- 流速：1.0 mL/min
- カラム温度：20℃
- 試料：D-*erythro*-Sphingosine (0.8 mg/mL in CH₃OH)
  Sphingosine 1-phosphate (0.5 mg/mL in CH₃OH)
- 注入量：10 μL
- 検出：UV 205 nm

図2 NH₂カラム，ODSカラムを用いた複合脂質分離例

61 カテコールアミン類を分ける

はじめに　本項ではカテコールアミン類の概要と HPLC 分析法について紹介する．

カテコールアミン類について

カテコールアミンはおもに脳，副腎髄質，交換神経に存在する生体アミンの総称である．下表に，カテコールアミンの種類とそれぞれの略称などを示す．これらの尿中の値は，褐色細胞種，小児神経芽細胞種の診断治療経過観察に用いられている．また，尿中，血中の値はストレスと交換神経の関係を調べる上でも有用とされている（参考 URL は http://www.okayama-u.ac.jp/user/hos/kensa/fukukou/catec.htm）．

表 1　カテコールアミンの種類と略称等

種類	略称	英名	別名	構造式
ドーパミン	DA	dopamine	ドパミン，4-(2-aminoethyl)benzene-1,2-diol	
ノルアドレナリン	NA	noradrenaline	ノルエピネフリン, norepinephrine, NE, (R)-4-(2-amino-1-hydroxyethyl)benzene-1,2-diol	
アドレナリン	A	adrenaline	エピネフリン, epinephrine, E, (R)-4-[1-hydroxy-2-(methylamino)ethyl]benzene-1,2-dio	

HPLC 分析例（標準品）

HPLC 分析では，微量のカテコールアミンを選択性をもって定量するため，逆相-電気化学検出の系が用いられている．

図1にカテコールアミン標準品のクロマトグラムを示す．

この例はカラムや検出器の基本性能を確認するためのものであり，1. NA の場合で濃度は 189 ng/mL，絶対量で 3.78 ng が検出されている（2〜4．も数 ng）．

ECD 検出器（電子補足型検出器）の電極にはダイヤモンドを用いている．グラシーカーボンと比べてカテコールアミンに対する検出感度は同等であり，電極を取り外すことなく高電圧をかけて表面を洗浄できる利点をもつ．

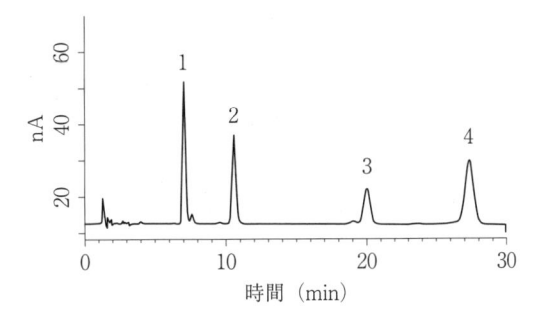

測定条件
　カラム：Inertsil ODS-3 5 μm 150×4.6 mm i.d.（GL Sciences Inc.）
　溶離液：A) CH₃OH
　　　　　B) 50 mmol/L リン酸，50 mmol/L クエン酸，
　　　　　　 100 mg/L 1-オクタンスルホン酸ナトリウム，
　　　　　　 40 mg/L EDTA-2Na (pH 3.0；KOH)
　　　　　A/B＝5/95, v/v
　流速：1 mL/min
　カラム温度：30℃
　検出：ECD（Amperometric, Diamond electorode,
　　　　　750 mV vs. Ag/AgCl）
　注入量：20 μL
　溶質：1.　NA（1 μmol/L）
　　　　2.　A（1 μmol/L）
　　　　3.　3,4-ジヒドロキシフェニル酢酸（DOPAC, 1 μmol/L）
　　　　4.　DA（1 μmol/L）

図 1　カテコールアミン標準品の HPLC 分析例

HPLC 分析例（血液）

　図2に血液中のノルアドレナリン，アドレナリンの分析例の実験フローと HPLC 条件を示す．

　本報では，血漿の前処理に限外沪過フィルターを用いた遠心分離を用いていることが特徴で，ノルアドレナリン，アドレナリンの定量限界はそれぞれ 85 pg，67 pg と報告されている．HPLC 条件の注入量が 80 μL であることから，これらを濃度で表すと，1.06 ng/mL，0.84 ng/mL となる．

　ECD 検出器の電極にはグラシーカーボンを用いており，参照電極 Ag/AgCl に対し，作用電極には 0.70 V をかけている．

　なお，ECD 検出器では，カテコールアミン類の定量限界は 30 pg とされている（「生化学実験法 第1版」，p.377，東京化学同人（1984）参照）．

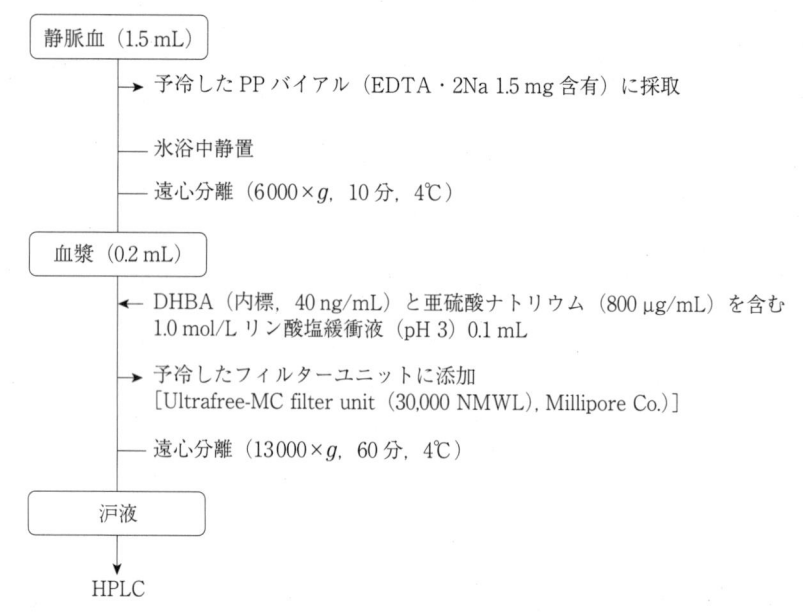

```
┌─────────────────┐
│ 静脈血（1.5 mL）│
└─────────────────┘
        │→ 予冷したPPバイアル（EDTA・2Na 1.5 mg 含有）に採取
        │
        │─ 氷浴中静置
        │
        │─ 遠心分離（6000×g, 10分, 4℃）
        │
┌─────────────────┐
│ 血漿（0.2 mL）  │
└─────────────────┘
        │← DHBA（内標, 40 ng/mL）と亜硫酸ナトリウム（800 µg/mL）を含む
        │   1.0 mol/L リン酸塩緩衝液（pH 3）0.1 mL
        │
        │→ 予冷したフィルターユニットに添加
        │   ［Ultrafree-MC filter unit（30,000 NMWL）, Millipore Co.］
        │
        │─ 遠心分離（13000×g, 60分, 4℃）
        │
┌─────────────────┐
│      沪液       │
└─────────────────┘
        │
       HPLC
```

測定条件
　装置：Shimadzu LC-VP system
　カラム：EIKOM-PAK SC-5ODS 150×3.0 mm i.d.（Eicom Co.）
　溶離液：0.1 mol/L リン酸塩緩衝液（pH 3.0）0.98 L, アセトニトリル 20 mL,
　　　　SOS（1-オクタンスルホン酸ナトリウム）500 mg, EDTA・2Na 10 mg.
　流速：0.5 mL/min.
　カラム温度：25℃
　検出：ECD（Amperometric）
　注入量：80 µL
　文献：*J. Chromatogr., B*, **2003**, 798, 35.

図2　血中カテコールアミン分析例の実験フローとHPLC条件

また，http://wwwcrl.shiga-med.ac.jp/home/kiki_bumon/g_book/ca/catecora/maeshori.html に，活性アルミナを用いた血中カテコールアミン分析の前処理の方法が示されている．http://wwwcrl.shiga-med.ac.jp/home/kiki_bumon/g_book/ca/intro/home.html にカテコールアミン分析装置について概要が示されているので参照されたい．

LC/MS分析例（血漿添加標準品）

図3に血漿添加カテコールアミンおよびカテコールアミン代謝物9種（norepinephrine, epinephrine, normetanephrine, dopamine, metanephrine, DOPA, VMA, DOPAC, HVA）の分析例の前処理のイメージとLC/MS条件を示す．

本報では，血漿の前処理に内面逆相HPLCカラムを用い，血漿中タンパク質を除いたサンプルをさらにペンタデカフルオロオクタン酸を除くために強陰イオン交換カラムを通した後一度分取する．分取フラクションを溶媒留去し，LC/MS分析用の移動相（1% HCOOH）に再溶解させてからLC/MS分析を行っている．

検出限界（LOD, limit of Detection, S/N=3）は1〜1.5 µg/mLとされている．

61 カテコールアミン類を分ける

CH₃CN/ 200 mmol/L 重炭酸アンモニウム塩緩衝液 (pH 9.2)

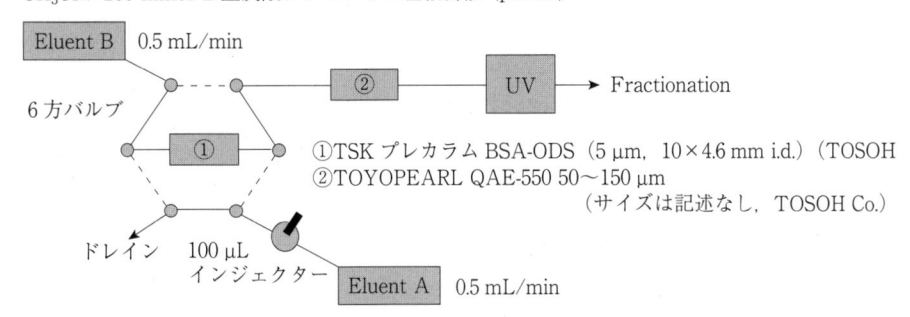

Eluent B　0.5 mL/min

6方バルブ

①TSK プレカラム BSA-ODS（5 μm, 10×4.6 mm i.d.）(TOSOH)
②TOYOPEARL QAE-550 50～150 μm
　　　　　　　　　（サイズは記述なし，TOSOH Co.）

ドレイン　100 μL インジェクター

Eluent A　0.5 mL/min

0.1 mmol/L ペンタデカフルオロオクタン酸 /1% HCOOH

測定条件
　カラム：L -column ODS 5 μm 150×4.6 mm i.d.（CERI）
　溶離液：A）CH₃OH（1% HCOOH）
　　　　　B）1% HCOOH
　　　　　A/B＝5/95－18 min－5/95－12 min－45/55, v/v
　流速：0.2 mL/min
　カラム温度：Ambient
　検出：MS（ESI-positive, Mariner ESI-TOF/MS）
　注入量：20 μL
　文献：*Anal. Bioanal. Chem.*, **2006**, 385, 814.

図 3　血漿添加カテコールアミン分析例の前処理のイメージと HPLC 条件

62 ポリアミン類を分ける

はじめに　ポリアミンとは，アミノ基（-NH$_2$）やイミノ基（=NH）を2つ以上もつ脂肪族化合物の総称である．天然にはおもにプトレシン，スペルミジン，スペルミンの3種が分布し，細胞の活動周期に応じて濃度が変動する．DNA，RNA，タンパク質など生体高分子合成において必須または促進因子として作用することが知られている．

分析法の種類

ポリアミン類を分ける方法としては，プレカラム誘導体化を行い逆相系カラムで分離する方法と，誘導体化は行わずイオン交換カラムで分離する方法がある．後者は，分離した後にオルトフタルアルデヒドなどを反応液としたポストカラムHPLC法により蛍光検出器で検出することが可能である．しかし，イオン交換カラムにより分離する方法は，一般に濃度の濃い塩を含む移動相を使うため装置への負担が大きい．そこで本項では，一般的によく使用されるダンシルクロリドによるプレカラム誘導体化による分析法について，解説する．

プレカラム誘導体化

ダンシルクロリドは，一級，二級アミンと容易に反応することが知られており，蛍光誘導体化試薬として，ポリアミンに限らずアミノ基をもつ化合物に応用が可能な試薬である．食品衛生検査指針では，ダンシルクロリドによるプレカラ

（抽出）
```
試　料 ── 10 g
   │── 20% トリクロロ酢酸 10 mL
   │── 水 150 mL
   │── ホモジナイズ（15000 rpm，10分間）
   │── 水で 200 mL に定容
   │   混和
   │   放置（30分間）
   │   沪紙沪過
試料溶液
```

（精製および定量）
```
試料溶液 ── 5.0 mL
   │── 0.1 mol/L オクタンスルホン酸ナトリウム溶液 5 mL
   │   混和
固相カートリッジ C18（1000 mg）
   │── 水 20 mL で洗浄
   │── メタノール・水（6：4）10 mL で溶出
溶出液 ── 10 mL
   │── 減圧濃縮（40℃以下で約1 mL まで）
   │── 内部標準溶液 0.50 mL
   │── 無水炭酸ナトリウム 0.2 g
   │── 2% ダンシルクロリド・アセトン溶液 2 mL
   │   加温（遮光下，水浴中 45℃，2時間）
   │── 10% プロリン溶液 0.5 mL
   │   振とう
   │   放置（10分間）
   │── トルエン 5.0 mL
   │   振とう（強振，1分間）
トルエン層 ── 5 mL
   │   減圧濃縮（遮光下，45℃以下）
残　渣
   │── アセトニトリルで 1.0 mL
試料溶液
   │
HPLC で定性・定量
```

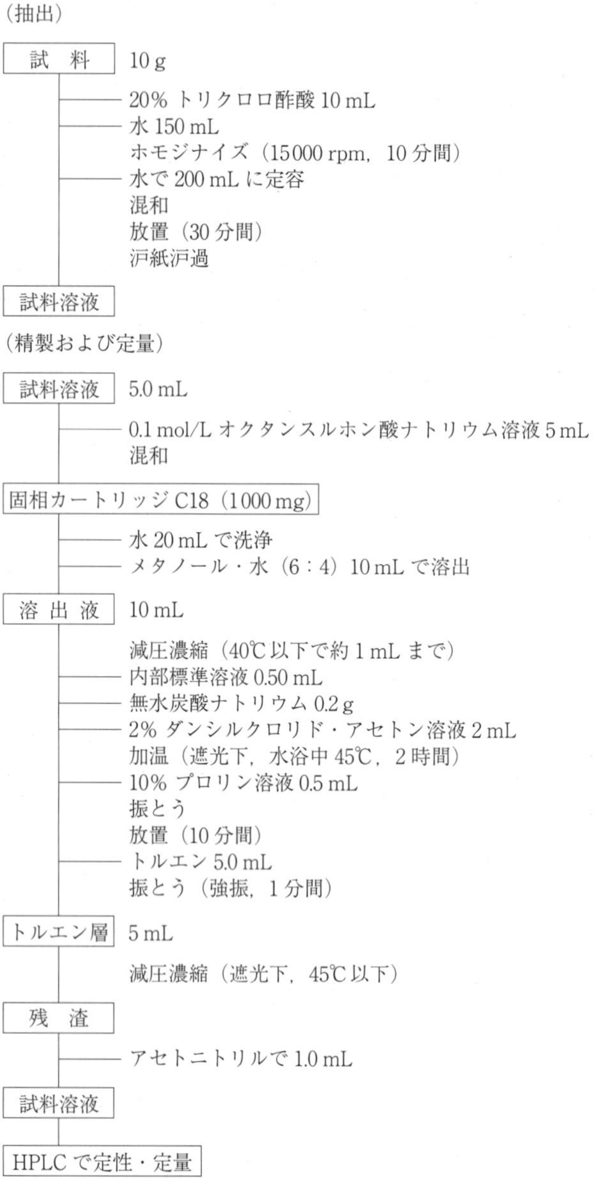

食品衛生検査指針理化学編 2005 より加筆・修正して引用．

図 1　ポリアミン分析の前処理例

ム誘導体化を行った分析法が採用されている．この分析法のフローチャートを図1に示す．

 手順としては，抽出⇒前処理（固相抽出）⇒誘導体化⇒分析となる．誘導体化を行ってしまえば，ポリアミンの炭素差の違いをODSカラムを用いて容易に分離することが可能である．この分析例を図2に示す．このように，プレカラム誘導体化を行えば，移動相に塩を添加せずに測定が可能である．

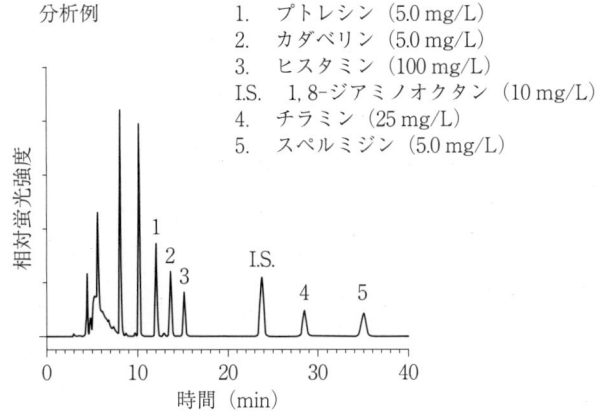

分析例

1. プトレシン（5.0 mg/L）
2. カダベリン（5.0 mg/L）
3. ヒスタミン（100 mg/L）
I.S. 1,8-ジアミノオクタン（10 mg/L）
4. チラミン（25 mg/L）
5. スペルミジン（5.0 mg/L）

HPLC条件
 カラム：Inertsil ODS-SP
  （5 μm, 250×4.6 mm i.d.）
 ガードカラム：カートリッジE ODS-SP
  （5 μm, 10×4.0 mm i.d.）
 溶離液：A）CH_3CN　B）H_2O
  A/B＝65/35, v/v, 1.0 mL/min
 温度：40℃
 検出器：蛍光検出器　E_x 325 nm, E_m 525 nm
 注入量：10 μL

図2　プレカラム誘導体化によるポリアミンのクロマトグラム例

文　献
1) 社団法人日本食品衛生協会「食品衛生検査指針理化学編2005」, p.621〜630.
 ジーエルサイエンスLCテクニカルノートNo.48：http://www.gls.co.jp/hplc.html
2) 久保亮五・長倉三郎・井口洋夫，他編，「理化学辞典　第4版」，岩波書店（1989）.

63 水溶性ビタミンを分ける

はじめに　水溶性ビタミン類とそのおもな関連物質は，構造や物性が異なる．本項では，代表的な水溶性ビタミンの分離，検出法について解説する．

水溶性ビタミン類の分離

おもな水溶性ビタミンの一覧を表1に記載する．一般的には，一つの条件でこれらすべての水溶性ビタミンを分離することはむずかしい．水溶性ビタミンの分離は，主として，逆相系ODSカラム，HILICカラムや逆相系ポリマーなども利用する．なお，ODS系カラムでも，ベースとなるシリカゲルに存在する残存シラノール基のエンドキャッピングの処理違い，ODSの結合様相など様々な条件の違いによって，分離パターンは異なってくる．溶離液は，アセトニトリルまたはメタノールと緩衝液の混合溶液を移動相として使用する．場合によっては，移動相にイオンペア試薬を添加することもある．さらに，複数の水溶性ビタミンや関連物質の同時分離には，グラジエント溶出法を用いる場合がある．図1は，10種類の水溶性ビタミンを逆相系のODSカラムで分離した例である．

表1 水溶性ビタミン

ビタミンの分類	成分名	関連物質，その他の情報
ビタミンB_1	チアミン	天然物中には，遊離型のほかに，チアミン一リン酸，チアミン二リン酸，チアミン三リン酸の3種のB_1リン酸エステルがある．
ビタミンB_2	リボフラビン	動植物内ではエステル型として存在し，フラビンモノヌクレオチド (FMN)，フラビンアデニンヌクレオチド (FAD) がある．
ビタミンB_6群	ピリドキシン ピリドキサール ピリドキサミン	天然物中に存在するビタミンB_6には，左記3種類があり，大部分は，リン酸エステルとして存在する．
ビタミンB_3	ニコチン酸（ナイアシン） ニコチンアミド （ナイアシンアミド）	ニコチン酸およびニコチンアミドは，動植物体内では，おもにニコチンアミドアデニンジヌクレオチド (NAD)，およびニコチンアミドアデニンジヌクレオチドリン酸エステル (NADP) の形で存在する．
	パントテン酸	食品中には，遊離型とCoAなどの結合型として存在する．
	ビオチン	
	葉酸	
ビタミンB_{12}群	シアノコバラミン	ビタミンB_{12}関連物質は，共通してコリン核をもっている．シアノコバラミン，アデノシルコバラミン，メチルコバラミンなどがある．
ビタミンC	アスコルビン酸	天然に存在するビタミンCには，還元型 (L-アスコルビン酸) と酸化型 (L-デヒドロアスコルビン酸) がある．

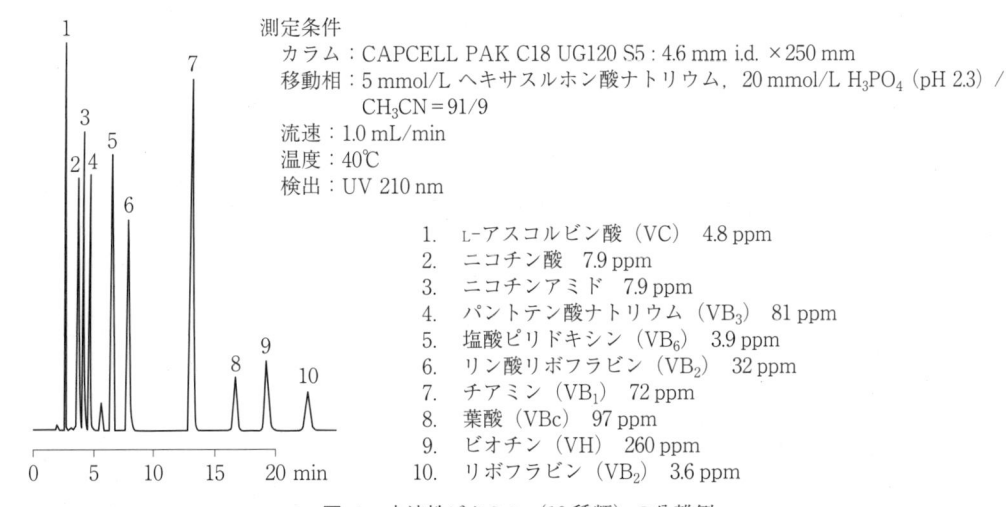

測定条件
カラム：CAPCELL PAK C18 UG120 S5：4.6 mm i.d. ×250 mm
移動相：5 mmol/L ヘキサスルホン酸ナトリウム，20 mmol/L H$_3$PO$_4$ (pH 2.3) /
　　　　CH$_3$CN＝91/9
流速：1.0 mL/min
温度：40℃
検出：UV 210 nm

1. L-アスコルビン酸（VC）　4.8 ppm
2. ニコチン酸　7.9 ppm
3. ニコチンアミド　7.9 ppm
4. パントテン酸ナトリウム（VB$_3$）　81 ppm
5. 塩酸ピリドキシン（VB$_6$）　3.9 ppm
6. リン酸リボフラビン（VB$_2$）　32 ppm
7. チアミン（VB$_1$）　72 ppm
8. 葉酸（VBc）　97 ppm
9. ビオチン（VH）　260 ppm
10. リボフラビン（VB$_2$）　3.6 ppm

図 1　水溶性ビタミン（10種類）の分離例

水溶性ビタミンの個別測定の特徴

(1) ビタミン B$_1$（チアミン）

チアミンは，ODSカラムを用いて分離する例が多い．しかし，塩基性の物質であるため，ベースとなるシリカゲルに存在する残存シラノール基のエンドキャップが不十分なODSカラムでは，テーリングを起こすなどのピーク形状が悪くなる現象が発生しやすい．このような場合は，イオンペア試薬を用いた移動相により解消できることがある．また，衛生試験法には，逆相系ポリマー充てん剤であるポリグリセリンメタクリレートをカラムに使用している．

検出には，検出波長254 nmでのUV検出や比較的短い波長で励起する蛍光検出（蛍光が弱く，選択性も低い）なども用いられるが，実試料中の妨害成分が多い場合や，高感度検出が必要な場合は，ポストカラム誘導体化法が有効である．特に食品などの測定では，K$_3$[Fe(CN)$_6$]の水酸化ナトリウム水溶液を用いて，チアミンを強い蛍光物質であるチオクロームに変換し，高感度かつ，選択的な検出を行えるようにする．衛生試験法には，この方法が収載されている．

(2) ビタミン B$_2$（リボフラビン）

ビタミン B$_2$ には，リボフラビン，フラビンモノヌクレオチド（FMN），フラビンアデニンジヌクレオチド（FAD）の分離定量法とFMN，FADを酸加水分解し，すべてリボフラビンとして測定する定量法がある．分離定量法では，三つの成分は，保持が大きく異なり，通常のODSの場合は，FAD，FMN，リボフラビンの順番に溶出する．

(3) ビタミン C（アスコルビン酸）

ビタミン Cは，直接分離する場合は，極性が高くODSでは，保持が小さく早く溶出してしまい妨害成分などとの分離が十分にできない場合がある．そのため，ポリマー基材やシリカゲルにアミノ基を修飾したHILICカラムを使用したり，また，有機酸分析用のイオン排除モードのカラム（Shodex RSpak KC-811）を用いて測定するこ

ともできる.

　天然に存在するビタミンCには，還元型（L-ascorbic acid）と酸化型（L-dehydro-ascorbic acid）がある．この両方を併せた総ビタミンCの定量方法には，2,4-ジニトロフェニルヒドラジン（2,4-DNPH）を用いてプレカラム誘導体化を行い，分離カラムには，順相系のシリカゲルカラムを用いて測定する方法もある．この方法では，酢酸エチル/ヘキサン/酢酸の混合溶媒を移動相として使用し，495 nm の可視光で検出している．

おわりに　　実試料中の水溶性ビタミンを定量するには，基本的なことではあるが，試料に存在する妨害成分の影響を避けるべく，ビタミンの誘導体化を行う，あるいは選択的な検出法を用いるといった工夫がよい結果を得られるコツとなる.

64 脂溶性ビタミンを分ける

はじめに　脂溶性ビタミン類は，ビタミンA類，ビタミンD類，ビタミンE類，ビタミンK類であり，その構造や物性が異なる．本項では，代表的な脂溶性ビタミンの分離，検出法について解説する．

脂溶性ビタミン類の分離

おもな脂溶性ビタミン類とその関連物質の一部を表1に示す．一般的には，一つの条件ですべての脂溶性ビタミンとその関連物質を分離することはむずかしい．脂溶性ビタミン類の分離は，主として逆相系のODSカラムを使用し，場合によっては，シリカゲルカラムやシリカ系NH_2カラムを用いた順相系による分離を行う場合がある．

表1　水溶性ビタミン

ビタミンの分類	成分名	関連物質，その他の情報
ビタミンA	レチノール系化合物	多くのシス，トランス異性体が存在する．ビタミンAパルミテートやビタミンAアセテートなどの関連物質もある．
ビタミンD	エルゴカルシフェロール（ビタミンD_2） コレカルシフェロール（ビタミンD_3）	
ビタミンE	トコフェロール （$\alpha, \beta, \gamma, \delta$-トコフェロール）	天然に存在するビタミンE作用物質には，トコフェロールとは側鎖構造の異なるトコトリエノールがある．合成品は，dl-α-トコフェロールがある．天然に存在するトコフェロールは，d型である．また，これらのα-トコフェロールアセテートなどもある．
ビタミンK類	cis-フィロキノン（ビタミンK_1） $trans$-フィロキノン（ビタミンK_1）	
	メナキノン類（ビタミンK_2）	ビタミンK_2は，その側鎖のイソプレン単位の数に応じてメナキノン-n（MK-n）とよばれている．一般的に多いのは，メナキノン-4（MK-4）であるが，納豆中には，メナキノン-7（MK-7）が多く含まれている．
	メナジオン（ビタミンK_3）	

脂溶性ビタミン7種類の分離例を図1に示す．この測定は，分離カラムにODSカラム，移動相にアセトニトリルとメタノールを混合した溶媒を用いている．移動相に上記メタノールの代わりに，ビタミンの溶解性やカラムの保持能力の違いによっては，エタノールや2-プロパノールなどを使用したり，分離の選択性を変える目的などによっては，THF（テトラヒドロフラン）などの溶媒を混合することもある．塩素系のクロロホルムなどを混合している条件もあるが，塩素系溶媒については，環境問題などへの配慮から，その使用は，徐々に減少しているので，THFなどを使用することをすすめる．また，脂溶性ビタミンの保持を大きくするために，移動相にわずかに水を加えることによって移動相の溶出力を弱くし，測定している例もある．

脂溶性ビタミンの個別測定の特徴

(1) ビタミンE

測定条件
　カラム：CAPCELL PAK C18 UG120 S5：4.6 mm i.d. ×250 mm
　移動相：CH$_3$CN/CH$_3$OH＝80/20
　流速：1.0 mL/min
　温度：35℃
　検出：UV 254 nm

1. ビタミン K$_3$
2. ビタミン A
3. ビタミン D$_2$
4. ビタミン D$_3$
5. ビタミン E
6. ビタミン E アセテート
7. ビタミン K$_1$

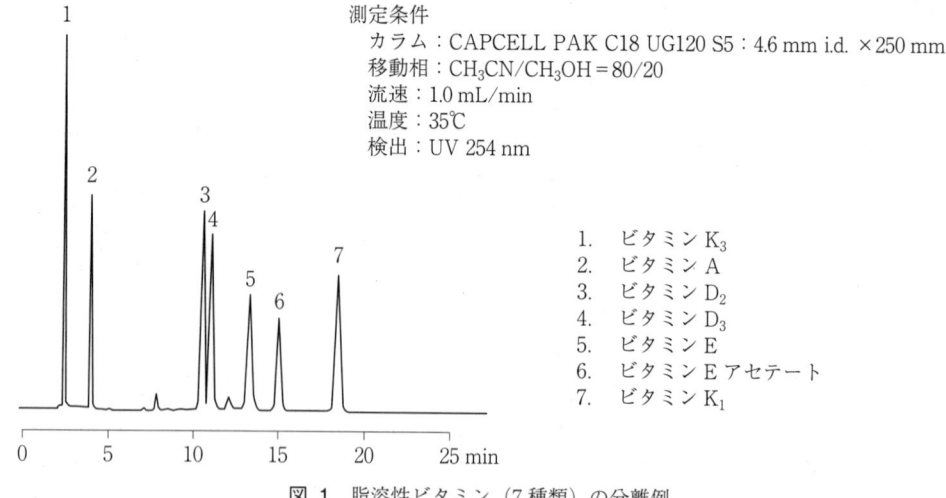

図1　脂溶性ビタミン（7種類）の分離例

ビタミンEの異性体であるトコフェロールα，β，γ，δの4種類の分離は，β，γについては，メチル基の位置異性体であるため，ODSカラムでは，分離がきわめて困難である．しかし，シリカゲルまたはシリカ系NH$_2$を用いた順相クロマトグラフィーでは，この四成分を分離することができる．このとき，ヘキサンやイソオクタンと2-プロパノールやエタノールなどの混液に，酢酸をわずかに加えた移動相を用いている．なお，ビタミンEの検出は，通常はUV検出器（検出波長280 nm付近）でも可能であるが，選択的かつ高感度検出が必要な場合は，蛍光検出器や電気化学検出器（逆相系）を使用する．

　(2) ビタミンK

ビタミンK$_1$，K$_2$，K$_3$のように，分子構造中に炭素鎖の長さが異なる成分同士の分離には，ODSカラムを用いても良好に分離する．このときの移動相は，メタノールやエタノール，2-プロパノールなどの混合溶媒を用いる．高感度かつ選択的な検出が必要となる場合は，電気化学検出器と蛍光検出器を直列に接続し，分離カラムから溶出してきたビタミンK類を電気化学検出器のセル内で還元し，強い蛍光強度を有するハイドロキノンに変換し，蛍光検出する方法が採られる．電気化学検出器のかわりに，還元カラムを分離カラムの直後に接続し，同様の測定を行う例もある．電気化学検出器による誘導体化よりも簡便である．衛生試験法には，この還元カラム法が掲載されている．

　(3) ビタミンA

ビタミンAは，レチノールであるが，レチニルアセテートなどのアセチルエステルも測定対象となる．このような構造の違いがある化合物は，ODSカラムでも分離可能である．しかし，ビタミンA関連物質には，シス，トランス型の構造異性体が存在し，これらの分離には，シリカゲルなどの順相系を使用した方が，逆相系のカラムよりもよい結果を得ることができる．

おわりに　脂溶性ビタミンは，逆相系，順相系の分離条件を適用できるが，分析目的やその分離したい成分の構造などにより，適切に選択する必要がある．

65 オリゴ DNA を分ける

はじめに　本項ではオリゴ DNA の概要と HPLC 分析法について紹介する．

オリゴ DNA について

オリゴ DNA とは oligo deoxyribo nucleic acid を省略した名前で，deoxyribo nucleotide が 2～30 程度，ホスホジエステル結合でつながってオリゴマーを形成している．図 1 にオリゴ DNA の構造式を示す．

逆相 HPLC 分析法の紹介

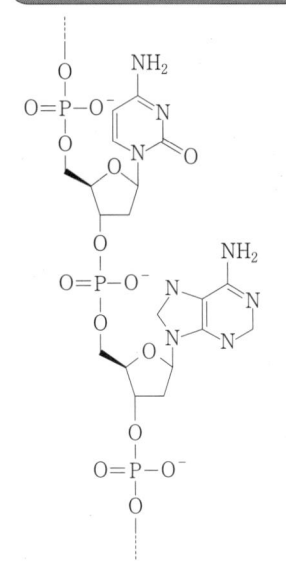

図 2 にオリゴ DNA の逆相 HPLC 分析条件を紹介する．本法では，トリエチルアミンと酢酸で溶離液の pH を 7 に調整する．調整時には pH がずれやすいので慎重に試薬を加える．アミン臭がするので，換気にも気をつける．下記の例では記述がないが，このような条件下で UV 検出器で十分に検出できる量は，0.1 µg オーダーである．

```
測定条件
  カラム：XTerraMS C₁₈ 3.5 µm 30×4.6 mm i.d.（Waters Co.）
  溶離液：A) CH₃CN/0.1 mol/L TEAA（pH 7）= 20/80, v/v
          B) CH₃CN/0.1 mol/L TEAA（pH 7）= 5/95, v/v
          A/B = 73.3/26.7 − 20 min − 46.7/53.3, v/v
  流速：0.5 mL/min
  カラム温度：50℃
  検出：PDA（260 nm）
  溶質：2～30 mer オリゴデオキシチミジンラダー
  J. Chromatogr., A, 2002, 958, 167.
```

図 2　オリゴ DNA の逆相 HPLC 分析条件

図 1　オリゴ DNA の構造式

陰イオン交換 HPLC 分析法の紹介

また，図 3 に陰イオン交換 HPLC 分析条件を紹介する．本法では，スチレン−ジビニルベンゼン基材にジエチルアミノエチル基を修飾したカラムを使い，塩化ナトリウムの濃度を高くしていくグラジエントをかけ，DNA 中のリン酸基と，塩化ナトリウム中の塩化物イオンの交換を行っている．

```
測定条件
  カラム：Vydac 301 VHP575 50×7.5 mm i.d.（Vydac Co.）
  溶離液：A) 0.05 mol/L Tris-HCl, 0.5 mol/L NaCl（pH 8）
          B) 0.05 mol/L Tris-HCl（pH 8）
          A/B = 0/100 − 60 min − 100/0, v/v
  流速：1 mL/min
  カラム温度：35℃
  検出：UV 260 nm
  注入量：30 µL
  溶質：11 mer DNA（5 µM）
  J. Chromatogr., A, 2001, 922, 177.
```

図 3　オリゴ DNA の陰イオン交換 HPLC 分析条件

検出されている量は，0.1 µg オーダーとなっている．

66 環境ホルモンを分ける

はじめに　「環境ホルモン」とは内因性のホルモンと類似の作用または阻害作用を示す外因性内分泌攪乱化学物質の呼称であり，科学用語として適しているか否かの議論はあるが一般に広く浸透しており，日本内分泌攪乱化学物質学会では正式な用語として採用されている．

環境ホルモンには数 ng/L というごく低濃度でホルモン様作用を起こすものもあると考えられており，高感度分析法が必要とされている．ここでは環境ホルモンとして疑われている化学物質を環境水中から抽出し，ng/L で測定する方法について解説する．

環境ホルモンとして疑いのある化学物質

1998 年に発表された環境庁（当時）SPEED'98 にて，内分泌攪乱作用を有すると疑われる化学物質 67 物質が示されたが，その後哺乳類に対する作用が疑わしい物質が多いことから現在では規制の対象となっていない．現在も環境ホルモンとして疑いのある化学物質群として下記があげられる．

① 農薬類
② PCB 類，ダイオキシン類，フラン類
③ アルキルフェノール類，ビスフェノール A
④ ステロイドホルモン類
⑤ 環境中に排出された医薬品類

これら化学物質群には内因性ホルモンと類似構造をもつものもあれば，類似性が認められないものもあるが，非常に幅広い化合物が含まれ，分析法には高感度だけではなく汎用性と高分離能が必要とされる．

現時点において環境ホルモンの疑いをもつ化合物群を高感度分析する方法として逆相固相抽出-UPLC/MS/MS 法の例を紹介する．

環境水中環境ホルモン濃縮法例

環境ホルモンとして疑われている化合物群を幅広く濃縮する方法として逆相固相抽出を使用した例を図 1 に紹介する．

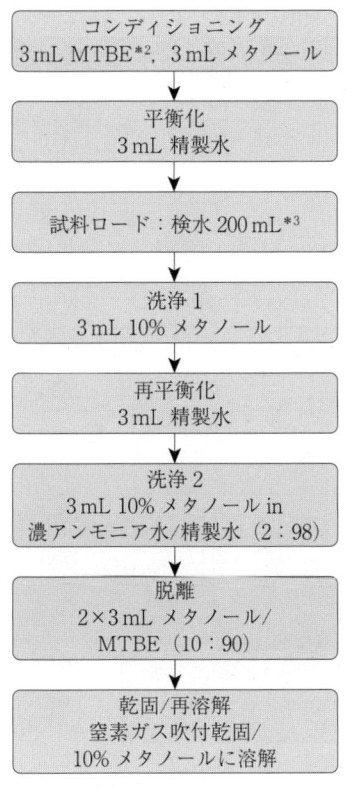

```
┌─────────────────────┐
│ コンディショニング      │
│ 3 mL MTBE*2, 3 mL メタノール │
└──────────┬──────────┘
           ↓
┌─────────────────────┐
│ 平衡化               │
│ 3 mL 精製水          │
└──────────┬──────────┘
           ↓
┌─────────────────────┐
│ 試料ロード：検水 200 mL*3 │
└──────────┬──────────┘
           ↓
┌─────────────────────┐
│ 洗浄 1               │
│ 3 mL 10% メタノール   │
└──────────┬──────────┘
           ↓
┌─────────────────────┐
│ 再平衡化             │
│ 3 mL 精製水          │
└──────────┬──────────┘
           ↓
┌─────────────────────┐
│ 洗浄 2               │
│ 3 mL 10% メタノール in │
│ 濃アンモニア水/精製水 (2:98) │
└──────────┬──────────┘
           ↓
┌─────────────────────┐
│ 脱離                 │
│ 2×3 mL メタノール/    │
│ MTBE (10:90)         │
└──────────┬──────────┘
           ↓
┌─────────────────────┐
│ 乾固/再溶解          │
│ 窒素ガス吹付乾固/     │
│ 10% メタノールに溶解  │
└─────────────────────┘
```

図 1　環境水中環境ホルモン濃縮法例

使用固相カートリッジ Oasis HLB Glass*1 5 mL/200 mg（Waters Co.）
* 1：環境ホルモンにはポリプロピレンやポリエチレンなどの樹脂に微量含まれるものもあるため，ここではガラス製固相抽出製品を使用
* 2：methyl t-butyl ether
* 3：あらかじめリン酸塩緩衝液などを加えて pH 3 に調整

環境ホルモン分析例

ここでは環境ホルモンとして疑いのある化合物の中で下記について分析した例を示す．

- 天然エストロゲン：estrone, 17α-and 17β-estradiol
- 経口避妊薬やホルモン補充療法における人工エストロゲン：17β-estradiol
- フェノール類：bisphenol A

表 1 に上記分析種の MRM 条件，図 1 以降に分析例を示す．

表 1　MRM条件，上段：定量用イオン，下段：確認用イオン

保持時間（min）	分析種	プリカーサーイオン	プロダクトイオン	コーン電圧（V）	コリジョンエネルギー（eV）
2.35	estriol	287.0	171.0	60	38
		287.0	145.0		44
2.81	bisphenol A	227.0	212.1	40	20
		227.0	133.0		25
3.03	estrone	269.0	145.0	60	41
		269.2	143.0		53
3.05	17β-estradiol	271.1	145.0	60	42
		271.1	183.0		42
3.09	17α-ethinyl estradiol	295.0	145.0	55	40
		295.0	143.0		55
3.05	17α-estradiol	271.1	145.0	60	42
		271.1	183.0		42

表 2　河川水添加回収試験結果

分析種	平均回収率 RSD（%） 10 ng/L	平均回収率 RSD（%） 100 ng/L
estriol	109 (8)	103 (2)
bisphenol A	122 (29)	109 (6)
estrone	120 (14)	109 (4)
17β-estradiol	107 (8)	97 (3)
17α-ethinyl estradiol	132 (17)	99 (11)
17α-estradiol	129 (8)	108 (7)

表 3　検出下限値例

分析種	検出下限値（ng/L） 200 mL sample
estriol	4
bisphenol A	2
estrone	0.5
17β-estradiol	1
17α-ethinyl estradiol	1.5
17α-estradiol	1

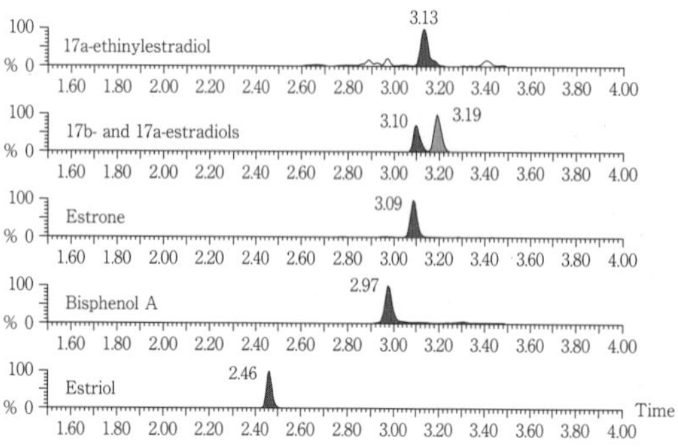

UPLC 分離条件
　カラム：ACQUITY UPLCR® BEH C$_8$ カラム
　　　　2.1×50 mm, 1.7 μm（Waters Co.）
　カラム温度：40℃
　移動相流速：0.45 mL/min
　移動相A：濃アンモニア水/精製水 0.1：99.9
　移動相B：濃アンモニア水/メタノール 0.1：99.9
　グラジエント：0.00 min　　10% B
　　　　　　　　0.50 min　　10% B
　　　　　　　　4.00 min　　95% B
　　　　　　　　5.00 min　　95% B
　　　　　　　　5.10 min　　10% B
　サイクルタイム：8.00 min
　サンプル注入量：20 μL

図 2　1 ng/mL 標準クロマトグラム

図3 50 ng/mL 添加河川水 200 倍濃縮サンプルのクロマトグラム

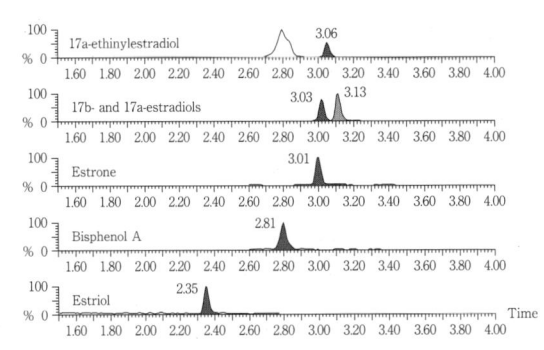

MS検出条件
使用装置：タンデム四重極型質量分析計（Waters Co.）
イオン化モード：ESI ネガティブ
キャピラリー電圧：2.0 kV
脱溶媒ガス：窒素，800 L/hr（400℃）
コーンガス：窒素，20 L/hr
ソース温度：120℃
コリジョンガス：アルゴン，3.5×10^{-3} mBar
測定モード：Multiple Reaction Monitoring（MRM）
マスピーク幅：<0.7 Da

おわりに　以上紹介した分析例は下記を満足する．

　十分な感度〜定量下限値 5 ng/L 以下
　構造異性体である 17α-estradiol と 17β-estradiol のベースライン分離
　8 min のサイクルタイム
　回収率および再現性のよい固相抽出法
　化合物ごとに二つのイオンをモニターすることにより確認試験も実施

17α-estradiol と 17β-estradiol は構造異性体であり MS で検出されるイオンは全く同一である．前述の例では完全分離されており分別定量が可能となる．
また逆相固相抽出を使用した濃縮法により簡易かつ迅速に 200 倍の濃縮が可能で，回収率，変動係数ともに良好である．

環境ホルモンとして疑われている化合物群と健康影響との相関解明についてはまだ時間を有するが，現時点において疑われている成分の環境中濃度をモニターすることの必要性は明確である．

4 分離

67 多環芳香族化合物を分ける

はじめに　多環芳香族化合物（polycyclic aromatic hydrocarbons：PAHs）は毒性および発癌性の観点から，EPA（米国環境保護庁，Method610）では16種類のPAHsを規定している．HPLCによるPAHs分析では，吸光度検出器または蛍光検出器（以下FLD）を用いるのが一般的であるが，感度および選択性を考えるとFLDによる検出が良好であることから，本項ではFLDを用いた方法について述べる．

分析方法　PAHsの標準試料は各種販売されているが，NIST（米国標準技術研究所）から16種類のPAHsを含有する混合溶液（アセトニトリル溶液）としてSRM1647が販売されており，濃度が規定されている．

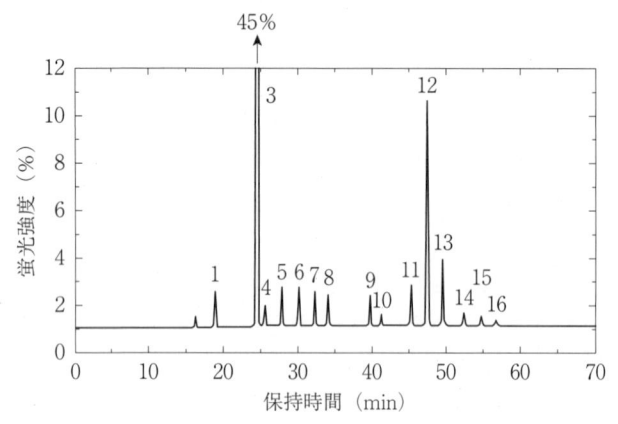

試料：SRM1647をアセトニトリルで100倍希釈，濃度とピークNo. は表2に対応している．

図1　蛍光検出によるPAHsのクロマトグラム

HPLC測定条件の一例を表1に示す．ODS（オクタデシルシリル化シリカゲル）カラムを用い，移動相は水/アセトニトリルのグラジエント溶離で行う．PAHsは化合物によってFLDの励起波長および蛍光波長が異なるため，より高感度に分析するには，それぞれのPAHs化合物の保持時間にあわせて励起波長と蛍光波長を変更する必要がある（表2参照）．励起および蛍光スペクトルにおける極大吸収波長はFLDの機種により異なるため，所有のFLDに最適な波長に設定する必要がある．アセナフテンとフルオレンのような隣接したピークの場合は，平均的な波長を設定する方がよい．またFLD感度に影響を与えるため，移動相はオンライン脱気を行う[1]．アセナフチレンはFLDに感度がないため吸光度検出器（吸収波長322 nm）を用いる．

試料は固相抽出などの前処理を行い，妨害成分やカラムに吸着残存する成分を除去してから分析することが大切である[2,3]．軽質のPAHs（特にナフタレン）は前処理操作中に損失し回収率が低下する場合があるため注意が必要である．PAHsはガードカラムに吸着した汚染物質の影響を受けやすいため，ガードカラムは定期的に交換す

る．特にベンゾ[a]ピレン以降に溶出する成分は影響を受けやすい．PAHs は局所排気装置を完備した場所で保護具を着用し，十分に注意して取り扱う．

表 1　HPLC の測定条件

注入量	10 μL
カラム	Supelguard　LC-18　5 μm（4×20 mm）+ SUPELCOSIL　LC-PAH　5 μm（4.6×250 mm）
オーブン温度	25℃
移動相	A：H$_2$O　B：アセトニトリル
グラジエント（min，A%，B%）	(0, 55：45) → (7.5, 55：45) → (45, 0：100)
流速	1.0 mL/min
検出	蛍光検出

表 2　蛍光検出のタイムテーブルの一例

No.	化合物	濃度[2] (ng/mL)	保持時間 (min)	波長変更時間 (min)	励起波長 (E$_x$) (nm)	蛍光波長 (E$_m$) (nm)
1	ナフタレン	201	19.0	0	228	335
2	アセナフチレン[1]	155	FLD 未検出	—	—	—
3	アセナフテン	208	24.5	21.7	228	325
4	フルオレン	48	25.5		〃	〃
5	フェナンスレン	34	27.8	26.6	247	363
6	アントラセン	8	30.1	29.0	〃	395
7	フルオエアンセン	76	32.3	31.2	231	430
8	ピレン	85	34.1		〃	〃
9	ベンゾ[a]アントラセン	41	39.7	37.0	248	402
10	クリセン	37	41.2		〃	〃
11	ベンゾ[b]フロオランセン	42	45.3	43.3	230	440
12	ベンゾ[k]フロオランセン	47	47.4	46.3	245	425
13	ベンゾ[a]ピレン	49	49.5	48.5	247	417
14	ジベンゾ[a, h]アントラセン	35	52.4	51.0	228	408
15	ベンゾ[ghi]ペリレン	37	54.7	53.6	〃	420
16	インデノ[1, 2, 3-cd]ピレン	43	56.7	55.7	246	485

1) アセナフチレンは FLD で感度がないため吸光度検出器により検出する．
2) SRM1647 をアセトニトリルで 100 倍に希釈した溶液．ng は 10^{-9}g

おわりに　PAHs の分析では HPLC の他に GC/MS などの方法もあるが，蛍光検出器を用いた HPLC は高感度で選択性に優れた分析法である．PAHs の分析は成分数が多いため定量操作が煩雑であるが，現在は HPLC の自動化が進み波長変更（タイムテーブル）なども自動で行うことが可能であり，環境分析の観点からも重要な分析法である．

文　献
1) 中村　洋 企画・監修，(社)日本分析化学会 液体クロマトグラフィー研究懇談会編集，「液クロ実験 *How to* マニュアル」，p.157, みみずく舎 (2007).
2) 同上，p.43.
3) 中村　洋 監修，(社)日本分析化学会 液体クロマトグラフィー研究懇談会編集，「液クロ 虎の巻」，Q71, 筑波出版会 (2001).

5

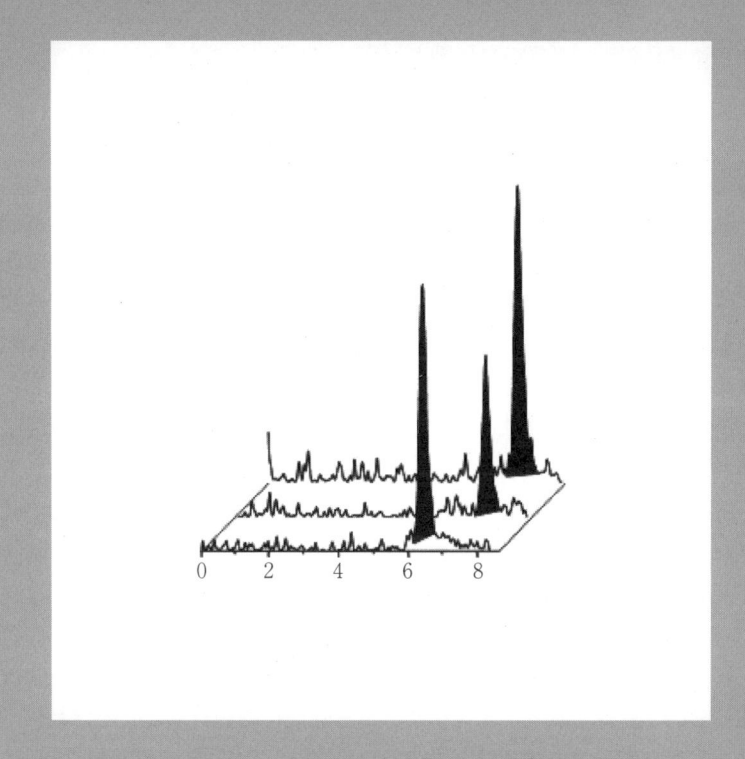

検　　　出

68 塩基性物質をポストカラム蛍光検出する

はじめに　ここでは塩基性化合物の中でもアミノ基やイミノ基をもつ化合物，いわゆる一級，二級アミンについてのポストカラム蛍光誘導体化法を紹介する．

分析法の種類

塩基性物質のポストカラム蛍光誘導体化の方法としては，オルトフタルアルデヒド（OPA）/チオールやニンヒドリンを反応試薬として使用する方法があげられる．ただし，ニンヒドリンは一般的にはアミノ酸などの一級，二級を対象に可視光の吸収を目的として使用されることが多い．それぞれには以下のような特徴がある．なお，波長については，移動相や反応条件によっても異なる場合がある．

OPA/チオール　・一級アミンのみが蛍光物質を生成
　　　　　　　・室温でも容易に反応
　　　　　　　・励起波長：350 nm；蛍光波長：450 nm

ニンヒドリン　・グアニジノ基と反応
　　　　　　　・アルカリ加水分解と高温での反応が必要
　　　　　　　・励起波長：395 nm；蛍光波長：500 nm

分析時の注意点

塩基性物質のポストカラム蛍光検出を行うさい，カラムの選択にも注意が必要である．目的成分が塩基性物質であるため陽イオン交換カラムを使用するか，疎水性相互作用を利用した逆相分配のカラムで分離するかによって注意点を記述する．

まず，前者の陽イオン交換カラムを使用する場合には，100 mmol/L 以上の塩濃度の緩衝液を移動相として使用することが多い．このとき，塩が析出しないように，取り扱わないと装置やカラムの故障へとつながる．具体的には，分析終了後には必ず精製水で置換するべきである．

次に逆相分配カラムを用いた場合の注意点として，塩基性化合物の吸着の少ないカラムを選択することが重要である．具体的には，特にシリカゲルを基材としたカラムでは，エンドキャップがしっかりしてあることが重要である．

分析例

塩基性化合物のポストカラム蛍光検出するための分析法として，水道などの水質試験において農薬であるイミノクタジン三酢酸塩の分析法として使われているニンヒドリン試薬を使った方法を紹介する．この方法は，ODSカラムを使用して分離を行い，カラム溶出液に水酸化ナトリウムを加えてイミノクタジンを加水分解後，ニンヒドリンと反応させ，蛍光誘導体化する方法である．

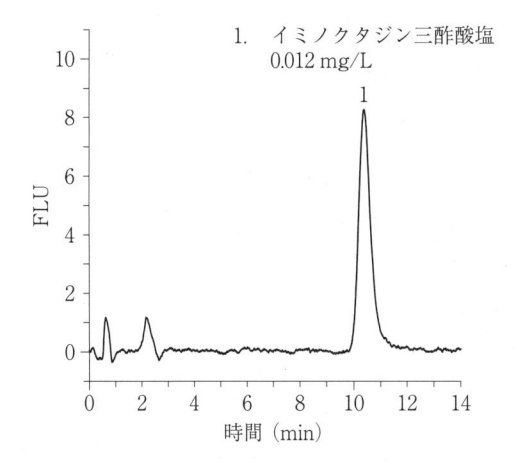

68 塩基性物質をポストカラム蛍光検出する

1. イミノクタジン三酢酸塩 0.012 mg/L

HPLC 条件
カラム：Inertsil ODS-3（5 μm, 150×4.6 mm i.d.）
溶離液：A）CH$_3$CN
　　　　B）過塩素酸緩衝液
　　　　A/B=5/17（v/v）
流量：1.2 mL/min
カラム温度：40℃
検出：FL E$_x$ 395 nm E$_m$ 500 nm
注入量：200 μL
反応液①：0.5 mol/L 水酸化ナトリウム溶液 0.3 mL/min
反応液②：0.3 g/L ニンヒドリン溶液 0.2 mL/min
反応温度：100℃

過塩素酸緩衝液：過塩素酸ナトリウム 14.1 g，水酸化ナトリウム 400 mg および乳酸 1.8 mL を精製水に溶かして 1L としたもの

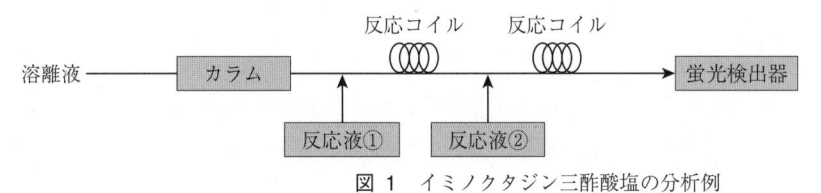

図 1　イミノクタジン三酢酸塩の分析例

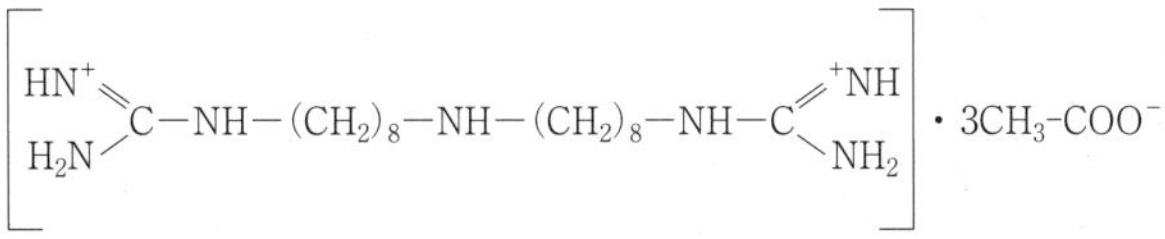

図 2　イミノクタジン三酢酸塩の構造式

69 ヒドロキシル基をプレカラム誘導体化する

はじめに　ヒドロキシル基にはアルコール性とフェノール性のものがある．いずれも食品や生体内の重要な構成成分であり，分析のニーズは高い．選択的に感度よく分析するためのプレカラム誘導体化-HPLCは，ヒドロキシル基を有する化合物群にとって重要な技術である．

なぜプレカラム誘導体化は必要か

アルコール性ヒドロキシル基を有するものは，特徴的な吸収または発光スペクトルを有するものが少なく，食品や生体試料中の他の成分と区別し，感度よく検出することはむずかしい．そのため，ヒドロキシル基を誘導体化することで，それらの分析感度を増大させ，選択性を上げることが望ましい．

しかし，他の官能基と異なり，ヒドロキシル基は反応性が低いため，ヒドルキシル基をターゲットにするよりもむしろ，化合物内に他の官能基がある場合，その構造的な特徴を活かして，誘導体化する場合が多い．

一方，フェノール性ヒドロキシル基は，特徴的な吸収または発光スペクトルを有するものも多い．最近，環境中の内分泌攪乱物質としていくつかのフェノール類が注目され，高感度分析の必要性が増している．また生体組織中のステロイドの測定は疾病の解明や診断，治療のために有用であり，特異性を高める必要もある．フェノール性ヒドロキシル基の反応性は，比較的高い．特に，近年，イオン化効率を高めるために，LC/ESI-MS用のフェノール性ヒドロキシル基誘導体化試薬も開発されてきている．

プレカラム誘導体化法の特徴

プレカラム誘導体化法は，専用の装置や複雑に装置を組み合わせる必要がなく，一般のHPLC装置で測定でき，高感度化が可能である，といった特徴を有する．しかし，自動化は一般的にむずかしい．また，試薬ブランク（過剰試薬や試薬分解物）と目的物と明確に分離しなければならない．誘導体化の効率が試料マトリックスの影響を受けやすいことには，特に留意しなければならない．

アルコール性ヒドロキシル基の代表的なプレカラム誘導体化試薬

ヒドロキシル基の代表的な誘導体化試薬にカルボン酸クロリドがあり，紫外吸収団を導入するために塩化ベンゾイルやその類縁体が，また，蛍光団として，4-(N-chloroformylmethyl-N-methyl) amino-7-N,N-dimethylaminosulfonyl-2,1,3-benzoxadiazole（DBD-COCl）やchloroformic acid 9-fluorenylmethyl ester（FMOC-Cl）などがある（図1）．いずれもヒドロキシル基に特異的ではなく，たとえばDBD-COClはアミノ基やチオール基と，FMOCはアミノ基と反応する．そのため，誘導体化前，あるいはHPLCに供する前に，他の官能性化合物やその誘導体化物をそれぞれ何らかの方法で除去することが，ヒドロキシル基を有する化合物を選択性高く分析をする上で重要な点である．

69 ヒドロキシル基をプレカラム誘導体化する

図1 アルコール性ヒドロキシル基の代表的な誘導体化試薬

ラット脳内の arachidonylethanolamide（anadamide）の測定

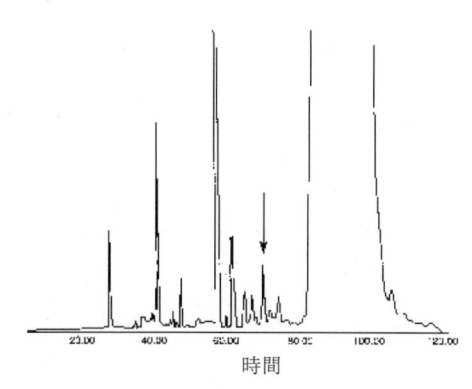

図2 ラット脳抽出物中の anandamide（DBD-COCl で誘導体化：↓のピーク）
Y. Arai, *et al.*, *Biomed. Chromatogr.*, **14**, 118〜124（2000）より転載．

【前処理と誘導体化】

① anadamide 抽出：ラット脳を氷冷下4 mL のアセトンでホモジネートし，6 mL のトルエンを加え，10分間振とう，遠心分離（2500×g，10分）後，有機層を分取し溶媒留去する．

② anadamide 精製：50％ エタノールヘキサン溶液300 μL に溶解し，そのうち 250 μL を，4 mL のエタノールとヘキサンであらかじめコンディショニングした固相抽出用カートリッジ（Sep-Pak NH$_2$）にロードし，ヘキサン4 mL で洗浄後，5％ エタノールヘキサン溶液4 mL で抽出し，溶媒留去する．

③ 誘導体化：残渣をアセトニトリル25 μL に溶解し，10 mmol/L の DBD-COCl アセトニトリル溶液（25 μL）を加え，攪拌後，混合物を60℃ で2時間加熱する．水-アセトニトリル（1：1（v/v）50 μL）で反応を停止する．

④ 誘導体の精製：反応混合物を150 μL のアセトニトリルと300 μL の水でコンディショニングした C$_{18}$ 固相抽出用カートリッジ Empore にロードし，40％ アセトニトリル水溶液（100 μL）で3回洗浄後，90％ アセトニトリル水溶液（100 μL）で2回抽出する．

【HPLC】

カラム1：TSKgel Super Phenyl
カラム2：TSKgel ODS-80Ts
トラップカラム：TSKguardgel ODS-80Ts（5 μL，150 mm×2 mm i.d.）

移動相と分離スキーム：①アセトニトリル-水（55：45）でカラム1から誘導体を溶出後，バルブを切り換え，トラップカラムに保持させる．②さらにバルブを切り

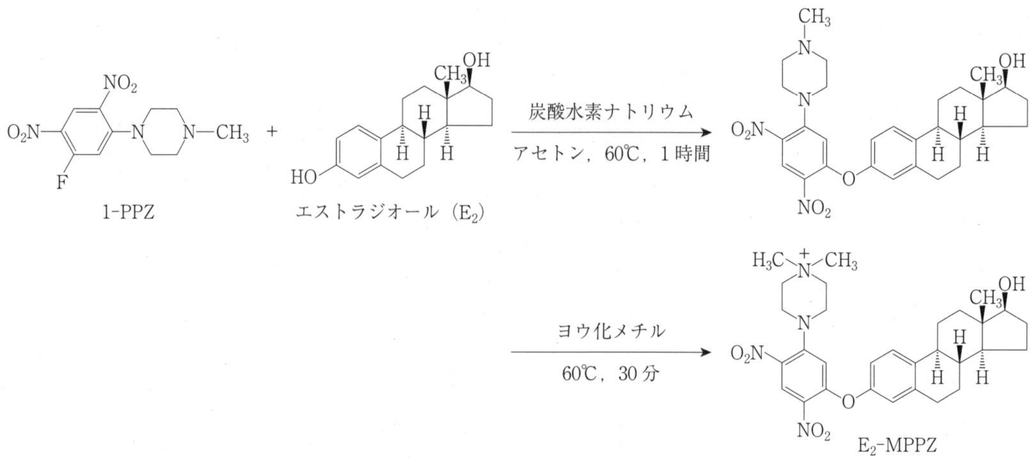

図 3 フェノール性ヒドルキシル基誘導体化試薬
1-(5-フルオロ-2,4-ジニトロフェニル)-4-メチルピペラジン (1-PPZ) の反応スキーム

換え,トラップした誘導体を 0.1% TFA を含むアセトニトリル-水 (25:75) を移動相とし,カラム 2 で分離.
蛍光検出:E_x450 nm/E_m560 nm

フェノール性ヒドロキシル基の代表的なプレカラム誘導体化試薬

フェノール性ヒドロキシル基を MS で測定するための試薬として,LC/ESI-MS 用誘導体化試薬として,1-(5-フルオロ-2,4-ジニトロフェニル)-4-メチルピペラジンが開発されている.アセトン中,炭酸水素ナトリウム存在下,エストラジオールのフェノール性ヒドロキシル基とすみやかに反応し,3-O-(2,4-ジニトロ-5-(4-メチルピペラジノ)フェニルエストラジオールを生成し,さらにヨードメタンを反応させ,アミノ基を四級化することで,定量的に正電荷を有する誘導体が得られる(図 3).この誘導体化により,エストラジオールは 2000 倍以上の高い検出感度を示す.LC/MS では選択性が高いため,UV や蛍光検出と異なり,分離前に十分な精製は必ずしも必要ではない.

妊婦血清中のエストロゲンの測定

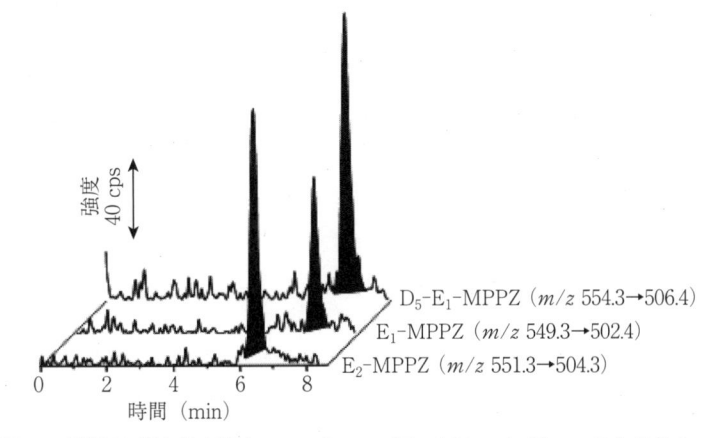

図4 妊娠21週女性血清中のエストロン（E₁：1.84 ng/mL），エストラジオール（E₂：3.43 ng/mL）のクロマトグラム（D₃-E₁-MPPZ）は内標
T. Nishio, *et al., J. Pharm. Biomed. Anal.,* **44** (3), 786～795 (2007) より転載.

【前処理と誘導体化】

① 内標添加，除タンパク：血清サンプル 10～20 μL に内標（[2, 4, 6, 6, 9-D₅]-エストロゲン 1）100 pg を含むアセトニトリル 100 μL を加え，30 秒振とう後遠心分離（1500×g，4℃，5 分）後，上清を水 400 μL で希釈する．

② エストロゲン抽出：固相抽出用カートリッジ（Strata-X，60 mg）にロードし，水 2 mL，30％ メタノール 2 mL で洗浄後，酢酸エチル 1 mL で抽出し，溶媒留去する．

③ 誘導体化：残渣をアセトン 40 μL に溶解し，1-（5-フルオロ-2, 4-ジニトロフェニル）-4-メチルピペラジン試薬のアセトン溶液（10 μL）と 1 mol/L 炭酸水素ナトリウム（10 μL）を加え，混合物を 60℃ で 1 時間加熱し，その後 50％ メタノール（500 μL）で希釈する．

④ 脱塩：固相抽出用カートリッジにロードし，水 2 mL で洗浄後，酢酸エチル 1 mL で抽出し，溶媒留去する．

⑤ 四級アンモニウム化：ヨードメタン 100 μL を加え，60℃ で 30 分加熱し，過剰な試薬を留去する．

⑥ メタノール-10 mmol/L ギ酸アンモニウム 1：1（v/v）30 μL に溶解し，LC/MS/MS に供する．

【HPLC】

カラム：YMC-Pack C₈ Column（5 μL，150 mm×2 mm i.d.）

移動相：アセトニトリル-メタノール-10 mmol/L ギ酸アンモニウム（4：1：5）

流速：0.2 mL/min

温度：40℃

おわりに プレカラム誘導体化は，高選択性，高感度化のためのさまざまな試薬開発が可能であり，研究者が工夫しやすい方法である．

70 ダイヤモンド電極で検出する

電気化学検出器の作用電極

　　電気化学検出器は，高選択性，高感度を特徴とした検出器であるが，原理は測定電位を作用電極に印加することで，作用電極表面で試料の酸化還元反応を行い，得られた電気的シグナルをしてピークとして検出する．作用電極は触媒としての作用を示すので，電極の種類によって試料の検出ができないこともある．分析対象物に応じて作用電極を選択する必要がある．

　　一般的に用いられている作用電極の種類と分析対象物を以下に示す．

　　図1は各種電極を用いたサイクリックボルタモグラムでそれぞれの電極材料に印加できる電位の範囲を示している．

表1　作用電極の種類

作用電極	おもな分析対象物
グラッシーカーボン	カテコールアミン，他
ダイヤモンド	チオール化合物，他
金	糖
白金	過酸化水素
銀	シアン化合物

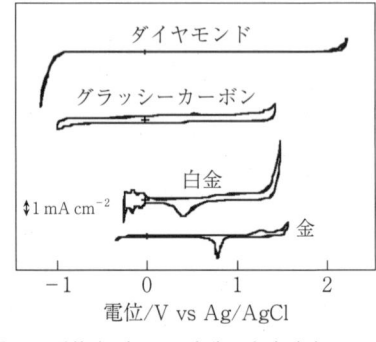

図1　電位窓（0.5 M 硫酸，走査速度 0.2 V/s）

ダイヤモンド作用電極

　　通常ダイヤモンドには導電性はないが，化学気相合成法により人工的に合成されたダイヤモンドにホウ素をドープすることで導電性を付与できる．この導電性ダイヤモンド材からつくられたのがダイヤモンド作用電極であるが，素材としてのダイヤモンドの特長を最大限に生かした利点のある電極である．

　　ダイヤモンドは非常に堅い素材であるが，その堅さから高い印加電圧でも作用電極自体が破損せず耐久性が高い．したがって，従来の作用電極では検出が困難であったジスルフィド結合をもつ化合物でも，高い印加電圧をかけて安定した分析が可能になった．また電極表面を研磨する必要がなく，従来の作用電極では大きな負担であったメンテナンス面からも開放された電極である．

ダイヤモンド作用電極の安定性

　　ダイヤモンド作用電極とほぼ同じ分析対象物の検出に使用する作用電極として，グラシーカーボン電極があげられるが，グラッシーカーボン電極は試料による電極表面の汚染や電極自身の消耗より，徐々に検出感度が悪くなり分析が安定しないことがある．検出感度を戻すためには電極表面を研磨する必要があるが，研磨前と感度が異なる場合が多く，検量線の引き直しや再分析を行う場合がある．しかし，ダイヤモンド作用電極は高い耐久性と高印加電圧の負荷が可能なことから，一分析の最後に5V程

度の電位を1分間ほど作用電極にかけることで，ダイヤモンド作用電極表面に付着した試料をはがして洗浄を行うことができる．この洗浄の効果により連続分析においても，グラシーカーボン電極では困難であった高い安定性を保つことが可能になった．

右に除タンパク後のラット血漿に添加したシステイン・シスチンの分析例を示す．連続1000回の分析を行った結果，ピーク面積値の減少率，保持時間の変動はわずかであることから安定性の高さがわかる．

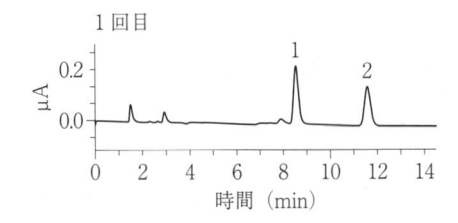

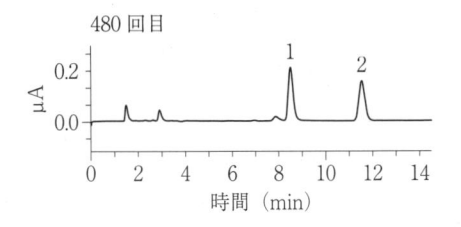

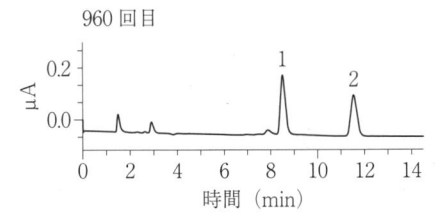

【分析条件1】
カラム：Inertsil ODS-3　3.0 mm i.d.×150 mm　3 μm（ジーエルサイエンス）
プレカラム：Inertsil ODS-3　3.0 mm i.d.×33 mm　3 μm（ジーエルサイエンス）
カラム温度：40℃
移動相：50 mmol/Lリン酸-5 mmol/Lオクタンスルホン酸緩衝液 pH 2.2/CH$_3$CN＝97.5/2.5（w/w）
流速：0.4 mL/min
カラムスイッチング条件：シスチンがプレカラムを通過後，流路を切換．その後，同一移動相を逆向きに流して，保持の長い夾雑物を除去する．
検出：ダイヤモンド電極型電気化学検出器
印加電圧 1600 mV（シスチン溶出後，1分間 5000 mV にして電極洗浄）
参照電極：Ag/AgCl
注入量：10 μL
前処理：トリクロロ酢酸による除タンパク＋移動相による希釈

peak 1：システイン，peak 2：シスチン
図2　1 000 回連続分析時のクロマトグラム

表2　ピーク面積値の減少率

	システイン添加量 60 μmol/L			シスチン添加量 0.5 μmol/L		
	0 時間 （1 回）	160 時間 （480 回）	320 時間 （960 回）	0 時間 （1 回）	160 時間 （480 回）	320 時間 （960 回）
面積（μV/s）	1 994 126	1 942 709	1 935 035	1 577 049	1 524 578	1 505 626
減少率（％）	－	2.58	2.96	－	3.33	4.53

ダイヤモンド作用電極による分析例

カテコールアミンやポリフェノール，L-アスコルビン酸などの容易に酸化還元されやすい化合物はもとよりシスチンのようなジスルフィド結合をもつ試料も，高い印加電圧の負荷が可能なダイヤモンド作用電極では検出が可能である．図3にマウス血漿中の含硫化合物の分析例をあげる．図Aは標準溶液分析より，システイン，還元型グルタチオン（ジスルフィド結合化合物），ホモシステイン，シスチン（ジスルフィ

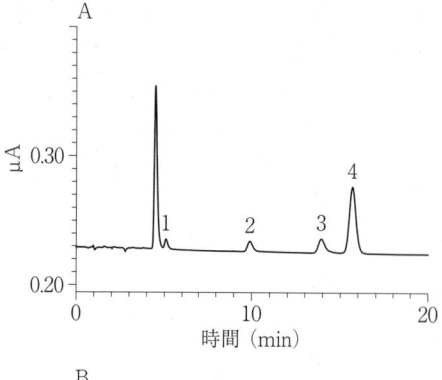

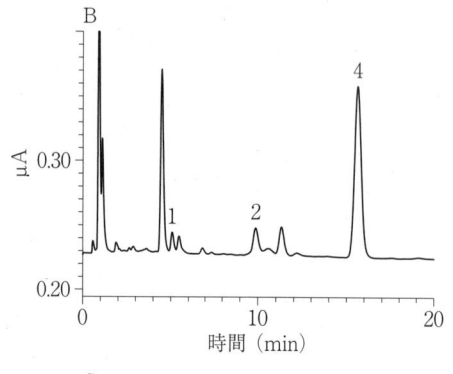

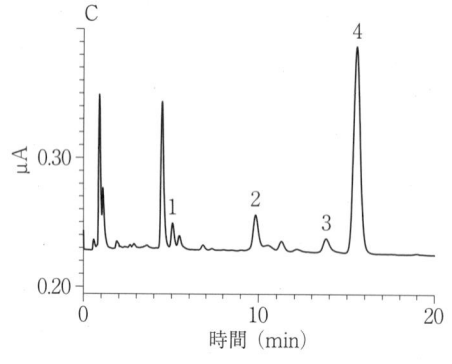

ド結合化合物）が検出されており，チオール・ジスルフィド結合をもつ化合物の同時分析が可能であることを確認できる．

図Bはマウス血漿試料を分析したクロマトグラム，図Cはマウス血清試料（図B）に対してシステイン，還元型グルタチオン，ホモシステイン，シスチンを添加した試料の分析を行ったクロマトグラムである．図Bでは血漿中に含まれる成分としてシステイン，還元型グルタチオン，シスチンが検出されている．血漿中ではホモシステインが検出されていないため，図Cにおいて血漿中に添加したホモシステインの濃度は図Aと同濃度になる．

【分析条件2】
 カラム：Inertsil ODS-3　3.0 mm i.d.×100 mm　3 μm（ジーエルサイエンス）
 プレカラム：Inertsil ODS-3　3.0 mm i.d.×10 mm　3 μm（ジーエルサイエンス）
 カラム温度：45℃
 移動相：25 mmol/Lリン酸-20 mmol/Lヘプタンスルホン酸 CH$_3$CN＝98.5/1.5（v/v）
 流速：0.75 mL/min
 カラムスイッチング条件：シスチンがプレカラムを通過後，流路を切換．その後，同一移動相を逆向きに流して，保持の長い夾雑物を除去する．
 検出：ダイヤモンド電極型電気化学検出器
 印加電圧 1600 mV（シスチン溶出後，1分間4000 mVにして電極洗浄）
 参照電極　Ag/AgCl
 注入量：10 μL
 前処理：トリクロロ酢酸による除タンパク＋移動相による希釈
 試料：システイン　6 μmol/L　還元型グルタチオン，3 μmol/L　ホモシステイン，6 μmol/L，シスチン 15 μmol/L

peak 1：システイン，peak 2：還元型グルタチオン，peak 3：ホモシステイン，peak 4：シスチン
図3　マウス血漿中の含硫化合物の分析例

　図Aと図Cのホモシステインのピーク高さやノイズがほぼ同程度であることから，マトリックスに夾雑成分を含む血漿中の分析においても標準溶液分析と同様の感度が得られることがわかる．
　このように，ダイヤモンド作用電極搭載型電気化学検出器は，チオール化合物を特異的に検出することから，工業関連試料はもとより香気性成分や生体試料中の代謝経路に関する成分など幅広い分野での分析に応用できる．

動物実験

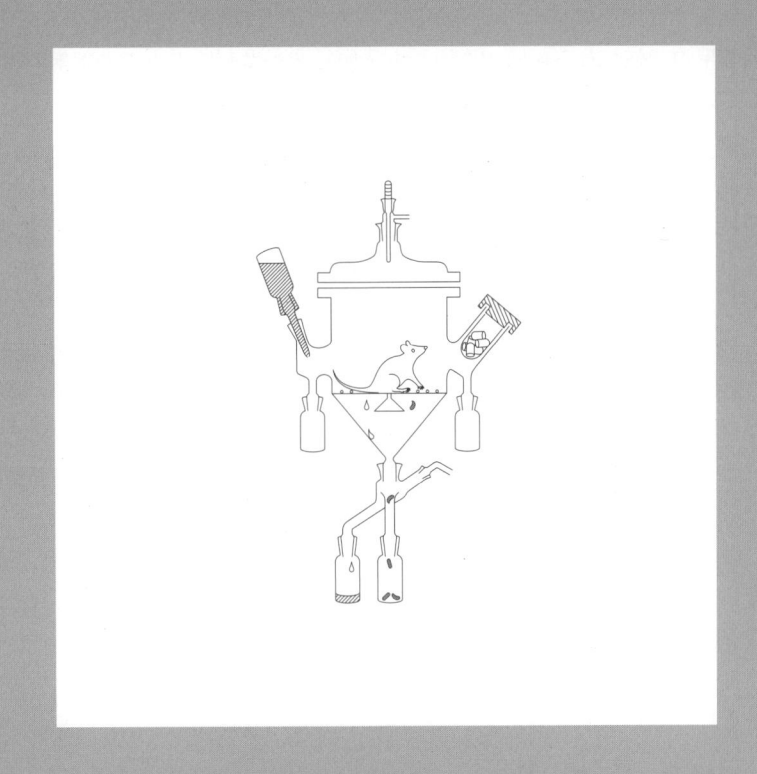

71 飼料を選ぶ

はじめに 実験動物を健康な状態で維持するために，実験動物の飼料は，その動物種の栄養要求を完全に満たすものでなければならない．動物種によって必須アミノ酸やビタミンの体内合成が異なる．さらには，同一種であっても系統や年齢によって栄養要求が異なるので，飼育する動物にあった飼料を選択する必要がある．動物種別に，繁殖用，栄養実験用など実験動物の使用目的別につくられた飼料が多く市販されている．

一般的な実験動物の飼料

(1) 原料

実験動物の飼料のほとんどが配合飼料である．配合飼料は，動物が選好みできないように原料を細かく粉砕して均一になっている．飼料原料には，魚粉，酵母，油脂類，穀類，ふすま・ぬか類，アルファルファミール，ビタミン類，ミネラル類などが用いられる．天然原料を使用しているため，栄養素の含有量の変動は避けられず，同一銘柄でも使用原料のロットが異なると栄養素の組成比率が異なってしまう．また，同じ用途で使われる飼料であっても，飼料メーカーによって栄養素の組成比率は異なっている[1]．

(2) 形状

飼料の形状には，固形飼料，顆粒状飼料，粉末飼料のほか，缶詰などがあり，実験の目的や動物の状態，嗜好性により使い分ける．同じ栄養組成の飼料であっても，硬度や形状によって摂取量は異なってくる．一般に，粉末飼料では食べこぼしが多くなるため，見かけの摂取量が上がる傾向にある．

(3) 飼料中の汚染物質

動物実験は清浄な環境下で，外部からの影響を極力排除した状態で行われなければならない．動物が日々摂取する飼料についても例外ではなく，微生物汚染や化学物質による汚染には注意が必要である．SPF（specific pathogem free）動物や無菌動物用に，放射線滅菌飼料やオートクレーブ滅菌が可能な飼料が市販されている．化学物質による汚染の多くは，原料汚染に由来するものである．汚染物質としては，農薬や重金属のほか，近年では内分泌攪乱化学物質が問題になっている．また，汚染物質ではないが，原料である大豆類に由来する植物性エストロゲンが実験データに影響を与える可能性がある．飼料メーカーでは，一定期間ごとに微生物や化学物質についての分析を行っており，結果をホームページで公表しているメーカーも多い．

(4) 特殊飼料

栄養素の欠乏や過剰について実験を行う場合，原材料による栄養素の変動を排除しなければならない．そのため，精製原料（ミルクカゼイン，コーンスターチ，シュークロースなど）を基本にした特殊飼料が使用される．実験結果を他の実験者のデータと比較するためには標準的な飼料組成の精製飼料を使用する必要がある．マウス，ラットを用いた実験で使用される精製飼料の世界的な標準組成に，米国国立栄養研究所から発表されたAIN-76[2]，およびAIN-93[3]がある．しかし，精製飼料は一般飼料に

比べ高価である．

飼料の保管

　飼料は，清浄な環境で高温，高湿や直射日光を避けて保存することにより，品質の劣化を防ぐことができる．含有成分（ビタミンCや油脂など）によっては，長期保存ができない飼料もある．滅菌飼料についても，滅菌操作によって飼料の保存期間が延長されるわけではない．

飼料の給餌方法

　給餌方法には，常時飼料が摂取できる自由摂取法（不断給餌法）と一定量を毎日給与する制限給餌法がある．一般的にマウス，ラットは自由摂取法，ウサギやイヌなどは制限給餌法がとられているが，実験の目的により適宜選択する．

おわりに

　飼料の種類が変わると摂餌量も変化するので，動物実験期間中に安易に飼料を変更してはならない．飼料が動物実験に及ぼす影響は，繁殖試験や長期試験ほど大きくなる．長期飼育を伴う実験においては，飼料の選択を間違えれば栄養の過不足による慢性の栄養性疾患が発生し，実験データに影響を与える可能性がある．したがって，試験計画を立てるにあたり，使用する飼料については十分検討する必要がある．過去の実験との対比を行う場合でも，飼料が異なる実験間の比較をすることはむずかしいため，同一の試験機関では同じ銘柄の飼料を使い続ける傾向があることから，飼料の選択は慎重に行われるべきである．

文献

1) M.J. Rickett, *Animal Technology*, **40**, 103〜112 (1989).
2) American Institute of Nutrition., *J. Nutr.*, **107**, 1340〜1348 (1977).
3) P.G. Reeves, *J. Nutr.*, **123**, 1339〜1951 (1993).

72 病態モデル動物を作製する

はじめに　薬物の有効性を評価するため，ヒトの病態に類似した様々なモデル動物が使用されている．病態モデル動物は，大きく分けて薬物誘発モデルと自然発症モデルに分けられ，評価したい内容によって使い分けられる．本項では，病態モデル動物の例として，肝保護作用や肝機能改善作用を目的とした種々の薬物（被験物質）の評価のさいに有用な「TAA（チオアセトアミド）誘発肝線維化モデル動物」の作製法[1~3]について説明する．

TAA誘発肝線維化モデル動物

TAAを動物に投与すると，肝臓で代謝され，肝障害を生じる．その障害の進行過程における肝蔵の血行動態，血液生化学的変化および病理組織学的変化がヒトの肝線維症に類似していることが知られている．また，このような病態モデルでは，肝障害の進行に伴って正常な機能をもつ肝細胞が減少するため，薬物の代謝も影響を受けることが想定される[4]．

病態モデル動物作製方法

雄性SDラットを5週齢で入荷し，検疫・馴化する．6週齢時から，動物にTAAを200 mg/kg/dayの投与量（2 mL/kg）で，1日1回，週2回（月曜日および金曜日）の頻度で，第1週から第16週の月曜日（計31回）まで反復腹腔内投与する．対照群には，生理食塩液を同様の容量および頻度で投与する．TAA投与液は用時調製とし，TAAの必要量を生理食塩液と混合して100 mg/mLとなるようにメスアップする（注意：調製のさいには手袋，マスクおよび眼鏡を着用）．TAA投与期間中に血清中AST（アスパラギン酸アミノトランスフェラーゼ），ALT（アラニントランスアミナーゼ）およびヒアルロン酸含量を測定し，モデル作製状況を確認する．また，TAAの最終投与日の翌日に肝臓を摘出し，肉眼的観察および病理組織学的検査を実施し，肝臓中ハイドロキシプロリン含量を測定する．

結果例

無処置群とTAA群の代表的な結果例を図1~4および図5, 6（写真）に示す．体重は，TAAの投与により試験期間を通して有意な低値を示す（図1）．肝障害のマーカーである血清中ASTおよびALTは，TAA投与開始後8週間で有意な高値を示すが，12週目では対照群と同程度まで減少する（図2）．これは，TAA投与後12週では肝線維化が進んで肝細胞が破壊されているため，むしろ減少したことを示唆している．肝臓の線維化の重要なマーカーである血清中ヒアルロン酸および肝臓中ハイドロキシプロリン含量は，TAAの投与により，いずれも有意な高値を示す（図3および4）．TAA投与後16週目の解剖時には，肝臓の表面の粗糙化（そぞうか；表面がざらざらすること）がみられ，さらに小結節がび慢性に認められる（図5）．解剖時に保存した肝臓について，マッソン・トリクローム染色を行うことにより，膠原線維を選択的に青く染めることができ，TAA投与により肝臓の線維化が進行していることを確認できる（図6）．

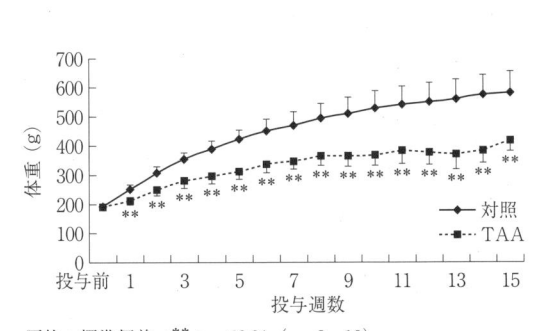

図1 TAA投与後のラットにおける体重の推移

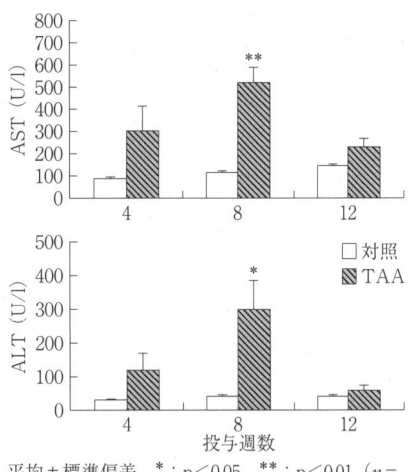

図2 TAA投与後のラットにおける血清中ASTおよびALTの変化

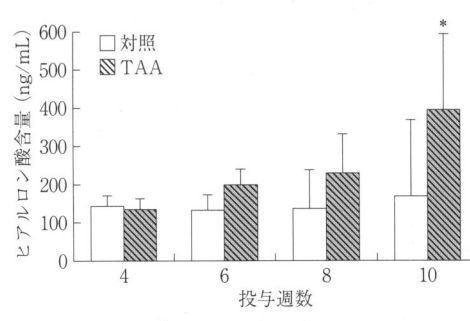

図3 TAA投与後のラットにおける血清中ヒアルロン酸含量の変化

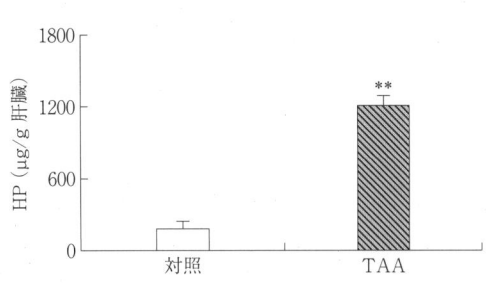

図4 TAAを16週間投与後のラットにおける肝臓中ハイドロキシプロリン（HP）含量の変化

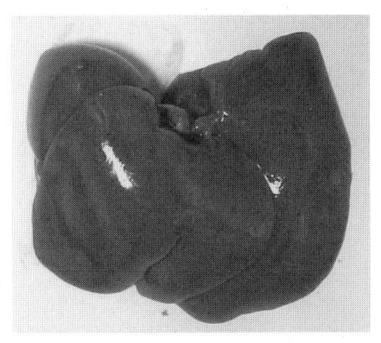

対照群　　　　　　　　　TAA群

図5 肝臓の肉眼所見（16週目）

肝線維化モデルにおけるTAA誘発モデルの有用性

① 動物が確実に肝線維化を起こし，最終的に肝硬変に移行する．
② 肝線維化形成の再現性が高い．

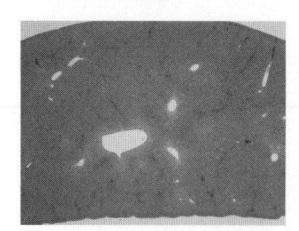

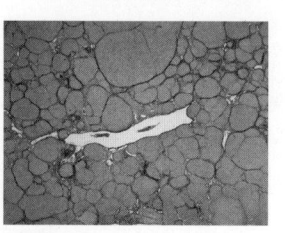

対照群　　　　　　　TAA群

マッソン・トリクローム染色：濃く写っている部分が膠原線維
図6　肝臓の病理写真

③ 肝線維化の程度の個体差が小さい．

④ モデル作製中の死亡率が低い．

⑤ 薬剤の投与開始時期を調整することにより，被験物質の予防効果または治療効果を評価することができる．

TAA誘発肝線維化モデルの作製時の注意点

① 動物の入荷ロットごとに肝線維化の進行の速さに違いがある．したがって，中間採血時点での肝線維化マーカーの変化を十分モニターしておく必要がある．

② TAA投与後約20分で動物に流涎（りゅうぜん；とだれが流れること）が認められる場合が多い．したがって，薬剤はTAAの投与の前に投与することが望ましい．

③ 病態の進行とともに動物が弱ってくるため，中間採血時の採血量はできるだけ抑えるようにする．

おわりに　薬物の有効性を正確に評価するためには，病態モデル動物から得られる様々な生化学的または病理学的なエンドポイントおよびその経時的変動パターンの特徴について，古典的および最先端の手法を併用しながら十分に明らかにし，理解しておくことが重要である．

文　献
1) S. Fan, C.F. Weng, *World J. Gastroenterol.*, **11** (10), 1411～1419 (2005).
2) M.J. Pérez, A. Suárez, J.A. Gómez-Capilla, F. Sánchez-Medina, A. Gil, *J. Nutr.*, **132** (4), 652～657 (2002).
3) J. Wardi, R. Reifen, H. Aeed, L. Zadel, Y. Avni, R. Bruck, *Isr. Med. Assoc. J.*, **3** (2): 151～154 (2001).
4) R.K. Verbeeck, Y. Horsmans, *Pharm. World Sci.*, **20** (5), 183～192 (1998).

73 経口投与する

はじめに　経口投与法には溶液あるいは懸濁液を経口ゾンデあるいはカテーテルを用いて胃内に直接投与する方法，飼料や飲水に被験物質を混合して投与する方法，あるいは被験物質をカプセルに充てんして投与する方法がある．本項では，被験物質を正確かつ均一条件で投与ができる方法として，マウスおよびラット，イヌ，ならびにサルにおける経口ゾンデあるいはカテーテルを用いた強制経口投与方法について述べる．

マウスの場合

(1) 準備すべき器材

経口ゾンデ：通常，長さ3.5〜8 cm，外径0.9〜1.2 mmの管で，先端が球状になっているものを用いる（金属製，テフロン製，あるいはそれらの合製）．

注射筒：必要に応じて，サイズを選択する．ロック式のものが好ましい．

保定器材：紐の両端に洗濯挟みをつけたもの（必要に応じて使用する）．

(2) 保　定

① 投与するマウスの動物番号をケージラベルおよび個体識別から確認する．

② ケージの蓋の金網に動物をのせ，右手で尾を軽く後方に引くと動物は指を金網にかけて止まろうとする．左手の人差し指をコの字に軽く曲げ，人差し指の脇と親指の腹で頸部から肩甲骨部にかけて皮膚をしっかりつかむ．残りの3本の指と手のひらで背中全体の皮膚をつかむように保定する．動物を金網から離し，仰向けになるように保持する．

③ 保定器材を使用するときは，尾を洗濯挟みでつまんだ後，②に準じて保定する．動物とは反対側の保定器材の洗濯挟みをどこかに固定することにより動物の体を伸ばす．

(3) 投　与（図1）

① あらかじめ胃の位置とゾンデの長さを確認しておく．

② ゾンデを軽くもち，上口蓋に沿って挿入する．

③ 動物の体軸にゾンデを沿わせ静かに胃まで挿入する．

④ 投与液を徐々に注入した後，静かにゾンデを引き抜く．

⑤ 保定器材を使用する場合は，注射筒やゾンデの重みで自然にゾンデが胃内に落ち込む．横隔膜で抵抗がある場合は，ゾンデあるいは尾部を軽く動かす．

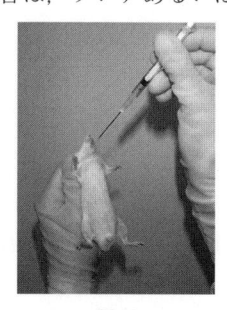

図1

ラットの場合

(1) 準備すべき器材

経口ゾンデ：通常，長さ 10～15 cm，外径 1.2～2.0 mm の管で，先端が球状になっているものを用いる（金属製，テフロン製，あるいはそれらの合製）．

カテーテル：通常，ネラトンカテーテル No.3～6

注射筒：必要に応じて，サイズを選択する．ロック式が好ましい．

(2) 保　　定

① 投与するラットの動物番号をケージラベルおよび個体識別から確認する．

② 通常，親指と人差し指で頸背部の皮膚をつかむとともに，残りの3本の指と手のひらで背中全体を包み込むように保定する．または，両眼の後ろの皮膚を深くつまんでぶら下げ，喉を反らせて体をまっすぐに伸ばす．

(3) 投　与（図2）

① ゾンデを軽くもち，上口蓋に沿って挿入する．

② 動物の体軸にゾンデを沿わせ静かに胃まで挿入する．

③ 投与液を徐々に注入した後，静かにゾンデを引き出す．

注：②のとき，横隔膜で抵抗がある場合には，ゾンデあるいは尾部を軽く動かしたり，保定し直してみる．

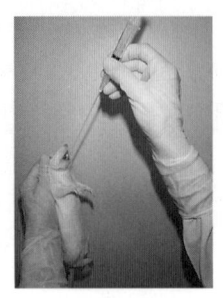

図 2

イヌの場合

(1) 準備すべき器材

カテーテル：通常，長さ 70～90 cm，外径 1.0～1.2 cm の管で，先端が球状になっているものを用いる（ネラトンあるいはシリコンカテーテルなど）．

注射筒：必要に応じて，サイズを選択する．ロック式のものが好ましい．

くつわ：必要に応じて使用する．

(2) 保　　定

① 保定者と投与者の2人で行う．

② 飼育室で投与を行う場合には，他のイヌに恐怖心を与えないように十分配慮して行う．

③ 保定者は投与するイヌの動物番号を確かめた後，ケージより取り出す．

④ イヌを立位に保定し，犬歯と臼歯との間より指を入れ，開口させる．

(3) 投　　与

① 口腔内にカテーテルの先端を上顎に沿わせるようにして注意深く喉の奥に挿入

する．
　② 先端部が咽頭部に達したらいったん止め，イヌが嚥下するのにあわせて食道に挿入する．
　③ 保定者あるいは投与者は頸部の触診によりカテーテルが食道に入っていることを確認する．
　④ あらかじめ投与液を入れておいた注射筒をカテーテルに装着し，投与液を注入する．投与後，空気あるいは水を追送する．
　⑤ 注射筒をカテーテルから外しゆっくりと上方に向かってカテーテルを引き抜く．
　⑥ カテーテルを再使用する場合は付着した汚れや残留投与液を水道水で洗い流す．洗浄したカテーテルは，水をよく切ってから使用する．

サルの場合

　　(1) 準備すべき器材
カテーテル：ネラトン，あるいはシリコンカテーテルなど，5 mm 径，6Fr 前後
注射筒：投与量に応じて選択
三方活栓：必要に応じてカテーテルをシリンジへ装着するため用いる．
モンキーチェア等
　　(2) 保　　定
　① 原則として，保定者と投与者の 2 人以上で行う．
　② 動物番号をケージラベルで確認して動物をケージから取り出し，保定者は動物の頸部を頸保定器で固定するかモンキーチェアに保定し（図 3），入れ墨番号を対応表もしくはケージラベルで確認する．
　③ 投与者は，動物の後頭部から頭部をしっかり保定し，開口させる．

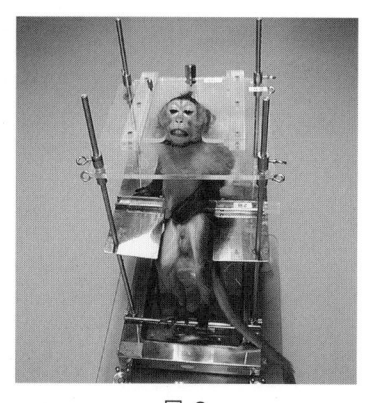

図 3

　　(3) 投　　与
　① あらかじめ投与液追挿用の空気約 3 mL 以上を吸引したシリンジにカテーテルを装着し，カテーテルの先端を上顎に沿って胃内に挿入する．
　② カテーテルを深く挿入し吸引してみる．このさい，カテーテルが深く挿入できず，暴れるかあるいは発咳がある場合は気管への誤入であるためすみやかに引き抜く．吸引できないか胃内容物の流入でカテーテルが胃内に挿入されたと判断する．

③ 投与時に抵抗があれば，カテーテルの折り曲がりがあるため投与を中止し，再挿入する．

　　④ シリンジ内の空気の部分を上にして，カテーテル内の投与液をさらに胃内に押し出す．また，投与液追挿には三方活栓から，水あるいは空気を利用する．

おわりに　　投与にさいしては，誤嚥を防ぐために動物を安静かつ確実に保定し，ゾンデあるいはカテーテルが胃内に入っていることを確認した上で投与する．

　　なお，投与可能な用量については以下を目安とする．

　　マウス　　：10 mL/kg（最大可能量 50 mL/kg）

　　ラット　　：10 mL/kg（最大可能量 40 mL/kg）

　　イヌ・サル：5 mL/kg（最大可能量 15 mL/kg）

文　献　　1）日本実験動物協会編，「実験動物の基礎と技術，II 各論」，丸善（2004）．
2）K.H. Diehl, R. Hull, D. Morton, R. Pfister, Y. Rabemampianina, D. Smith, J.M. Vidal, *J. Appl. Pharmacol.*, **21**, 15～23 (2001).

74 静脈内投与をする

はじめに　静脈内投与は被験物質の全量が血中に入り，急速に高い血中濃度が達成される．ここでは，マウスおよびラット（尾静脈），ならびにイヌおよびサル（橈側（とうそく）皮静脈または外側伏在静脈）の静脈内投与方法について述べる．

マウスの場合

(1) 準備すべき器材

注射針：通常 27G の静脈針．翼付き針でもよい．

注射筒：必要に応じて，サイズを選択する．

保定器：保定器（図1，写真右）の他，ガラスビーカー等の肉厚ガラス器でもよい．

消毒エタノール綿，止血用の脱脂綿

自動投与器（シリンジポンプ）：必要に応じて，使用する（例：図2）．

使い捨てカイロ：血管を怒張させるために，必要に応じて用いる．

(2) 保　　定

① 投与するマウスの動物番号をケージラベルおよび個体識別から確認する．

② マウスを保定器に入れ，尾だけが外にでるようにする．

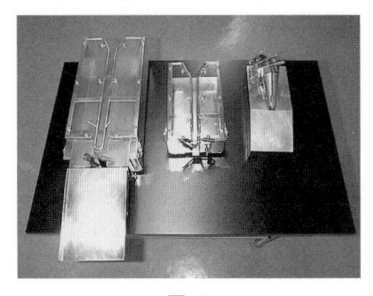

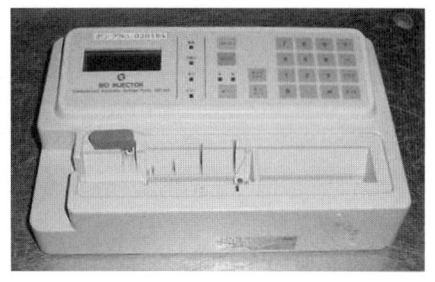

図1　　　　　　　　図2

(3) 投　与（図3）

① 尾部を消毒エタノール綿で消毒し，消毒と同時に血管を怒張させる．投与部位は尾部側面（静脈）とし，なるべく尾先端から尾の 1/3～1/4 の位置を選ぶ．血管を怒張させるために使い捨てカイロを用いてもよい．

② 尾部を指先で支え，注射針を刺入する．注射筒の内筒を軽く引いて，血液が入ってくることを確認した上で，投与液を指定の速度で注入する．抵抗を感じたら皮下が腫れる前に即座に投与中止する．投与をやり直すときは，最初の位置よりも上部に挿入し直す．

③ 静かに注射針を抜き，投与部位を指あるいは脱脂綿で押さえて止血する．

注：反復投与する場合には，左右の尾静脈を交互に使用したり，刺入位置を上下させ，投与部位を変える．

図3

ラットの場合

(1) 準備すべき器材

注射針：25～27Gの静脈針（翼付き針でもよい）．あるいは留置針等．

注射筒：必要に応じて，サイズを選択する．

消毒エタノール綿，止血用の脱脂綿あるいはサージカルテープ

保定器：尾静脈用には各種保定器等（図1, 左および中）およびボールマンケージ．

自動投与器（シリンジポンプ）：必要に応じて，使用する（例：図2）．

使い捨てカイロ：血管を怒張させるために，必要に応じて用いる．

(2) 保　　定

① 投与するラットの動物番号をケージラベルおよび個体識別から確認する．

② 動物を保定器またはボールマンケージに入れ，静脈が上にくるように尾部を保定する．

(3) 投　与（図4）

① 尾部を消毒エタノール綿で消毒し，消毒と同時に血管を怒張させる．投与部位は尾部側面（静脈）とし，なるべく尾先端から尾の1/3～1/4の位置を選ぶ．血管を怒張させるために使い捨てカイロを用いてもよい．

② 尾部を指先で支え，注射針を刺入する．注射筒の内筒を軽く引いて，血液が入ってくることを確認した上で，投与液を指定の速度で注入する．抵抗を感じたら皮下が腫れる前に即座に投与中止する．投与をやり直すときは，最初の位置よりも上部に挿入し直す．持続静脈内投与するときは，留置針または翼付き注射針を刺入し，血液が入ってくることを確認した上で，シリンジポンプに接続し，薬液の投与を開始する．

③ 静かに注射針を抜き，投与部位を指あるいは脱脂綿で押さえて止血する．

注：反復投与する場合には，左右の尾静脈を交互に使用したり，刺入位置を上下させ，投与部位を変える．

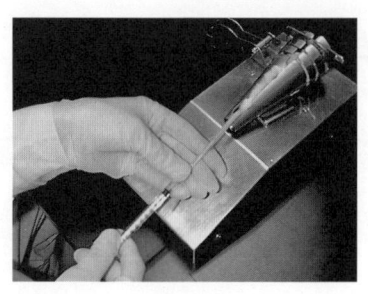

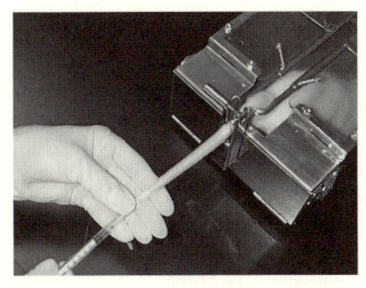

図 4

イヌの場合

(1) 準備すべき器材

注射針：21〜23Gの注射針，翼付静注針，留置針または留置カテーテル等

注射筒：投与量に応じて選択

消毒用アルコール綿，止血用脱脂綿あるいはサージカルテープ

注射針固定バンドまたはテープ（粘着性伸縮包帯等）

シリンジポンプ，輸液ポンプ，インフュージョンポンプシステム，電気バリカン，時計（ストップウォッチ）等：必要に応じて使用

(2) 保　定

① 原則として，保定者と投与者の2人で行う．

② 動物番号を確認した後，イヌをケージから取り出し，保定者は椅子に座り，膝の上にイヌを腹臥位の姿勢で保定するか，イヌの後軀を両股ではさみイヌを立位に保定する．

③ 必要に応じて投与部位周辺の毛を電気バリカン等で刈っておく．

④ 保定者は，血管を怒張させるために，投与部位の上部を握って駆血する．

(3) 投　与

① 橈側皮静脈または外側伏在静脈から行う．

② 投与部位周辺を消毒用アルコール綿で消毒する．

③ 血管が怒張したら，注射針を刺入した後内筒を引き，血液が注射筒内に入ってくることを確認した後，駆血をゆるめる．

④ 投与が終了したら止血用脱脂綿を投与部位にあて，注射針を抜き止血する．

サルの場合

(1) 準備すべき器材

保定台あるいはモンキーチェア

注射針：22〜25G（静脈針あるいは翼付静脈針，留置針）

注射筒：投与量に応じて選択

消毒用エタノール綿，乾綿等，必要に応じて絆創膏（テープ）

電気バリカン，シリンジポンプ，インフュージョンポンプシステム等：必要に応じて使用

(2) 保　定

① 原則として，作業は2人以上で行う．

② 動物番号を確認して動物をケージから取り出し，保定台あるいはモンキーチェアに保定する．

③ 投与部位近辺を電気バリカンで毛刈りし，消毒用エタノール綿で消毒する．

④ 保定者は，投与部位近辺を駆血して血管を怒張させる．

(3) 投　　　与

① 投与部位は伏在静脈，尾静脈および橈側皮静脈とする．

② 注射針を刺入し，注射筒の内筒を少し引き，血液が流入することを確認する．

③ 駆血を離し，投与液を注入する．

④ 投与終了後，注射針の刺入部位に乾綿等を当て，注射針を引き抜き，圧迫止血する．

おわりに　投与液は水溶液であることが望ましく，難溶性の被験物質は適切な溶媒（DMSO等）を用いて溶解することが必要である．また，投与液のpHや浸透圧は可能な限り生体のそれに等しくなるように調製し，無菌的な処理が必要である．投与にさいしては，注射針が確実に静脈内に入っていることを確認した上で投与する．

なお，投与可能な用量については以下を目安とする．

マウス：　　5 mL/kg（bolus injection）；25 mL/kg（slow injection）

ラット：　　5 mL/kg（bolus injection）；20 mL/kg（slow injection）

イヌ・サル：2.5 mL/kg（bolus injection）；5 mL/kg（slow injection）

文　献　1)　日本実験動物協会編，「実験動物の基礎と技術，II各論」，丸善（2004）．
2)　K.H. Diehl, R. Hull, D. Morton, R. Pfister, Y. Rabemampianina, D. Smith, J.M. Vidal, *J. Appl. Pharmacol.*, **21**, 15〜23 (2001).

75 腹腔内投与をする

はじめに　一般的に静脈内投与に次いで被験物質の吸収性は高いが，肝臓における初回通過効果の影響は比較的大きい．ここでは，マウス，ラットおよびイヌの腹腔内投与方法について述べる．

マウスの場合

（1）準備すべき器材

注射針：25〜27G の静脈針，あるいは二段針（針先3，4または5mm：動物の大きさによって使い分ける）

注射筒：必要に応じて，サイズを選択

消毒用エタノール綿，止血用脱脂綿等

（2）保　　定

① 投与するマウスの動物番号をケージラベルおよび個体識別から確認する．

② ケージの蓋の金網に動物をのせ，右手で尾を軽く後方に引くと動物は指を金網にかけて止まろうとする．左手の人差し指をコの字に軽く曲げ，人差し指の脇と親指の腹で頸部から肩甲骨部にかけて皮膚をしっかりつかむ．残りの3本の指と手のひらで背中全体の皮膚をつかむように保定する．動物を金網から離し，仰向けになるように保持する．

（3）投　与（図1）

① 下腹部の正中線から左右どちらかに約0.5 cm ずれた部位を選び（正中線の部分は皮筋が発達していて注射しにくい），当該部位近辺の皮膚を消毒用エタノール綿で消毒する．刺入位置は肝臓，盲腸，膀胱を避けるように，イメージしながら決定する．

② 静脈針を用いる場合は，注射針を皮下に挿入し，約45度に立て，腹筋を貫き腹腔内に入れる．

③ 二段針を用いる場合は，針穴を上にして，約45度の角度で注射針を挿入する．

④ 注射筒の内筒を引いても血液や腸内容物が入ってこないことを確認した上で，薬液をゆっくりと注入する．

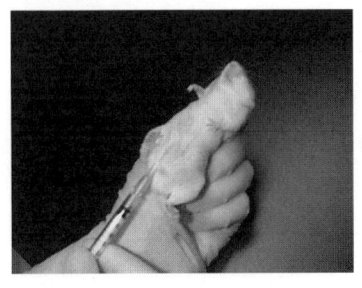

図1

ラットの場合

(1) 準備すべき器材

注射針：25～27Gの皮下あるいは静脈針，留置針，二段針（針先3，4または5 mm：動物の大きさによって使い分ける）

注射筒：必要に応じて，サイズを選択する．

消毒用エタノール綿，止血用脱脂綿等

(2) 保　　定

① 投与するラットの動物番号をケージラベルおよび個体識別から確認する．

② 通常，親指と人差し指で頸背部の皮膚をつかむとともに，残りの3本の指と手のひらで背中全体を包み込むように保定する．このとき背部皮膚をしっかりたぐりよせ，腹部皮膚を適度に緊張させる．

(3) 投　　与（図2）

① 下腹部の正中線から左右どちらかに約0.5 cmずれた部位を選び（正中線の部分は皮筋が発達していて注射しにくい），当該部位近辺の皮膚を消毒用エタノール綿で消毒する．刺入位置は肝臓，盲腸，膀胱を避けるように，イメージしながら決定する．

② 静脈針を用いる場合は，注射針を皮下に挿入し，約45度に立て，腹筋を貫き腹腔内に入れる（図2）．

③ 留置針を用いる場合は，針先を腹腔内に少し入れた状態で外筒を抜きつつ，内筒を挿入する．

④ 二段針を用いる場合は，針穴を上にして，約45度の角度で注射針を挿入する．

⑤ 注射筒の内筒を引いても血液や腸内容物が入ってこないことを確認した上で，薬液をゆっくりと注入する．

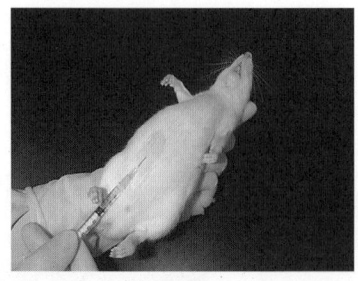

図2

イヌの場合

(1) 準備すべき器材

注射器（注射針：18～23Gの静脈針，注射筒：投与量に応じて選択）

消毒用エタノール綿，止血用脱脂綿等

(2) 保　　定

① 原則として，保定者と投与者の2人で行う．飼育室で投与を行う場合には，他のイヌに恐怖心を与えないように十分配慮して行う．

② 保定者は，投与するイヌの動物番号を確認して作業台に両足を平行に伸ばして

座り，両足の間にイヌを仰向けに保定する．

(3) 投　　与

① 投与部位をエタノール綿で消毒する．

② 注射針を下腹部の皮下に刺入し，次いで注射針を皮下に沿って前方に進め，皮膚面と約45度の角度をもたせて腹壁を貫き腹腔内に入れる．

③ 針先が腹腔内に入ると急に抵抗がなくなるので，針先を動かさないように注意する．

④ 投与が終了したら止血用脱脂綿を投与部位にあて，注射針を抜く．

⑤ 大量に投与する場合は，可能な限り，投与液を体温と同程度（約39℃）に温める．

おわりに　静脈内投与と同様に，投与液のpHや浸透圧は可能な限り生体のそれに等しくなるように調製し，無菌的な処理が必要である．投与にさいしては，腹腔内には肝臓，胃，腸管をはじめ多くの臓器が充満しているので，注射針の刺入位置を誤るとこれらの臓器を傷つけたり臓器内に注入することになるので十分な注意が必要である．

なお，投与可能な用量については以下を目安とする．

マウス：20 mL/kg（最大可能量 80 mL/kg）

ラット：10 mL/kg（最大可能量 20 mL/kg）

イヌ：　1 mL/kg（最大可能量 20 mL/kg）

文　献
1) 日本実験動物協会編, 「実験動物の基礎と技術, II各論」, 丸善 (2004).
2) K.H. Diehl, R. Hull, D. Morton, R. Pfister, Y. Rabemampianina, D. Smith, J.M. Vidal, *J. Appl. Pharmacol.*, **21**, 15〜23 (2001).

76 採尿・採糞する

はじめに　薬物の体内動態を評価する上で，尿および糞を分別採取し，分析することは非常に有効である．本項ではラット，イヌおよびサル（カニクイ）について記載する．

事前飼育

いずれの動物種の場合においても採取する数日前から採取するケージで飼育し，環境へ馴化させることが望ましい．動物は環境が変化すると食餌量や行動が変化し，体重の減少などが認められる．特に投与後の排泄物を採取する場合はこの変化により，薬物の正常な評価の妨げとなる場合があるため，事前飼育は非常に大切である．

採尿および採糞方法

(1) ラット

新鮮尿を直接採取する場合は，受け皿（尿を受けたとき漏れない適当な容器）を用意し，片方の手でラットを保定し，もう片方の手で腰部の仙椎を刺激し強制的に排尿させる．膀胱を直接圧迫する方法は，強く圧迫してしまうと血尿が出るおそれがあるので注意する．

新鮮糞を採取する場合には，保定すると糞をするためそれを採取するか肛門部に確認された糞をピンセットなどを用いて採取する．

所定時間分の尿および糞を採取する場合，図1のような代謝ケージを用いる．代謝ケージ（尿，糞分解ケージ）はガラス製，合成樹脂製あるいは金属製など数多く市販されている．

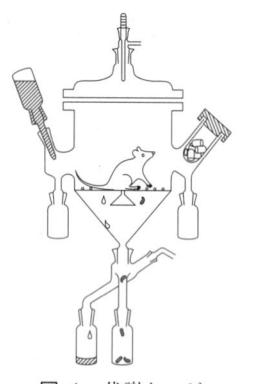

図1　代謝ケージ

投与後の尿および糞を採取する場合は投与物質の特性に応じて氷冷下，ドライアイス下，あるいは適当な安定化剤等を検討する．

(2) イヌ

新鮮尿を直接採取する場合は，尿道カテーテル法を用いるが雄の場合相当の熟練を要する．イヌを横臥位に保定し，術者は外尿道口よりカテーテルを挿入すると尿が流出するので用意した適当な容器に採取する．雌の場合は外陰部を膣鏡で開いて尿道部を確認すると容易に行える．

所定時間分の尿および糞を採取する場合，代謝ケージを用いる．

投与後の尿を採取する場合は投与物質の特性に応じて氷冷下，ドライアイス下，あるいは適当な安定化剤等の添加を検討する．

投与後の糞は代謝ケージのスノコに採取するため氷冷，ドライアイスあるいは安定化剤等の添加が行えない．したがって，安定性に不安がある場合，経時的に糞の有無を確認し，採取する必要がある．

(3) サル

新鮮尿を直接採取する場合は，尿道カテーテル法を用いることもできるが熟練を要するため，代謝ケージを用いるとよい．また新鮮糞も綿棒での採取法が知られているが，こちらも熟練を要する．イヌと同様に所定期間の尿および糞を採取する場合は代謝ケージを用いる．

　　　　　投与後の尿を採取する場合は投与物質の特性に応じて氷冷下,ドライアイス下,あるいは適当な安定化剤等の添加を検討する.

　　　　　投与後の糞は代謝ケージのスノコに採取するため氷冷,ドライアイスあるいは安定化剤等の添加が行えない.したがって,安定性に不安がある場合,経時的に糞の有無を確認し,採取する必要がある.

おわりに　　本項では一般的な薬物動態試験のラット,イヌおよびサルにおける採尿,採糞方法ついて記載した.採取した試料の用途に応じて方法を使い分けるとよい.

文　　献　1) 日本実験動物協会編,「実験動物の技術と応用,実践編」,丸善 (2004).

77 採 血 す る

はじめに　薬物の体内動態を評価する上で，血中濃度およびその経時的な推移を確認することは非常に有効である．そこで血中濃度測定用の血液または血漿（血清）を得るための採血方法を記載する．本項ではラット，イヌおよびサル（カニクイ）について記載する．

採　血

(1) 採　血　量

ラット，イヌおよびサルの全血液量は，体重に対してそれぞれ5.8%, 8.3%および6.0%程度である．血液を採取するさいは，方法および採血量が動物の生理機能に与える影響を考慮しながら設定する必要がある．

ラット，イヌおよびサルの全血液量および推奨最大採血量を表1に示した．

表1に示したように，動物の生理機能に著名な影響を与えない総採血量は，全血液量の20%程度と考えられている．しかし，トキシコキネティクス試験および薬物動態試験では少量ずつ反復採血する必要があり，総採血量が多くなる．大量の血液を採取すると動物の生理機能に影響を与え，半減期の算出に影響を与えることを忘れてはならない．それらを踏まえて採血量および採血時点を設定する必要がある．また，採血量を増やすために輸血することは望ましくない．

ラット，イヌおよびサルについて，推奨される採血部位と採血量を表2に示した．

表1　全血液量および推奨最大採血量[1]

動物種 (体重)	全血液量 (mL)	7.5% (mL)	10% (mL)	15% (mL)	20% (mL)
ラット (250 g)	16	1.2	1.6	2.4	3.2
イヌ (10 kg)	850	64	85	127	170
サル (5 kg)	325	24	32	49	65

表2　採血部位と採血量

動物種	尾静脈 (尾動脈)	頸静脈/ 鎖骨下静脈	外頸静脈	大腿静脈	橈側皮静脈 /伏在静脈
ラット	0.02〜0.25	0.1〜0.5	―	―	―
イヌ	―	―	0.5〜20	―	0.5〜10
サル	―	―	―	0.5〜10	0.5〜2

採血量（mL）

(2) 抗　凝　固　剤

採血のさい，多くの場合，凝固防止策を講ずる．薬物動態試験における凝固防止には，一般的にヘパリンまたはEDTA塩が抗凝固剤として用いられている．

採血に用いる器材は，あらかじめヘパリン溶液またはEDTA溶液で濡らし，室温，遮光下にて乾燥させた後，使用する．

抗凝固剤の添加量は，血液1 mLに対して10単位（1 000単位/mLのヘパリン溶液10 μL），EDTA溶液はEDTA塩が約0.25 mgを目安とする．

(3) 採　血　法

ラット，イヌおよびサルにおける採血法を記載する．

1) 尾静脈採血（ラット）：尾静脈からの採血は，採血台に保定し，消毒，血管怒

張および注射針（25G）刺入により行う．

　注射針刺入により流出してきた血液をヘパリン処理済みの毛細管等で採取する．採血終了後，刺入部位を固く絞った消毒用エタノール綿あるいは滅菌ガーゼ等で押さえてから針を抜き，数秒間強く圧迫して止血する．

　経時的に採取する場合は，尾静脈内投与時と同様に左右の尾静脈と上下の部位を刺入位置とする．

　2）　頸静脈採血（ラット）：頸静脈採血では採血部位周辺の頸部から胸部の毛を乳頭部を傷つけないように刈っておく．

　ラットの右外頸静脈から採血する場合，動物の右前肢と右背側部を左手の親指と人差し指の先で背部を突き上げながら，胸筋層と静脈が走行している顎下の皮下層の境界域が明瞭になるように保定する．

　ここで境界域が明瞭になるように練習を行うことで頸静脈採血が容易に行える．残りの3本の指でラットの背部から腰部をしっかりと保定し，顎下から胸部にかけてエタノール綿で消毒・清拭し血管を怒張させる．次に，注射針（25G）を鎖骨上の胸筋層を通して頸静脈に刺入し，一定の速度でゆっくりと採血する．採血終了後，刺入部位を固く絞ったアルコール綿あるいは滅菌ガーゼ等で押さえてから針を抜き，数秒間強く圧迫して止血する．熟練することにより毛刈りは行わなくても採血できるようになる．

　経時的に採血する場合，左右の頸静脈を交互に使用する．

　3）　鎖骨下採血（ラット）：経口投与するように保定し，胸部をエタノール綿で消毒・清拭し血管を怒張させる．

　次に，注射針（25G）を浅胸筋の鎖骨部を介して，鎖骨下静脈に挿入し，採血する．採血終了後，刺入部位を固く絞ったアルコール綿あるいは滅菌ガーゼ等で押さえてから針を抜き，数秒間強く圧迫して止血する．

　経時的に採血する場合，左右の鎖骨下を交互に使用する．

　4）　外頸静脈採血（イヌ）：外頸静脈採血では採血部位周辺の頸部の毛を皮膚を傷つけないように刈っておく．

　保定者は一方の手で動物の耳と鼻口部を優しく摑み，顎を上に反らせ，反対の手で両前肢を押さえる．採血者は一方の手で胸骨上端の左右の窪んだ部分を親指で圧迫して血管を怒張させ，反対の手で採血部をアルコール綿で消毒後，注射筒に接続した注射針を血管に刺入して血液を採取する．採血終了後，刺入部位を固く絞ったアルコール綿あるいは滅菌ガーゼ等で押さえてから針を抜き，数秒間強く圧迫して止血する．熟練することにより毛刈りは行わなくても採血できるようになる．

　経時的に採血する場合，左右の頸静脈を交互に使用する．

　5）　橈側皮静脈（イヌ・サル）および伏在静脈（イヌ）：橈側皮静脈および伏在静脈では採血部位周辺の毛を皮膚を傷つけないように刈っておく．

　保定者は投与時と同様に保定を行う（"No.74　静脈内投与をする"）．採血者は採血部をエタノール綿で消毒後，注射筒に接続した注射針（22～25G）を血管に刺入して血液を採取する．採血終了後，刺入部位を固く絞ったエタノール綿あるいは滅菌ガー

ゼ等で押さえてから針を抜き，数秒間強く圧迫して止血する．熟練することにより毛刈りは行わなくても採血できるようになる．

経時的に採血する場合，左右の頸静脈を交互に使用する．

おわりに　本項ではラット，イヌおよびサルにおける一般的な採血方法について記載した．

動物実験を行う上での基本的な考え方は，動物種を問わず同じである．いずれの動物実験を行う際にも実験者はつねに動物へのストレスを減らす努力を怠ってはならない．

文献
1) 「実験動物の被験物質の投与（投与経路，投与容量）及び採血に関する手引き」EFPIA（欧州連邦製薬工業協会），ECVAM（欧州代替法バリデーションセンター）2000年2月．
2) 日本実験動物協会編，「実験動物の技術と応用，実践編」，丸善（2004）．
3) 花野　学・梅村甲子郎・伊賀立二　編，「医薬品開発のためのファーマコキネティックス実験法」，ソフトサイエンス社（1985）．

78 呼気を集める

はじめに　尿および糞を採取するとともに呼気として放出された薬物由来の成分を回収することは，薬物の体内動態を評価する上で非常に有効である．本項では専用の実験器具を使用し ^{14}C 標識体を投与したラットを用いた方法を紹介する．

使用器具　ラット用代謝ケージ：図1（メタボリカ® TYPE MC-CO2型，スギヤマゲン製）

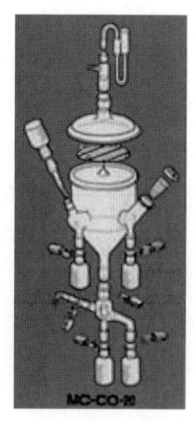

図1　メタボリカ®

事前飼育　"No.76 採尿・採糞方法"と同様に数日前から専用ケージで飼育し，環境へ馴化させることが望ましい．

呼気捕集方法　メタボリカ®には呼気吸収カセットとよばれる箇所があり，呼気吸収カセット前面には，エアポンプのスイッチ，エア流量設定ダイヤル，および流量表示器などがついていて，1カ所で簡便に操作できる．

エアポンプおよび比較制御回路のソレノイドバルブなどはケージから離して置かれており，それらが発する音および振動などがラットに無用のストレスを与えないように配慮してある．

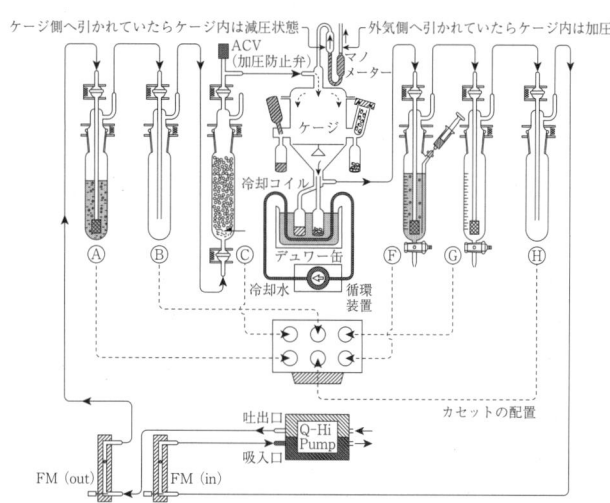

Ⓐ：NaOH水溶液（CO_2除去），Ⓑ：空瓶（水分除去），Ⓒ：ソーダライム（CO_2および水分除去），Ⓕ：モノエタノールアミン（$^{14}CO_2$採取），Ⓖ：モノエタノールアミン（$^{14}CO_2$採取），Ⓗ：空瓶（水分除去）

図2　インピンジャー
スギヤマゲンカタログより．

インピンジャーは図2に示すように6本用意されており，それぞれに試薬を充てん

すべての試薬を充てん後250～400 mL/min 程度の流量となるように調節しマノメーターのバランスが取れていることを確認する．その後，^{14}C 標識体を投与したラットをメタボリカのガラスケージ内で飼育し，一定時間経過後Ⓕおよび Ⓖのインピンジャー内のモノエタノールアミンを回収する．回収するさい，新たなモノエタノールアミンを用いてインピンジャー内を洗浄し，インピンジャー内に残ったモノエタノールアミンを回収する．

続けて採取する場合は，新たにインピンジャー内にモノエタノールアミンを充填して飼育を続け，一定時間経過後，同様の処置を行う．

おわりに 本項では ^{14}C 標識体を投与したラットにおける $^{14}CO_2$ 捕集方法について記載した．異なった標識体あるいは動物を用いる場合，方法および器具などが違ってくるので，各標識体あるいは動物にあわせて実験方法を検討する．

7

実験整理

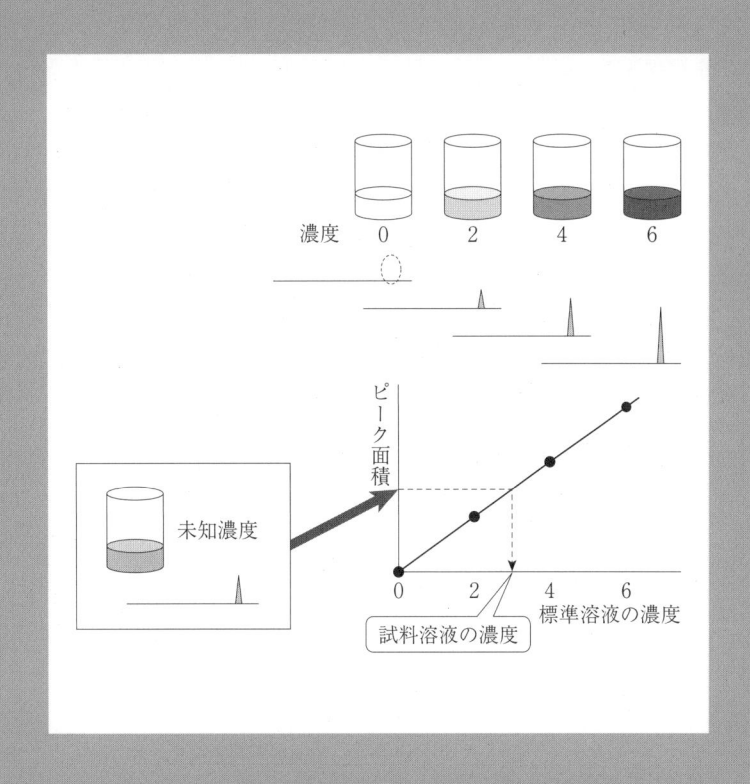

79 絶対検量線法で定量する

はじめに　検量線とは，分析対象成分（分析種）の特定の性質に着目して定量分析を行うとき，その成分の存在量（濃度）とその性質に基づいた測定値との関係を表した関係曲線のことである．

HPLCにおける定量分析では，検出器の出力値から直接濃度を求めることができない．そこで，個別のLCや測定環境ごとに，分析種の標準品を用いて調製した既知濃度の溶液に対する検出器のシグナル強度（ピーク面積，または高さ）を調べ，濃度とシグナル強度の関係を作図または単回帰分析して検量線を求める．得られた検量線を用い未知試料のシグナル強度から分析対象成分の濃度を逆に算出する．

検量線は，機器の状態や試薬の純度，濃度に敏感に反映するため測定日ごとに同じ条件で調製した溶液を用いて作成した検量線を用いることが基本である．また，検量線は一般的に直線が望ましい．濃度範囲を限定して直線として扱うことが多い．

検量線を用いた定量分析法として，代表的な絶対検量線法，標準添加法および内標準法を解説する．

絶対検量線法

絶対検量線法とは，HPLCでは最も一般的な定量分析法である．標準試料から調製した既知濃度の溶液を用いて検量線を作成する．その検量線と，未知試料溶液からのシグナルを比較して，分析種の濃度を定量する．

検量線作成方法

① 分析対象成分を段階的な濃度（一般的には5点以上）になるように複数の検量線用溶液（以下，標準溶液という）を調製する．このとき，推定される未知試料中の分析種の濃度が，検量線の中央部にくるように標準溶液を調製することが望ましい．

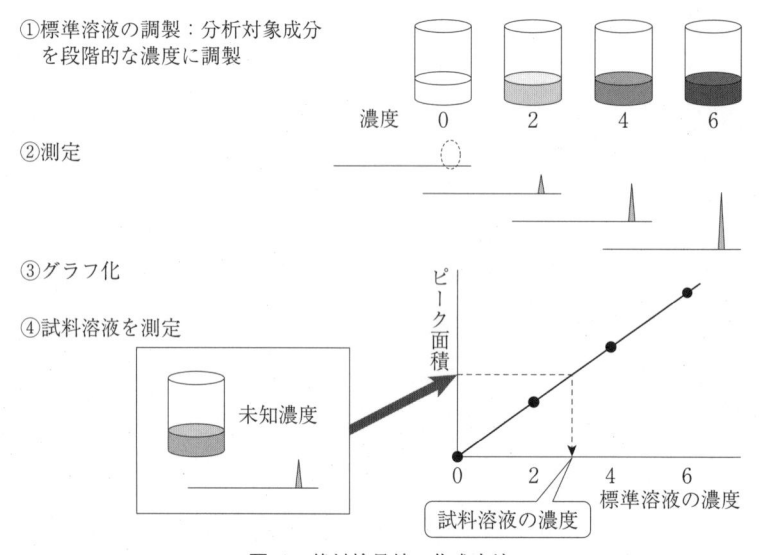

図1　絶対検量線の作成方法

② 調製した各濃度の標準溶液を順に HPLC にて測定し，クロマトグラムを得る．

③ 得られたクロマトグラムから，縦軸に分析種のピーク面積（または高さ），横軸に濃度をとり，検量線を作成する．この検量線は，通常は原点を通る直線となる．大きく原点を外れる場合は，標準溶液を調製した試薬や溶媒，夾雑成分の有無，また検出器のダイナミックレンジを越えていないかどうかなどを確認して装置や分析法を見直す．

④ 検量線を作成したときと同一条件で，未知試料溶液中の分析種のピーク面積（または高さ）を測定し，検量線を用いて分析種の濃度を求める（図1）．

検量線の作図

検量線を作図するさい，最小二乗法（単回帰分析）を行い，統計的に処理し回帰式を求める方法が基本である．実際には，表計算ソフトウェアを用いて検量線の作図ができ，傾きと切片が簡単に求められる．

具体的な例

0〜1.5 µg/mL の 6 種の標準溶液および未知濃度の試料溶液を測定して，そのクロマトグラムから表 1 のような測定結果が得られ，絶対検量線法で定量を行う場合．

表 1　測定結果

濃度（µg/mL）	ピーク面積
0	ブランクを確認する
0.50	33 966
0.80	53 801
1.00	67 999
1.25	85 424
1.50	102 304
未知濃度	75 682

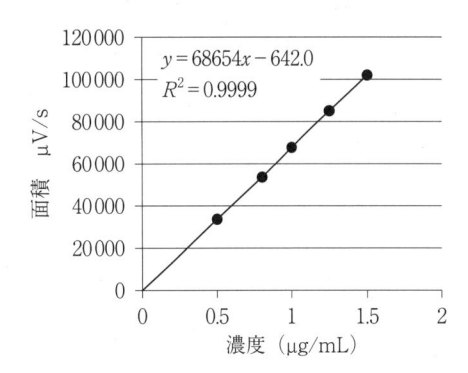

図 2　表計算ソフトウェアによる検量線

表計算ソフトウェアにより

$$y = 68654x - 642.0$$

試料溶液のピーク面積が 75 682 なので，

$$75682 = 68654x - 642.0$$

$$x = \frac{75682 + 642.0}{68654} = 1.11171\cdots$$

よって，試料溶液の濃度は，1.11 µg/mL

特徴

絶対検量線法は，分析対象成分のみが分離，検出されればよいので，比較的簡便な方法であるが，注入操作などの測定操作のすべてを厳密に一定の条件に保って行う必要がある．装置的には繰り返し再現性がよい注入器を用い，かつ測定中に標準溶液，試料溶液の試料注入体積変化を少なくすべく，設置した空間またはオートサンプラーの試料ラックの温度をコントロールすることが望ましい．

絶対検量線法の利点としては，検量線の作成および未知濃度試料の定量計算が簡便であることがあげられる．一方，欠点としては，試料注入量のばらつきや夾雑成分の影響を受けやすいことがあげられる．

結果の表わし方

測定した結果を表わすとき，有効数字を考慮して数値を丸めることになる．数値の丸め方に関しては，JIS Z 8401（数値の丸め方）[1] が参考になる．ここでは，有効数字について簡単に触れる．

有効数字とは，JIS K 0211（分析化学用語（基礎部門））のなかで，「測定結果などを表す数字のうちで，位取りを示すだけのゼロを除いた意味のある数字」と定義されている[2]．つまり，有効数字の桁数が実験の精密さを表しているのであり，有効数字の最小位には不確かさが含まれる[3]．つまり，有効数字は不確かさを考慮して決めることになる．

最近は，表計算ソフトウェアを用いて簡単に検量線の作成が行え，また測定値や平均値などを算出することができる．表計算ソフトウェアを用いると，計算上では，10桁を超える数値が算出される．では，どこまで有効数字として取り扱えばよいだろうか．今，未知試料中の濃度測定を5回行い，5回の測定の平均値$\bar{x}$は 10.042 µg/mL，不確かさは 0.03 µg/mL と得たとする．この場合，不確かさが 0.03 ということは，得られた平均値$\bar{x}$の小数点以下2桁目「4」という数字にあいまいさを含んでいるということである．つまり，小数点以下3桁目の「2」という数字は意味のない数字ということである．よって，この2を丸め，最終報告値は 10.04 µg/mL とする．このように，まず測定の不確かさを見積もり，次に測定値の有効数字について検討する．

数値を丸めるさいに注意する点として，最終値を出すまでに複数の測定値を要するときは，それぞれの測定値を丸めすぎないようにしなければならない[3]．最終値の有効数字よりも1桁あるいはもう少し多めに桁数を残したままにしておき，最終値を出すときに有効数字に合わせて数値を丸めるようにする．このとき，数値の丸めは1段階で行うこと[1]．

文　献　1）JIS Z 8401（数値の丸め方），日本規格協会（1999）.
2）JIS K 0211（分析化学用語（基礎部門）），日本規格協会（2005）.
3）N. James, C.M. Jane, 宋森　信，佐藤寿邦　訳，「データのとり方とまとめ方　第2版　分析化学のための統計学とケモメトリックス」, p.39〜40, 共立出版（2004）.

80 内標準法で定量する

はじめに　内標準法（昔の教科書では内部標準法と記載されているものもある）とは，測定に供する前の濃縮操作やLCへの注入量のばらつきなど，試料溶液の体積の変動による誤差を低減したいときに適した定量方法である．分析対象成分（分析種）とは異なる内標準物質を，検量線作成用溶液（以下，標準溶液という）と未知試料の両方に一定量を加え，分析種と内標準物質との信号強度比（ピーク面積比など）を用いて定量を行う．

検量線作成方法

① 分析種が段階的な濃度になるように標準溶液を調製し，その各々に一定量の内標準物質を加える．

② 調製した内標準物質を含む標準溶液をHPLCで測定して得られたクロマトグラムから，内標準物質のピーク面積（または高さ）に対する分析対象成分のピーク面積（または高さ）の比を求める．

③ 求めた比を縦軸に，分析対象成分の濃度を横軸にとり，検量線を作成する．この検量線は，通常は原点を通る直線となる．

④ 標準溶液と同様に，一定量の内標準物質を加えた試料溶液を調製し，HPLCで測定する．試料溶液中の内標準物質のピーク面積（または高さ）に対する分析対象成分のピーク面積（または高さ）の比を求め，検量線を用いて分析対象成分の濃度を求める（図1）．

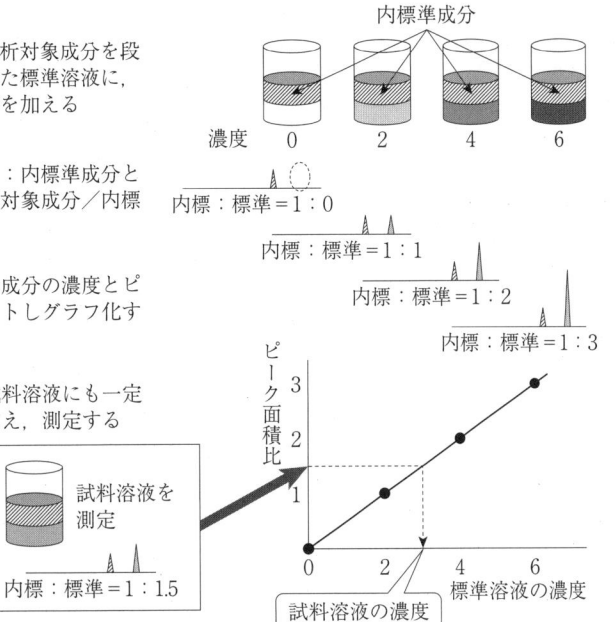

図1　内標準法の検量線作成方法

具体的な例

同一濃度の内標準物質を添加した 0〜1.5 µg/mL の 6 種の標準溶液および未知濃度の試料溶液を測定して、そのクロマトグラムから表 1 のような測定結果が得られ、内標準法で定量を行う場合。

表 1　測定結果

濃度 (µg/mL)	標準溶液のピーク面積	内標準のピーク面積	標準／内標のピーク面積比
0	ブランク確認	62050	—
0.50	33966	61876	0.549
0.80	53801	62124	0.866
1.00	67999	62496	1.088
1.25	85424	61690	1.385
1.50	102304	61938	1.652
未知濃度	75682	62045	1.220

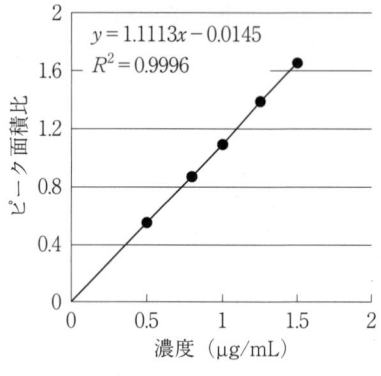

図 2　表計算ソフトウェアによる検量線

表計算ソフトウェアにより

$$y = 1.1113x - 0.0145$$

試料溶液の標準／内標のピーク面積比が 1.220 なので、

$$1.220 = 1.1113x - 0.0145$$

$$x = \frac{1.220 + 0.0145}{1.1113} \fallingdotseq 1.1109$$

よって、試料溶液の濃度は、1.11 µg/mL

特徴

内標準成分を正確に添加すれば、試料溶液に多少の体積誤差が生じても分析値に影響しない。注入量・分析条件・前処理の誤差を補正できるため、前処理の自動化や長時間にわたる測定でその間の環境変化著しい場合に効果を発揮する。反面、操作が煩雑、適当な内標準の選定に多大の労力を必要とする。特に多成分試料では高分離条件が必要される。また、高粘性試料や気泡含有試料にも適する。

内標準物質の選び方

内標準物質の選定にさいして考慮すべき条件としては下記の項目があげられる。

① 目的とする分析試料に存在しないこと。
② 分析試料に含まれている成分のピークと十分に分離されること。
③ 溶出挙動、特性が目的成分物質と大きく異ならないこと。
④ 検出特性が目的成分物質と大きく異ならないこと。
⑤ 安定性がよいこと。
⑥ 移動相溶媒に対する溶解度が十分であること。
⑦ その他考慮すべき点：入手性、経済性、分析時間、分析効率性

サロゲート物質

最近では、分析対象成分と物理的・化学的物質がほぼ同じ同位体（サロゲート物

質）を内標準物質とし，MS 検出器によって定量する方法がよく行われている．サロゲート物質は，目的成分の一部元素が重水素，^{13}C などに置換されている安定同位体で，目的成分とほぼ同じ物理化学的性質を有しているため，MS 検出器において内標準成分として適する．前処理時の回収率やマトリックス干渉が添加量（濃度）に対して一様でなくても，サロゲート物質を分析対象成分と同量程度添加することで回収率や干渉による影響を小さくすることができ，夾雑成分との分離が不完全でも定量することが可能である．

81 標準添加法で定量する

はじめに　標準添加法は，試料中の夾雑成分（マトリックス）の影響が無視できない場合に適用される定量方法であり，測定する試料溶液と標準溶液とのマトリックスを一致させるための方法である．

検量線作成方法

① 試料溶液に，分析対象成分が段階的な濃度になるように標準溶液を添加する．
② 調製した試験溶液を HPLC で測定してクロマトグラムを得る．
③ 得られたクロマトグラムから，縦軸にピーク面積（または高さ），横軸に分析対象成分の添加量をとり，検量線を作成する．このとき，横軸との切片（$|x|$）が，試験溶液にもともとあった量になる（図1）．

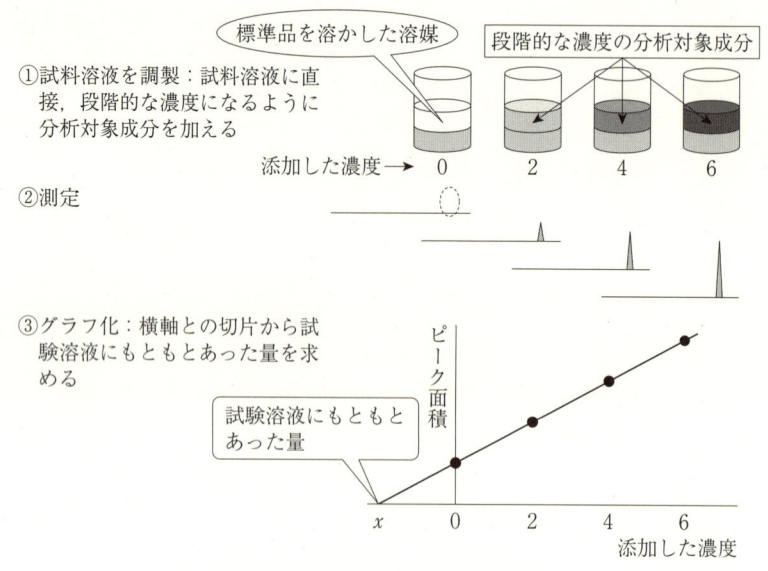

図 1　標準添加法の検量線作成方法

具体的な例

0〜1.5 μg/mL の 6 種の標準溶液を添加した試料溶液を測定して，そのクロマトグラムから表1のような測定結果が得られ，標準添加法で定量を行う場合．

表1　測定結果

濃度（μg/mL）	ピーク面積
0	57357
0.50	91966
0.80	111801
1.00	125999
1.25	143424
1.50	160304

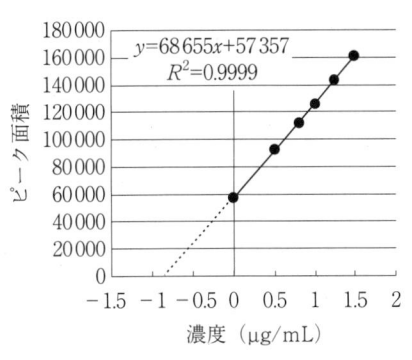

図2　表計算ソフトウェアによる検量線

表計算ソフトウェアにより
$$y = 68655x + 57357$$
$y=0$ のときの x を求める．
$$0 = 68655x + 57357$$
$$x = \left| \frac{-57357}{68655} \right| \fallingdotseq 0.8354$$

よって，試料溶液の濃度は，0.84 μg/mL

特徴

標準添加法は適当な内標準物質がみつからない場合，夾雑成分（マトリックス）について十分な情報が得られていない場合，また試料のマトリックス効果などによる干渉が大きい場合に有効な方法である．測定する試験溶液と検量線溶液のマトリックスを一致させることで，マトリックスの影響が補正できる利点を有するが，測定する試料ごとに検量線の作成が必要なことから，操作が煩雑で，分析点数が多くなる．また，全測定操作を厳密に一定条件で行う必要がある．

絶対検量線法と標準添加法の直線の傾きが同じであれば，マトリックスの影響（マトリックス効果）がほとんどないことを示しており，傾きに差があるとき，マトリックスの影響を受けている．そのようなとき標準添加法が有用である．

82 報告書を作成する

はじめに　報告の仕方で，これまでの仕事や研究が活かされるかどうか決まるといっても過言ではない．報告書に，自分のやった仕事や研究をすべて記載し，厚さで勝負という勢いの人も多い．しかし，まともな上司なら，そんなことで部下を評価しない．むしろ逆である．報告書は簡潔をもって旨とする．特に全容を表す1枚目（要旨）が最も大切である．

本項では，要旨を如何に作成するかということに焦点をあてる．ずばり，以下の2点を意識するとよい．

誰に報告する書類か

報告書を作成する場合，最初に考えるべきことは報告すべき相手が誰かということである．

研究の報告する場合，同じテーマ・内容であっても，たとえば，社長と研究所長とグループリーダーに書くべきことは異なってくる．グループリーダーには，具体的結果の報告が必要である．研究所長クラスになると，細かい内容ではなく，ポイントを絞り，さらに社内外の関連性を意識した内容にすべきである．社長などの経営メンバーには，わかりやすいこと，結論をはっきりとさせ，研究の強み，弱みが理解しやすいものを作成しなければならない．極論すると，中学生，高校生が興味をもつような内容にしていく．

多くの研究者が，相手が誰であろうが，ほとんど同じ文書で報告しようとしている．それは大きな間違いである．その分野への精通度は，人によって異なり，また判断しなければならない事案は，職制や立場によって異なってくる．まず，対象者が誰であるか，それによって，すべて報告書の体裁は変えなければならない．これはプレゼンでも同様であり，聴衆のレベルや興味をもっていることにそって，同じ内容を発表する場合であっても，スライドの体裁や話す順番を大きく変える必要がある．

どのように作成するか

どのような報告書であっても，基本的にはA4 1枚に要点をまとめる．それをみればすべてが把握できるように工夫し，あとは添付文書にするのがよい．

分析依頼などへの報告書は，まず結果を最初に記載し，それから前処理法と測定機器などの条件について要点を記載したものを用意する．

研究報告に関しても，1枚目に，

① 目的
② 背景（先行技術と問題点）
③ 研究課題
④ 実験方法
⑤ 結果
⑥ 結論
⑦ 今後の課題

を，この順に簡潔にまとめる．

　さらに，それぞれについて，箇条書きにしていくとわかりやすくなる．が，その場合，課題と実験方法と結果の番号が対応するように書いていく．つまり，課題1に対して，実験1があり，その実験1の結果を結果1に記述する（以下，課題2→実験2→結果2，課題3→実験3→結果3…）．

　あくまでも1枚で完結することが望ましい．ページがまたがると，報告書の印象は半減すると考えるべきである．

　また，報告書の読み手は，年長者が多い．老眼気味であったり，焦点があいにくくなったりしている．特に1枚目しか眼を通さないような人は，かなり年配である場合が多い．1枚にまとめるからといって，細かい字で，たくさん紙面を埋め尽くすのは愚の骨頂である．

おわりに　報告書は，自分の研究の記録ではなく，プレゼンテーションである．読み手は自分ではなく，他人である．そのことを意識して，人に優しい報告書を作成していくことがポイントである．

　成功した研究や仕事の報告書は作成しやすいが，失敗したケースの報告は書き手も読み手も辛く，ついつい怠り勝ちになったり，必要以上に簡潔になったりする場合が多い．しかし，失敗こそが本人にとっても会社にとっても貴重な財産となる．是非，「失敗報告書」もきちんと作成・報告するように心がけたいものである．

83 講演要旨を作成する

はじめに 　講演要旨とは，研究発表会において講演する内容の要点を的確に記述したもので，予稿集（または要旨集ともよばれる）として印刷され，冊子として配布されることが一般的となっているが，CD-ROM のように電子媒体で配布されるケースもある．最近では，講演要旨をインターネット上の学会ホームページからオンラインにより，入力することが多くなってきている．しかし，インターネットブラウザの種類，ネットワーク上の暗号通信（secure socket layer：SSL）の問題および相性によってはオンライン入力ができない場合がある．その場合は，オンライン登録に関する委員会にすみやかに連絡し，メールや郵便，あるいは FAX などによる文書の提出を行う必要がある．この場合，提出原稿がそのまま写真製版によりオフセット印刷される．

　講演要旨を作成するにあたって順序，注意事項を記す．

講演申込

　講演要旨を作成・入力するにあたって，まず講演申込を学会ホームページからオンラインで行う必要がある．講演申込登録開始・締切は日時が設定されており，厳守となっているので注意する．講演申込は一般的に，発表形式（口頭発表，ポスター発表，テクノレビューなど）や発表者の情報，講演題目，講演概要の入力を行う．講演概要とは，200字程度の要旨で，講演プログラム作成や広報用冊子の資料に使用される．また，発表内容が学会の趣旨から大きく逸脱していないかの判断資料にも使用される．

講演要旨の様式

　講演要旨（予稿原稿）の作成様式は各学会によって異なるので，規定に従って書かなければならない．所定の字数は一般に，1000～2000字内が多い．また，最近のオンライン入力においては，発表者所属機関名，発表者，講演分類略，講演題目，の基本的な情報は別入力し，予稿原稿内に記載しないので注意する．予稿原稿構成は，一般的な要旨と同様以下の要領で作成する．

目的（序論）

　研究の背景，目的を書く．論文の序論に相当する．従来法との比較，研究の必要性，理由，歴史などを書くこともできる．

実験方法（前処理，装置，測定法）

　研究手法，実験条件などを，できるだけ簡素に書く．前処理法や実験に使用した装置，特徴的な測定法なども紹介できる．結果につながるように記載すれば最良である．

結果（考察，結論）

　この結果の部分は最も重要である．データの記載，図表の添付など結果を主体に記載されるべきである．また，この予稿原稿を各段階では，結果が十分出ていないあるいは結論に達していない場合もあるが，その場合でも，得られた事実や確実な結果を記載することに努め，予測される結果や普遍的な結論を記載することはできるだけ避

ける．

上記をもとに，図1に第57回日本分析化学会年会のホームページから引用した講演要旨入力例を示す．

=== 入 力 例 ===

```
【目的】グルコース（C<SUB>6</SUB>H<SUB>12</SUB>O<SUB>6</SUB>）の簡便・迅速な定量法を確立する。
<BR><BR>【方法】<U>グルコース標準液</U>：β-<i>D</i>-glucose 1 gを精製水に溶解して全量500 mLとし、これを適宜希釈する。<BR><B><U>測定法</U></B>：前報<sup>1)</sup>で開発した発蛍光試薬3 mLを分注したサンプルチューブに、上記各種濃度のグルコース標準液100 μLを加えて混和し、37 ℃で15分間反応させる。各反応溶液につき、蛍光分光光度計を用いてその蛍光強度を測定する。<BR><BR>【考察】グルコース濃度と蛍光強度<B>F</B>との間には、<BR>　　　<B>F</B>=<I>k</I>・<I>I</I><SUB>0</SUB>・φ・ε・<I>c</I>・<I>l</I><br>の関係が成立するため、グルコースを正確に定量することが可能になった。<BR><BR>【文献】1) 分析花子、五反田太郎：<I>分析化学</I>、<B>100</B>、2345（200X）．
```

図 1　入力例

強制改行や上付文字，下付文字，強調（太字・ボールド），斜体（イタリック）などの細かな設定ができるので，要旨原稿作成の手引きを参考に正しく作成する．図1の入力例は図2のように実表示されるので，確認することができる．

=== 表 示 例 ===

【目的】グルコース（$C_6H_{12}O_6$）の簡便・迅速な定量法を確立する。

【方法】グルコース標準液：β-*D*-glucose 1 gを精製水に溶解して全量500 mLとし、これを適宜希釈する。
測定法：前報[1]で開発した発蛍光試薬3 mLを分注したサンプルチューブに、上記各種濃度のグルコース標準液100 μLを加えて混和し、37 ℃で15分間反応させる。各反応溶液につき、蛍光分光光度計を用いてその蛍光強度を測定する。

【考察】グルコース濃度と蛍光強度**F**との間には、
$$F = k \cdot I_0 \cdot \varphi \cdot \varepsilon \cdot c \cdot l$$
の関係が成立するため、グルコースを正確に定量することが可能になった。

【文献】1) 分析花子、五反田太郎：*分析化学*、**100**、2345（200x）．

図 2　表示例

注 意 事 項

講演要旨は公表された文書として取り扱われるので，大変重要である．特許との関係について述べると，発表した内容と発表者と発明者が同一の場合であれば特許法第30条「新規性喪失の例外」の適用を受けられる．適用を受けるには，特許庁長官の指定を受けた学術団体が開催する研究集会での発表等に限られ，6カ月以内に申請しなければならない．あわせて，事前に社内ルールの確認も必要である．よって，前述の通り，講演要旨中の結果は大変重要である．しかし，特許申請が認められない学会も少なくないので，注意する．

84 学会で発表する

はじめに　学会での発表は，研究成果を公開発表することによって，最新あるいは最先端の情報を提供し，そしてその科学的妥当性を議論することである．学会発表は，一般に，会員のみに許されている．学会会場は，多くの研究者と交流が行われ，研究を推進する場となっている．また最近では，企業によるテクノレビュー（ベンダーセミナー）なども開催され，技術情報提供の一助となっている．

学会には，学術団体が1年に一度定期的に行われる「年会」をはじめ，特定の分野およびテーマを取り扱う「討論会」や「研究懇談会」，国際的な規模で開催される「国際学会」などがある．また，大学にて行われる卒業研究発表会や学位論文公聴会も広義に学会に属する．一般的に学会の発表形式は，口頭発表とポスター発表に大別することができる．発表までの課程などは一部「講演要旨を作成する」に記したので参照されたい．特徴などは下に記す．

口頭発表

(1) 発表の種類

一般的な口頭（オーラル）発表の場合を「一般講演」とよぶ．類似したテーマ，演題が数件集められ，その分野に精通する座長の下，執り行われる．7〜15分程度の口頭発表後，数分の質疑応答，の形態で進行する．特に優秀な研究成果に対しては「特別講演」，「受賞講演」のタイトルが与えられ，30分を越える口頭発表が行われる．その他には，外部学会，特に海外からの研究者を招待して行われる「招待講演」がある．これも発表時間30分を越える密度の高いものがある．

(2) 発表原稿

最近の発表原稿はMicrosoft社提供のパワーポイントで作成されることがほとんどで，また学会からパワーポイントで作成するよう指定されることも多い．発表内容は論文形式を取り，序論，目的，実験方法，結果，考察，参考文献のような順で構成する．原稿は文字を多く羅列するよりも，箇条書きを選び，端的にいいたいことを表現することが望ましい．また，図表はビジュアル的に分かりやすくアピールするに心がける．発表のスピードは1分/枚を目安とする．発表は研究のエッセンスに力点をおき，質疑応答で詳細に答える，あるいは補助原稿を用意し示すといった手法が理解しやすい．

ポスター発表

(1) ポスター発表の利点

口頭発表とポスター発表との大きな違いは，発表時間にある．ポスター発表ではコアタイムが1〜2時間設けられているので，十分な質疑応答に対応できること，名刺交換など，学会本来の目的でもある研究者同士の交流に多大な貢献をしている点があげられる．コアタイム時間はできるだけ発表ポスターの前に立ち，積極的に説明，プレゼンテーション，質疑応答に努めなければならない．ポスター発表は，時間的な制約が緩やかなことから，発表初心者や学生の発表経験の場として利用されるケースも

多い．口頭発表とポスター発表との併用発表は，学会が許可する限り望ましい発表形態とも考えられる．

(2) 発表原稿

縦180 cm×横90 cm程度のパネルに，発表用原稿を貼る．パネルは学会の要項によって異なるので，注意する．発表内容は口頭発表と同様，論文形式を取る．A4，B4サイズの紙面を序論～考察，参考文献の順で展開，貼り付けるが，最近ではA1，A0サイズのもので簡素に仕上げ，表示することが増えつつある．

テクノレビュー

学会に所属する企業・メーカー（ベンダー）が，学会に所属する研究者および関係者に対して，有用な最新の技術情報を供給する目的をもつ口頭発表である．発表時間は30～60分程度である．質疑応答もある．研究のみならず品質管理・生産現場で使用される技術情報なども発表され，内容は幅広い．ベンダーは一定の講演料金を学会に支払って情報を研究関係者に提供する．ベンダー側の一方的な宣伝的な要素が発表される事実は否めないが，学術的に検討を行った発表もあるので，その有用な情報が得られるケースもある．

おわりに

学会発表には，口頭発表，ポスター発表，テクノレビューがある．時間的にまとめあげてしまう口頭発表だけが理想的でもない．研究レベルおよび発表できる能力・スキル，研究者との意見交流など様々な目的に応じて適宜選択する．

国際学会について詳細は記さなかったが，形式は基本的に国内の学会と同様ではあるが，フレキシビリティーが大きい．唯一異なる点は，日本国内の学会は大学関係者が主催・メインであるのに対し，国際学会はベンダーとの関係がフラットともみえる点である．ユニークな発表も多く，多くの刺激が得られ，また，日本では過小判断されるものが評価されるケースも多い．

文献

1) 泉 美治, 小川雅彌, 加藤俊二, 塩川二郎, 芝 哲夫監修,「化学のレポートと論文の書き方」, 化学同人（1985）.

85 専門誌に投稿する

はじめに　学会発表が，研究成果を公開発表しその科学的妥当性を議論する場であることに対し，専門誌に論文を投稿し，受理・掲載されることは，最終的に研究者として研究成果が国内外に認められることとなる．

専門誌について

本誌に関係する国内の専門誌としては，以下のようなものがある．これら国内誌は，投稿に関する書類を日本語で書ける上，editor, reviewer のコメントも日本語でやりとりできる簡易さがある．

　　分析化学：http://www.jsac.or.jp/bunka/bunsekikagaku.html
　　Analytical Sciences：http://www.jsac.or.jp/cgi-bin/analsci/toc/
　　Chromatography：http://wwwsoc.nii.ac.jp/scs/Journal.html

海外誌の代表的なものとしては，以下のようなものがある．

　　Analytical Chemistry：http://pubs.acs.org/journals/ancham/index.html
　　Journal of Chromatography A or B：http://ees.elsevier.com/chroma/
　　Journal of Separation Science：
　　http://www.wiley-vch.de/publish/en/journals/alphabeticIndex/2259/
　　Chromatographia：http://www.chromatographia.de/
　　Analytical Biochemistry：
　　https://eselect.elsevier.com/details.cfm?object_id=44

学術論文の種類

学術論文の種類については，大まかに下のような4種類がある．投稿時にいずれかを選択しコメントをつけて提出するが，editor や reviewer によって，カテゴリーの変更を要求されることもある．一般論文はオリジナリティがあり，かつ完成度の高い論文で評価は高い．ノートは一般論文までの結果・完成度が得られていないものの，十分なオリジナリティを含むものをいう．一般論分の途中課程あるいは短版といった位置づけにある．ノートといっても十分な考察・オリジナリティがないと受理（accept）されない．速報論文は，新事実をいち早く発表する目的がある．よって投稿時に「何故，速報でなければならないのか」の理由の提出が必要となる．内容的にはノートに近い．総説は，そのテーマ，カテゴリーに精通した研究者が執筆する．そのテーマに関する研究論文を多く参考文献として引用，その成果を適切に紹介する網羅的総説と，そのテーマの中でも特定の結果・考察に対して記述・解説を行う解説的総説がある．

　1) 一般論文（Regular paper, Full paper）：オリジナルのある結果・考察を含む完全な論文形式で書かれたもの．
　2) ノート（Notes, Technical Communications）：新事実，新たな考察を含む短い論文．
　3) 速報（Letters, Short Communications）：新事実，新たな考察をいち早く発

表・公開する論文.

　4)　総説（Reviews）：与えられたテーマやカテゴリーにおける報告された論文を紹介し，問題点，今後の方向性，展望，などをまとめた論文.

Impact Factor

　Impact Factor（文献引用影響率）とは，投稿した専門誌に掲載された論文が，対象年にどれくらい，頻繁に引用されたかを示す尺度のことで，数値化され公表されている．この Impact Factor が高い値であるほど難関誌と評価される．Impact Factor は毎年更新される．2007 年度の ISI Impact Factor（出典：Thomson Scientific 社，Journal Citation Reports 2007 年版）をいくつか紹介する．

　　Journal of Chromatography A（3.554）
　　Analytical Chemistry（5.287）
　　Journal of American Chemical Society（7.885）

論文の投稿

　最近の論文は，インターネット上の各専門誌の web site から「Online Manuscript Submissions」により投稿するシステムになりつつある．Guidance に従って入力して行くことになるが，構成は一般的に，1. Title, 2. Abstract and keywords, 3. Introduction, 4. Experimental, 5. Results, 6. Discussion, 7. Acknowledgements, 8. Tables and illustrations, 9. References の形式をとる．最後に editor を選択肢の中から指名することもでき，また自分の論文を査読する reviewer を自ら 2 名指名しなければならない．論文投稿時にあらかじめ reviewer 2 名を決めておき，連絡後，指名の許可などをとっておくことが望ましい．最終的に editor が reviewer を決定するので，必ずしも投稿者が選んだ reviewer とならない場合もあることも承知しておく必要がある．

おわりに　Journal of Chromatography A の reviewer の審査基準を記す．下記のように 5 項目とコメントからなっている．これらの点に留意しながらメリハリのある論文を構成する．

　　1. Is the subject matter suitable for publication in the Journal of Chromatography A? YES/No
　　2. Is, in your opinion, the paper clearly presented and well organized? YES/No
　　3. Does it give adequate references to related work? YES/No
　　4. Does the Abstract provide a quantitative summary? YES/No
　　5. Is the English satisfactory? YES/No
　　6. Comments:

　Analytical Chemistry については，比類のないオリジナリティーが要求され，難関で通りにくい．論文構成は，独自の結果の提示・考察もさることながら，理論式を用いて考察を展開すると editor 評価が高くなる傾向にある．

索　引

あ　行

アジ化ナトリウム　102
アース　26
アスコルビン酸　157
アフィニティークロマトグラフィー　131
アフィニティークロマトグラフィー用溶離液　117
アフィニティー担体　131, 133
アミノ酸組成分析　113
泡抜き　37
安定剤　96

イオンクロマトグラフィー　135
イオン交換クロマトグラフィー　128
イオン交換樹脂　126, 128
イヌ　186, 191, 194, 196, 198
陰イオン交換　135
インピンジャー　201

エストロゲン　174
塩基性物質　170
円二色性検出器をメンテナンス　63

応答速度　35
オートサンプラーをメンテナンス　54
オリゴDNA　161

か　行

加温・加熱　85
攪拌　83
加水分解　113
学会発表　216
カテコールアミン　150
カテーテル　185
荷電化粒子検出器をメンテナンス　70
ガラス器具を洗浄・乾燥・保管　87
カラムの保管　98
環境ホルモン　162
乾燥　92
乾燥剤　92
関連法令　17

給餌方法　181
キラルセレクター　48

金電極　62
クデルナ・ダニッシュ濃縮器　104
グラインダー　106
グラシーカーボン電極　62
群特異的相互作用　134

蛍光検出器　4
　　──をメンテナンス　59
経口ゾンデ　185
経口投与法　185
血中濃度　198

講演申込　214
講演要旨　214
光学活性カラム　48
　　──をメンテナンス　48
抗凝固剤　198
工具　24
高速溶媒抽出法　110
口頭発表　216
呼気　201
呼気捕集方法　201
誤差　76
固相抽出基材　121

さ　行

採血　198
採血法　198
採血量　198
採尿・採糞　196
サクションフィルター　53
作用電極　176
サル　187, 191, 196, 198
サロゲート物質　208
酸化防止剤　96

紫外可視吸光検出器をメンテナンス　57
紫外・可視検出器　4
示差屈折率検出器　4
　　──をメンテナンス　56
脂質　147
システム適合性試験　15
ジスルフィド化合物　177

自然発症モデル　182
質量　76
質量分析計　5
　　──をメンテナンス　72
時定数　35
試薬類の保管　100
充てん剤型カラムをメンテナンス　45
縮分　106
消火　90
消火器具　90
消火作用　90
脂溶性ビタミン　159
蒸発光散乱検出器をメンテナンス　67
情報・文献を検索　2
消防法　96
消防法危険物　97
静脈内投与方法　189
飼料　180

水溶性ビタミン　156
数値の丸め方　206
スパナ　24

静電気対策　28
絶対検量線法　204
設置場所　22
ゼノバイオティクス　115
旋光度検出器をメンテナンス　65
専門誌　218

ソックスレー抽出器　110
ソックスレー法　110

た　行

代謝ケージ　196
体積　79
体積計　79
ダイヤモンド電極　62, 176
多環芳香族化合物　166
多検体自動濃縮装置　104
脱水　92
胆汁酸　138

チアミン　157
チェックバルブ　52
チオール化合物　178
チューブカッター　25
超音波処理　108
超音波法　110
超純水装置をメンテナンス　42
超臨界流体抽出法　110

チョッパー　106

適格性評価　11
テクノレビュー　216
電気化学検出器をメンテナンス　61
電子天秤　76

投稿　218
動作確認作業　10
特殊飼料　180
毒物及び劇物取締法　96
特許　215

な　行

内標準物質　207
内標準法　207

ねじ　32
燃焼　90

濃縮　103

は　行

廃棄　121
廃棄処理　123
配合飼料　180
廃溶媒　123
　　──を廃棄　123

ビタミン A　160
ビタミン B_1　157
ビタミン B_2　157
ビタミン C　157
ビタミン E　160
ビタミン K　160
ヒドロキシル基　172
標準添加法　210
病態モデル動物　182
腹腔内投与方法　195
プッシュボタン式液体用微量体積計　81
フードプロセッサー　106
プランジャーシール　50
プレカラム誘導体化　172
ブレンダー　106
プロスタグランジン　144
分析能パラメーター　15
分析法を設計　4

ペプチド断片化　114
ベンダーセミナー　216

抱合体　　115
報告書　　212
防腐剤　　102
法律関係　　19
ポスター発表　　216
ポストカラム蛍光検出　　170
保定　　185, 189, 190, 195
ホモジナイズ法　　110
ホモジネート　　106
ポリアミン　　154
ポンプをメンテナンス　　52

ま　行

マイクロ波（マイクロウェーブ）法　　110
マイクロ波誘導　　86
マウス　　185, 189, 195

ミキサー　　106
ミル　　106

メタボリカ®　　201
メンテナンスの戦略　　40

モノリス型カラムをメンテナンス　　47
モレキュラーシーブ　　93

や　行

薬物誘発モデル　　182

有効数字　　206
ユニオン　　29

溶媒を保管　　96
溶媒抽出　　110
予稿原稿　　214

ら　行

ラット　　186, 190, 194, 196, 198

リボフラビン　　157
留去　　103
流量　　38

連続分注器　　81

濾過　　119
ロータリーエバポレーター　　103
六角レンチ　　24

HPLC装置を設置　　9, 22
HPLC装置を選定　　6
HPLC装置のバリデーション　　11
Impact Factor　　219
SPF動物　　180

動物も扱える 液クロ実験 *How to* マニュアル　定価はカバーに表示

2010年9月9日　初版第1刷発行

企画・監修　中村　洋

編　集　　（社）日本分析化学会　液体クロマトグラフィー研究懇談会

発　行　　株式会社 みみずく舎
　　　　　〒169-0073
　　　　　東京都新宿区百人町1-22-23　新宿ノモスビル3F
　　　　　TEL：03-5330-2585　　　FAX：03-5330-2587

発　売　　株式会社 医学評論社
　　　　　〒169-0073
　　　　　東京都新宿区百人町1-22-23　新宿ノモスビル4F
　　　　　TEL：03-5330-2441(代)　FAX：03-5389-6452
　　　　　http://www.igakuhyoronsha.co.jp/

印刷・製本：大日本法令印刷　／　装丁：安孫子正浩

ISBN 978-4-86399-024-1　C3043

[既刊書]
基礎から理解する化学（各巻 B5 判　150～200p）

　　1巻　**物理化学**　　　（久下謙一・森山広思・一國伸之・島津省吾・北村彰英）
　　　　　　　B5 判　152p　定価 2,310 円（本体価格 2,200 円）
　　2巻　**結晶化学**　　　（掛川一幸・熊田伸弘・伊熊泰郎・山村　博・田中　功）
　　　　　　　B5 判　184p　定価 2,730 円（本体価格 2,600 円）
　　3巻　**分析化学**　　　（藤浪眞紀・加納健司・岡田哲男・久本秀明・豊田太郎）
　　　　　　　B5 判　152p　定価 2,310 円（本体価格 2,200 円）

　[続刊] 有機構造解析学；有機化学；無機化学；他

八木達彦 編著
　分子から酵素を探す　**化合物の事典**
　　　B5 判　544p　定価 12,600 円（本体価格 12,000 円）

細矢治夫 監修　山崎 昶 編著　社団法人 日本化学会 編集
　元素の事典
　　　A5 判　328p　定価 3,990 円（本体価格 3,800 円）

野村港二 編集
　研究者・学生のための　**テクニカルライティング**－事実と技術のつたえ方－
　　　A5 判　244p　定価 1,890 円（本体価格 1,800 円）

斎藤恭一 著　中村鈴子 絵
　卒論・修論を書き上げるための　**理系作文の六法全書**
　　　四六判　176p　定価 1,680 円（本体価格 1,600 円）

斎藤恭一 著　中村鈴子 絵
　卒論・修論発表会を乗り切るための　**理系プレゼンの五輪書**
　　　四六判　184p　定価 1,680 円（本体価格 1,600 円）

田村昌三・若倉正英・熊崎美枝子 編集
　Q&Aと事故例でなっとく！　**実験室の安全 [化学編]**
　　　A5 判　224p　定価 2,625 円（本体価格 2,500 円）

日本分析化学会・液体クロマトグラフィー研究懇談会 編集　中村 洋 企画・監修
　液クロ実験 How to マニュアル
　　　B5 判　242p　定価 3,360 円（本体価格 3,200 円）

日本分析化学会・有機微量分析研究懇談会 編集　内山一美・前橋良夫 監修
　役にたつ　**有機微量元素分析**
　　　B5 判　208p　定価 3,360 円（本体価格 3,200 円）

日本分析化学会・フローインジェクション分析研究懇談会 編集
小熊幸一・本水昌二・酒井忠雄　監修
　役にたつ　**フローインジェクション分析**
　　　B5 判　192p　定価 3,360 円（本体価格 3,200 円）

日本分析化学会・イオンクロマトグラフィー研究懇談会 編集　田中一彦 編集委員長
　役にたつ　**イオンクロマト分析**
　　　B5 判　240p　定価 3,570 円（本体価格 3,400 円）

日本分析化学会・ガスクロマトグラフィー研究懇談会 編集
代島茂樹・保母敏行・前田恒昭 監修
　役にたつ　**ガスクロ分析**
　　　B5 判　216p　定価 3,360 円（本体価格 3,200 円）